当代地理科学译丛·大学教材系列

计量地理学:空间数据分析透视

〔爱尔兰〕A. 斯图尔特·福瑟林汉姆　〔爱尔兰〕克里斯·布伦斯登　〔英〕马丁·查尔顿 著

王远飞　陈　雯　武占云　任小丽 译

商务印书馆
The Commercial Press
创于1897

A. Stewart Fotheringham, Chris Brunsdon, Martin Charlton

Quantitative Geography: Perspectives on Spatial Data Analysis

© A. Stewart Fotheringham, Chris Brunsdon, Martin Charlton 2000

中文版经授权,根据 Sage Publications(London · Thousand Oaks · New Delhi)2000 年版译出

"当代地理科学译丛"
序　言

对国外学术名著的移译无疑是中国现代学术的源泉之一，说此事是为学的一种基本途径当不为过。地理学界也不例外，中国现代地理学直接就是通过译介西方地理学著作而发轫的，其发展也离不开国外地理学不断涌现的思想财富和学术营养。感谢商务印书馆，她有全国唯一的地理学专门编辑室，义不容辞地担当着这一重要任务，翻译出版的国外地理学名著已蔚为大观，并将继续弘扬这一光荣传统。但鉴于以往译本多以单行本印行，或纳入"汉译世界学术名著丛书"之类，难以自成体系，地理学界同仁呼吁建立一套相对独立的丛书，以便相得益彰，集其大成，利于全面、完整地研读查考；而商务印书馆也早就希望搭建一个这样的平台，双方一拍即合，这就成为这套丛书的缘起。

为什么定位在"当代"呢？可以说出很多理由，例如，当代著作与我们现在面临的问题关联最紧；当代地理学思想和实践既传承历史又日新月异；中国地理学者最需要了解国外最新学术动态，如此等等。至于如何界定"当代"，我们则无意陷入史学断代的严格考证中，只是想尽量介绍"新颖""重要"者而已。编委会很郑重地讨论过这套丛书的宗旨和侧重点，当然不可避免见仁见智，主要有以下基本想法：兼顾人文地理学和自然地理学，优先介绍最重要的学科和流派，理论和应用皆得而兼，借助此丛书为搭建和完善中国地理学的理论体系助一臂之力。比较认同的宗旨是：选取有代表性的、高层次的、理论性强的学术著作，兼顾各分支学科的最新学术进展和实践应用，组成"学术专著系列"；同时，推出若干在国外大学地理教学中影响较大、经久不衰且不断更新的教材，组成"大学教材系列"，以为国内地理学界提供参考。

由于诸多限制，本译丛当然不可能把符合上述宗旨的国外地理学名著包揽无遗，也难于把已翻译出版者再版纳入。所以，真要做到"集其大成""自成体系"，还必须触类旁通，与已有的中文版本和将有的其他译本联系起来。对此，这里很难有一个完整的清单，姑且择其大端聊作"引得"（index）。商务印书馆已出版的哈特向著《地理学性质的透视》、哈维著《地理学中的解释》、詹姆斯著《地理学思想史》、哈特向著《地理学的性质》、阿努钦著《地理学的理论问题》、邦奇著《理论地理学》、约翰斯顿著《地理学与地理学家》和《哲学与人文地理学》、威尔逊著

《地理学与环境》、伊萨钦柯著《今日地理学》、索恰瓦著《地理系统学说导论》、阿尔曼德著《景观科学》、丽丝著《自然资源：分配、经济学与政策》、萨乌什金著《经济地理学》、约翰斯顿主编的《人文地理学辞典》等，都可算"当代地理学"名著；国内其他出版社在这方面也颇有贡献，特别值得一提的是学苑出版社出版的《重新发现地理学：与科学和社会的新关联》。

当然，此类译著也会良莠不齐，还需读者判断。更重要的是国情不同，区域性最强的地理学最忌食洋不化，把龙种搞成跳蚤，学界同仁当知需"去粗取精，去伪存真，由此及彼，由表及里"。

说到这里，作为一套丛书的序言可以打住了，但还有些相关的话无处可说又不得不说，不妨借机一吐。

时下浮躁之风如瘟疫蔓延，学界亦概不能免。其表现之一是夜郎自大，"国际领先""世界一流""首先发现""独特创造""重大突破"之类的溢美之词过多，往往言过其实；如有一个参照系，此类评价当可以客观一些、适度一些，本译丛或许就提供了医治这种自闭症和自恋狂的一个参照。表现之二是狐假虎威，捡得一星半点儿洋货，自诩国际大师真传，于是"言必称希腊"，以致经常搞出一些不中不洋、不伦不类的概念来，正所谓"创新不够，新词来凑"；大家识别这种把戏的最好办法之一，也是此种食洋不化症患者自治的最好药方之一，就是多读国外名著，尤其是新著，本译丛无疑为此提供了方便。

时下搞翻译是一件苦差事，需要语言和专业的学养自不待言，那实在是要面寒窗坐冷板凳才行的。而且，既然浮躁风行，急功近利者众多，凡稍微有点儿地位的学术机构，都不看重译事，既不看作科研成果，也不视为教学成果。译者的收获，看得见的大概只有一点儿稿费了，但以实惠的观点看，挣这种钱实在是捡了芝麻丢了西瓜。然而，依然有真学者愿付出这种牺牲，一个很简单的想法是：戒除浮躁之风，从我做起。为此，我们向参与本丛书的所有译者致敬。

蔡运龙

2003 年 8 月 27 日

于北大蓝旗营寓所

作 者 序 言

当回顾地理学的发展时,一个令人费解的现象是,为什么在二十世纪末,地理学开始忽视定量的空间数据分析,相反,其他学科却开始认识到它的重要性。当空间数据分析需求快速增长之时,地理学专业的毕业生大多未经过定量化培训,在相当多的情况下,甚至是反对量化分析的。

众多地理学者对计量地理学的基本要素持否定态度,一个司空见惯的原因是他们对计量地理学早期工作的实证哲学基础的幻想破灭。另外一个鲜有提及的原因是,空间数据分析和空间建模被认为是相对困难的,不仅学生认为较难,那些具有非定量知识背景的地理学家也持这样的观点。不幸的是,这阻碍了很多研究者对现代计量地理学中已经出现的和即将出现的关于学科本质的认识。越来越清晰的是,计量地理学中那些不断受到批评的方法已经有了很大的发展。

本书试图重新审视这个领域之外关于计量地理学已经过时的观点。尽管计量地理学往往被认为是相对静态的研究领域。实际上,在过去的十年间,计量地理学领域发生了很多重要的变化。这些变化不仅仅体现在新技术的发展(技术的发展是不可避免的),而且也体现在哲学层面的变化。同时,这些变化还伴随着一些争论。本书的目的之一是介绍这一发展过程,并探讨那些与发展相伴的议题。通过这种方式,本书将计量地理学描绘为充满生机且激动人心的学科领域,不仅新进展和新成果不断出现,而且还有很多有待我们探索。

本书的目的不是对计量技术进行菜单式的罗列,也不是对计量地理学进行全面评述。相反,我们的目的是展示现代计量地理学的生命力。本书将通过实例说明目前的计量地理学应用与二十年前、甚至十年前的不同之处。或许本书最重要的作用是提供了新近的计量地理学研究实例,并介绍专门用于空间数据分析的技术发展。这些新发展使得现代计量地理学明显不同于先前的计量地理学。现代计量地理学认识到了空间数据的特殊性质,而正是这些特殊性质使得从其他非空间学科借用过来的方法受到高度质疑。就此而论,本书认为笔者看到了计量地理学发展的转折点。本书撰写于计量地理学发展成熟之际,计量地理学的实践者不再依赖其他学科输入技术,而是向其他学科输出空间数据分析的创新思想。

我们希望通过宣传空间分析和建模方面的最新进展，激发我们对现代计量地理学的更大兴趣和鉴赏力。有关现代计量地理学发展的案例包括可视化、探索性空间数据分析、空间统计推断和基于 GIS 的空间分析形式。

不可避免地，本书的主要读者群体将是那些希望与快速发展的计量地理学领域保持同步的专业计量地理学者。虽然如此，我们还希望拥有更广泛的读者群，特别是相关领域中的，越来越认识到空间数据分析需要专门技术的研究者。本书对于希望了解地理学当前主要议题和有关争辩的非计量地理学者也是有益的。或许有点雄心勃勃，我们也期望本书能够帮助地理学领域的学生，使他们能更好地理解计量地理学，并为自己的职业生涯做出明智的决策。

鉴于目标受众的多样性，我们认识到本书不可能同时满足不同层次读者的需求。我们建议那些没有计量基础的读者可略读那些数学推导过多的章节，同时希望有计量基础的读者对于更具描述性的章节要有阅读的耐心。

最后，作者要感谢安·鲁克（Ann Rooke）提供的制图上的帮助，感谢塞奇（Sage）出版社的罗伯特·罗杰克（Robert Rojek）给予我们的热心、鼓励和耐心。此外，我们还非常感谢戴夫·昂文（Dave Unwin）和迈克·古德柴尔德（Mike Goodchild），他们对本书的早期稿件给予了很有价值的意见和建议。当然作者文责自负。

目　　录

第 1 章　研究范围界定

1.1　背景介绍

由于众多原因,想要确切地评价学术研究趋势通常是有难度的。一些研究趋势由于历时过于短暂几乎没有产生任何影响;一些周期性的研究趋势的影响在评价之时和读者阅读相关书籍之时也存在差异;一些趋势会因所处的国家和地区不同,在影响强度和持续时间上存在显著差异,因而对研究趋势的评价会存在空间适用的局限性。尽管如此,一般可以认为从 80 年代早期到 90 年代中期,计量地理的热度经历了一段"低迷期"(Johnston,1997;Graham,1997)。造成这种情况的原因很难割裂开来看,大致包括以下几种:

1. 支撑计量地理研究的实证主义哲学的衰落和随之而来的人文地理学许多新范式的成长,如马克思主义、后现代主义、结构主义和人文主义,其反计量思潮吸引了大批追随者。这种衰落在很大程度上是一种人文地理学现象,它在自然地理学中并没有出现,计量方法通常被自然地理学视为研究的一个重要组成部分。计量人文地理的没落不可避免地加剧了人文地理和自然地理的分异,因为二者缺乏共同的语言和共同的哲学思想。正如格拉芙(Graf,1998)提到的:

> 当人文地理学家在进行一场由马克思主义引发的,或者由更近期的后结构化主义、后现代主义以及众多其他"主义"引发的争论时,自然地理学家却相当困惑,完全不知道这些争论从何而来……比如,他们认为没有必要发展一个后现代气候学,甚至怀疑……当中的一些"主义"从本质上就是反科学的。

2. 地理学研究表现出无休止的对新范式的追求,不客气地说,"跟风"成了地理研究的主流。对一些人来说,计量地理学方法在 1980 年就已经走到了终点,又到了该寻求新方法的时候了。能够快速接纳新趋势、新研究范式这一特点既是地理学的优势,但同时也是相当大的缺陷。德-莱乌(de Leeuw,1994)对社会科学的观察得出的结论在此也适用。牛顿有一句名言: "站在巨人的肩膀上",这句话道出了研究积累的本质。德-莱乌说道:

> 这也意味着……我们站在成千上万侏儒拼凑起来的一大堆杂七杂八的东西上面

……这是社会科学的奇特之处。这个学科没有知识的积累,巨人几乎没有,并且每隔一段时间侏儒将杂物堆推倒重建。

3. 与其他学科相比,人文地理学更容易接受那种对已有范式进行批评的研究。计量地理学是一个已经建立好的范式,因此,它不可避免地成为了批评的焦点。不幸的是,这些批评多来自那些对计量地理知之甚少或者完全不懂的人。正如古尔德(Gould,1984)提到的:

反对后期数学方法的人们大多对其知之甚少,原因不外乎是他们缺乏数学基础,很难进入这种框架中,也没有足够的经验来实际运用这些技术,因此无法以知情和合理的方式进行判断。更有甚者,他们惧怕数学,不想去了解。最终的结果是他们总是表现出对数学方法的反对,但除了发泄情绪以外,很少能说出自己的理由。

4. 作为社会上广泛流行的"信息革命"的一部分,从 20 世纪 80 年代中叶开始,地理信息系统(GIS),即现在所称的地理信息科学(GISc)的发展,就对地理学中的计量研究造成了一些负面的影响。有趣的是,这些负面影响似乎是由对 GISc 的两种截然不同的看法所造成的。有些人认为,GISc 等同于计量地理,而事实绝不是那么回事,又或 GISc 相当于学术上的特洛伊木马,计量地理学家正试图借助它将他们的思想重新融入地理课程(Johnston,1997;Taylor *et al.*,1995)。对于另一些人来说,尤其在美国,地理作为一门学术学科长期受到威胁,GISc 倾向于取代计量地理,成为向学生提供与工作相关的重要技能的学科(Miyares *et al.*,1994;Gober *et al.*,1995)。[①]

5. 计量地理相对"较难",或者更重要的是,许多地理学家和学生都认为计量地理相对困难。他们通常仅具有有限的计量和科学背景。这种想法一定程度上影响了计量地理的普及。许多学生认为学习其他类型的地理更为容易,他们对计量方法学的接触通常仅限于必修的入门课程。这种现状使得非计量研究者无法理解计量地理领域目前已经存在或者未来将出现的争论。也使得他们惯于用无谓的批评来否定整个计量地理学领域,而不尝试去了解它。正如鲁宾逊(Robinson,1998)所说:

可以说,对计量方法的批评,很大程度上仍然是建立在对 20 世纪 50—60 年代计量工作的考虑上,并没有尝试着更全面地了解近 20 年计量方法的发展。

研究中的困难也可能促使一些研究人员从计量地理学中"跳槽"(关于这些方法的一些逸闻趣事见 Billinge *et al.*,1984)。正如赫普尔(Hepple,1998)提到的:

我倾向于这样一种观点,即当计量工作对数学要求太高时,一些地理学家就对它

---

① 计量地理和地理信息系统在英国的推广并不是特别广泛,这主要是由英国大学教育更具选择性的本质所造成。地理系的学生即便没有很多特殊的技能也能找到好的工作。然而,这种状况也正在发生着快速变化。

失去了兴趣,在 SPSS 或其他软件包中能找到现成的与新方法对应的计算功能的阶段已经结束。

本书旨在回答前面讨论的一些问题。尽管在外界看来,计量地理学是一个相对静态的研究领域,但事实上它的研究方法却发生了深刻的变化。本书目的之一不仅在于描述发展本身还会涉及与这些发展相关的争论。通过这种方式,我们希望大家看到计量地理学是一个充满活力的、智慧的、令人兴奋的领域。在这个领域里,许多新的发展正在发生,还有许多有待发现。

目的之二是,我们希望向大家证明,由于正在发生和已经发生的变化,传统上针对计量地理学的一些批评已经不再成立。如,过于简单的批评计量地理学家注重寻求普适定律,以及在不理解认知和行为过程的前提下进行个体行为建模,这些批评已不再适用。对于那些习惯于把一切都"分门别类"的人来说,现代计量地理学强调局部关系、探索性分析以及个体的空间认知过程,其必然是一个难以归类的领域。

目的之三在于希望计量地理正在发生的一些变化能够对学生们产生更大的吸引力,通过宣传这些发展,促使他们对现代计量地理的内容产生兴趣并给予认同。例如,随后对可视化、探索性数据分析、局部分析,基于实验的显著性检验以及基于 GIS 的空间分析等主题的讨论。

最后一点,我们期望这本书的读者不仅仅是那些希望了解该领域快速发展的计量地理学家,同时,对于相关学科的计量研究人员来说,它也应该是有用的,因为他们越来越认识到需要专门的技术来处理空间数据。我们希望它对那些想了解当前计量地理学中的一些问题和争论的非计量地理学家也有一定的帮助。最后,它可能有助于学生在做出与职业道路相关的明智决定之前,更好地了解计量地理的内容。考虑到本书读者的多样化,我们不可能让所有内容同时满足各种不同层次的需求。我们建议没有受过计量训练的读者跳过当中关于计算的章节,同时也愿受过计量训练的读者能够习惯于阅读那些描述性的章节。

1.2　什么是计量地理?

计量地理包括以下一项或多项工作:空间数据分析、空间理论发展、空间过程建模及检验。这些工作的目的是增加我们对空间过程的理解。这种工作可以直接进行,例如在空间选择建模(见第 9 章)中,数学模型是基于个体如何从一组空间选择中做出正确的理论推导出来的,当然也可以间接地进行,例如从空间点模式分析(见第 6 章)中推断出空间过程。

计量地理学或许没有什么根深蒂固的哲学基础或政治背景。对于大多数实践者来说,计量技术的使用源于一个简单的信念,即在许多情况下,数据分析或计量理论推断提供了获得空间过程相关知识的有效而普遍可靠的方法。虽然他们认识到计量方法会受到各种各样的批评（而计量研究者往往是他们自己最严厉的批评者），但是他们也认识到，没有任何一种替代方法可以免于批评，也没有一种替代方法能够在获取空间过程信息水平上与空间数据计量分析方法相抗衡。因此，计量地理学中大多数研究的目的并不是为了产生一个完美的研究（因为在大多数情况下，特别是在处理社会科学数据时，这是不可能的），而是要以最小的误差最大化空间过程的知识。因此，计量研究中恰当的问题是"它有多大的用途?"而不是"它完全没有误差吗?"这并不意味着要忽略误差。事实上，误差估计是许多计量研究的重要组成部分，而且很显然也是确定分析有效性的必要因素。也就是说，尽管研究可能会受到批评，也不能否认它的作用。

　　人们常常倾向于将所有计量地理学家都称为实证主义或者自然主义者（Graham，1997）。这种观点忽略了计量地理倡导者们的哲学思想。例如，一些计量地理学家坚持"地理就是物理"的方法（自然主义），其中包括寻求普适的"定律"和全局关系，而另一些人认为并不存在这种定律或关系。他们专注于利用局部分析来研究空间关系的变化（Fotheringham，1998；Fotheringham et al.，1999，见第5章和第6章）。这种观点上的不同可能与研究内容密切相关。计量自然地理学家，因为他们的研究更涉及可预测的过程，相较于人文地理学同行会更频繁地运用自然主义的观点。人文地理学，其研究内容受到人文特性、测量困难和非确定性等问题的困扰。因而其目标并不是寻求证明人类行为普适"定律"的证据。在人文地理学中，计量分析的重点是积累足够的证据，使得所采用的思路具有说服力。正如布拉得雷和谢弗尔（Bradley et al.，1998）在讨论社会和自然科学家的区别时提到:

　　　　社会科学家更像是夏洛克·福尔摩斯，通过仔细收集数据调查他无法掌控的独特事件。实证社会科学和"社会自然科学"的构想是不可能实现的，因为很多社会现象都不符合经验科学的假设。这并不意味着在社会科学中不需要诸如仔细观察、测量和推断等科学技术。相反，社会科学家必须时刻警惕所研究的事物是否能够被建模以符合科学的假设，而不会严重地歪曲事实……因此，在社会科学中说服力的标准与自然科学不同。社会科学中的标准不在于做一个可控的实验，而在于能够基于各种数据得出有说服力的解释和明确的说明。社会科学研究目的也有所不同——不是要制定定律，而是要给出有说服力的解释。

　　除了不像一些人想象的那样关注普适定律的探索之外，计量地理学在理解和模拟人类情感与心理过程方面也并不像他们说的那样毫无作为（Graham，1997）。比如在近期的空间相互作用建模中强调了隐含在空间选择背后的心理和认知过程以及对空间的认识（见第9章）。另外还有一些研究提供了关于种族对消费模式的影响（Fotheringham et al.，1993）以及人口迁

移中性别差异的信息(Atkins *et al.*,1999)。那些没有充分意识到现代计量地理学微妙变化的 5
人们似乎有一种强烈的潜意识,认为它在处理人类对空间行为和空间过程的影响方面存在不
足。虽然这种观点有一定的道理,但计量地理学家越来越认识到,研究由人类决策所形成的空
间模式需要考虑到人类决策的各个方面。当前人们关注空间信息处理的策略以及尝试建立空
间认知与空间选择的联系就是例证(见第 9 章)。应该记住的是,人类所有的行为往往是由两
类决定因素造成的,这两类因素减轻了考虑人类行为各个方面的负担。一种是可以被量化并
应用于类似个体上的因素,如空间运动中距离的阻碍作用;另一种是非常特殊且难于量化的因
素,如因为认识卖场的工作人员而产生的购物行为。计量地理方法的优势之一在于能够量化
那些可测量的决定性因素(在很多情况下,这为现实世界的决策提供了非常有用的信息),同
时我们也应该认识到由于各种原因,这些测量可能会受到一些不确定性的影响。这种不确定
性的认识在人文地理中的应用往往比在自然地理中更为重要,因此使得人文地理的研究更具
有挑战性,同时也令人文地理更容易接受处理不确定性问题的创新想法。

从某种程度上讲,上述讨论也适用于计量方法在其他学科的应用。计量地理学区别于计
量经济学或计量社会学,或者说区别于物理学、工程学、运筹学的关键在于它对空间数据的关
注。空间数据是一类集成了属性信息和空间信息的数据(见第 2 章)。如土壤化学属性或者
失业率数据本身是非空间的,除非也给出了这些属性数据的位置信息。如第 2 章所述,空间数
据具有特殊的属性并且其分析方法也有别于非空间数据。事实上,这也是本书关注的焦点。
直到最近,空间数据的复杂性还经常被忽略,其分析方法也往往源于非空间方法。回归分析
(见第 5 章和第 7 章)就是一个经典的例子。本书着重讲述那些专门面向空间数据的技术和
方法。因此,本书不会涉及对数线性建模及各种数据分类方法等主题,尽管这些方法也可用于
空间数据分析,但并没有明确考虑空间数据的属性。越来越多的人认识到"空间具有其特殊
性",这一认知表明计量地理学已经日趋成熟,已从其他学科的技术方法的使用者转变为空间
数据分析思想的输出者。

本章开头对计量地理学的定义中包含了该学科的多种方法。其中一些方法是相互冲突
的,进而引起了争论。下面的章节会涉及其中一些争论,但是这些争论并不十分激烈。相反, 6
各种方法更多情况下是互为补充而非相互矛盾的。比如,计量地理学既包括实证研究也包括
理论研究。理论研究的进步通常很难实现,但对学科本身的发展却尤为重要。显然,任何理论
上的发展都需要经过严格的实验检验,特别是在社会科学领域,理论思想的普遍接受通常是较
为缓慢的。与其他学科一样,在地理学领域,实证研究通常依赖于理论思想的引导,并且对于
理论研究的依赖仍在加深。然而,随着探索性空间数据分析新思想和新技术的出现(见第 4
章),实证研究越来越多地被用来指导理论发展,形成更加平等的共生关系。在过去的 10 年

里,计量地理学的纯理论研究出现了逐渐减少的趋势,而更多地是强调实证研究。在很大程度上,这一变化源于多数研究人员计算能力的大幅提升,这无疑促进了基于密集型计算的对大规模空间数据集的实证研究(Fotheringham,1998,1999a)。然而,虽然密集型计算方法给计量地理学的某些领域带来的革新,也使理论模型的验证更为容易,但也有人认为,一些研究案例过于依赖计算能力(Fotheringham,1998)。以这种方式获得的地理问题的解决方案具有有限的适用性,并且可能以牺牲从理论推理中获得的深入理解为代价。

计量地理学还可以分为以空间数据统计分析为中心的研究和以数学建模为中心的研究。然而,统计与数学建模之间有时是难以区分的,在这里也不是我们关注的重点。例如,可以先基于数学原理建立模型,然后再用统计方法进行校准。通常,点模式分析(见第6章)、空间回归概念(见第5章和第7章)以及空间数据的各种描述统计,如空间自相关(见第8章),被认为是统计学方法,而诸如空间交互模型(见第9章)和区位选址模型(Ghosh *et al.*,1987;Fotheringham *et al.*,1995)被认为是数学方法。由于在数据收集和建模过程中都需要考虑误差和不确定性,统计方法在计量地理学尤其是社会科学领域中已经占据主导地位。事实上,空间分析一词时常被用作计量地理学的同义词,尽管在一定程度上这个词仅仅指的是随机分析而不是确定性的空间建模。值得注意的是,空间分析一词的另一个不同用法在GIS领域也非常常见。很多GIS软件系统都宣传其拥有一套空间分析的数据操作程序。然而,这些程序主要是指几何运算,如缓冲区、多边形内点判断、叠置分析和剪切分析。这些操作通常被计量地理学者视为空间分析的一个极小部分(见第3章)。

1.3   计量地理学应用

无论是定量的还是定性的,经验的还是理论的,人文主义的还是实证主义的,地理学研究的一个主要目标在于获得关于形成地球表面人文和自然空间模式过程的知识。通常,这种知识不是那么快就能被接受的,尤其是在人文地理学领域。相反,这些思想和假设是在经历了一系列考验之后才被接受的。在这一框架下计量分析具有四方面的优势。

第一,定量方法可以将大规模数据集浓缩为少量更有意义的信息。这对于分析日益庞大的来源于卫星图像、人口普查、地方政府、市场研究公司以及各种土地调查的多源空间数据集尤为重要。现在,很多空间数据集可以很容易地从万维网获取(如提供空间数据的网站http://www.clark.net/pub/lschank/web/census.html,美国人口普查网站http://www.census.gov,美国国家影像与测绘局http://www.nima.mil以及美国地质调查局http://www.usgs.gov)。聚合统计以及更广泛的数据压缩技术(见第4章)通常用于处理这些海量的多维数据集。

第二,计量分析在探索性数据分析中的作用日益重要。探索性数据分析包括一系列探索数据(以及模型输出)的技术,用于提出模型假设或者检验异常值的存在(见第 4 章)。我们越来越认识到,在进行正式分析之前需要对数据和趋势进行可视化。例如,数据中存在的一些误差只有在可视化后才能清楚地显示。可视化数据也有助于我们对模型的假设进行检验,并确定在后续阶段应该对何种关系进行建模。

第三,计量分析还可以帮助我们检验随机性在形成数据空间模式中的作用,并检验关于这种模式的假设。在空间分析中我们常常(虽然并不总是)需要处理来自总体中的一些样本观测值,并希望通过样本来推断总体。统计学方法支持这种推断(见第 8 章)。例如,我们需要分析核电站位置与附近儿童白血病发病率之间的关系。我们可以利用统计方法来计算疾病聚集是偶发事件的可能性。很明显,如果偶然事件的可能性极低,那么白血病发病率与核电站相关的可能性就增大了。统计检验不能给我们确定的答案——只是给了我们一个更好的依据。理论上说,这种技术相对于其他技术而言能够向我们提供更加客观的空间模式和趋势信息。例如,如果提供给研究者的证据是模糊不清的,那么推断出的结论则具有很大的主观性。因为对证据的认识会因人而异。同样,相比从少数个体获取大量非量化信息的研究,计量方法分析出的结果更为稳健。

第四,空间过程的数学模型还可应用在很多方面。通过模型的参数估计,可以检验空间模型并得出空间过程的决定因素(见第 5 章和第 9 章)。另外,模型还可以预测各种活动可能造成的空间影响,如建造一个新的商店对交通模式的影响或者建造海堤对海岸侵蚀的影响。最后,模型还可以生成不同情境下的期望值,以便与现实进行比较。

综上所述,空间数据的定量分析可以为空间过程理论提供一个鲁棒的检验基础。尤其是在社会科学领域,理论思想必须经过十分严密苛刻的检验才会被逐步接受,而定量空间分析则为支持或者反对这些思想提供了强有力的证据。在其他学科中情况也是如此,人们越发认识到大多数的数据都具有空间特性,因为它们的属性都是基于特定位置的属性。因此,空间数据给计量分析带来的特殊问题和挑战(见第 2 章和第 10 章)也越来越与地理学以外的领域密切相关(Grunsky et al.,1992;Goovaerts,1992; 1999; Cressie,1993;Krugman,1996; Anselin et al., 1997)。这些相关学科包括经济学,学者们已经越发意识到经济学的很多应用具有空间特性。考古学,居住地数据和文物的位置很明显都具有空间属性。流行病学,空间在研究发病率和死亡率的方面发挥着重要作用。政治学上,票选模式常常表现出很强的空间模式。地质和土壤学中,需要对采样点的数据值进行推断。医疗服务中,患者的居住地信息对医院的合理决策尤为重要。市场营销中,潜在客户的位置对于商店的选址至关重要。基于上述原因,现实世界非

9 常需要计量地理学家的这些技术,为其决策提供数据基础和理论依据。

1.4 计量地理学的最新进展

写作本书的基本原因在于,过去的 20 年特别是最近的 10 年里计量地理学发生了许多变化。在某些情况下,这些变化反应了计量地理学家看待世界方式的根本转变。然而,其他领域的研究者很少意识到这些变化。相反,他们倾向于对计量地理学的过去进行批评而不是去了解当前的发展。在之后的章节中,我们将大量阐述计量地理学近来的变化,而在本章中只是对其略加讨论。

GIS 的发展和成熟对计量地理学也产生了影响,正如福瑟林汉姆(Fotheringham, 1999b)所说,这种影响并不总是积极方面的影响。然而,就空间数据的定量分析方法而言,如果将其与 GIS 相结合,或者至少将分析的结果与 GIS 关联起来,那么就可以帮助我们获得更多深入的知识(见第 3 章)。福瑟林汉姆(Fotheringham,1999b)曾提到:

> 我认为没有必要应用 GIS 去进行空间建模,将空间建模和 GIS 相结合不一定能够使我们对研究的问题有更加深刻的认识。然而对于建模过程中的一些步骤,集成却很有可能有所帮助,相反如果没有考虑空间模型和 GIS 的集成,很多问题也许会被忽略掉。

这里所提到的需要和 GIS 集成的"建模过程中的一些步骤"即探索性分析技术(见第 4 章)。探索性分析技术可以用于检验数据的精确性和稳健性,并提出假设,这些假设可在后期的验证阶段进行检验。这一特殊的应用被称为探索性预建模。然而,探索性技术并不局限于数据问题,另一个应用称为探索性后建模,用于检验模型的准确性和稳健性。相信许多读者都比较熟悉一个相对较简单的探索性后建模例子就是绘制模型的残差图。残差图可以帮助我们理解为什么模型不能模拟出准确的数值。很明显,在这种情况下交互式的制图系统会很有用:不仅可以查看残差分布图,还可以对其进行查询,同时还可以高亮显示我们感兴趣的残差区域,以显示区域的各种属性。这些属性可以帮助我们理解模型的性能。同样地,在一个窗口中显示残差的非空间分布,并在与之链接的另一地图窗口中高亮显示残差的空间位置,有助于我们了解模型性能的空间特征。夏和福瑟林汉姆(Xia *et al.*,1993)给出了在 Arc/Info 中使用关联窗口进行探索性分析的示例。空间数据的交互可视化方法会在第 4 章中详细说明

10 (Anselin,1998;Brunsdon *et al.*, 1996;Haslett *et al.*,1990,1991)。

目前,对空间数据集可视化的研究需求主要集中在高维空间数据集可视化工具上(Fotheringham,1999c)。大多数可视化技术都是针对简单的单变量或者双变量数据集(其中有些技术

可以扩展到三变量数据）。然而,空间数据集大多包含很多属性,因此这些相对简单的可视化技术难以适应数据的复杂性。较先进的面向多维(三维以上)数据集的可视化技术已经有所发展(Cleveland,1993),而且这种技术的发展也日益受到计量地理学家的关注。第 4 章将讲述高维空间数据集可视化技术的实例。

近期,计量地理学中另一个非常有潜力的方向是识别和理解空间的差异性而非相似性,包括将全局统计分解为局部统计,关注局部特殊性而非全局规律,绘制局部统计量分布图而非整体图。这一趋势之所以重要,不仅因为它在分析方法中将空间概念凸显出来,还因为它有力地反驳了对计量地理过度寻求全局一般性或者定律的指责。计量地理学家越来越关注局部分析技术(Anselin,1995;Unwin,1996;Fotheringham,1997a),这一转变也反应了越来越多的大型复杂空间数据集中关系的局部变化更为普遍。

地理学中局部统计的发展是基于这样的观点,即在分析空间数据时,利用整个数据集的计算结果代表研究区域所有组成部分的情况可能是不正确的。从计算结果空间变化的研究中可以得到有趣的结论。简单地给出平均结果,忽略其空间上的变化,相当于仅仅给出空间数据的均值而不看其空间分布。因此,直到最近局部统计才受到关注是令人费解的。第 5 章将强调用“局部”代替“全局”的重要性,并详细讲述局部空间分析实例。该章节将聚焦于地理加权回归方法。这是一种生成回归参数局部估计的空间技术,利用它可以绘制参数分布图并用于分析“空间关系的地理分布”(Brunsdon *et al.*,1996; 1998a; Fotheringham *et al.*, 1996; 1997a; 1997b; 1998)。

计量地理中,由于认识到空间数据分析存在特殊问题引发的另一个发展是空间回归模型(Ord,1975;Anselin,1988)。事实上空间数据具有正的空间自相关特征,表现为高值或者低值的聚集,这违反了经典回归模型样本独立的前提假设。因此,给统计显著性评估和模型校验带来了问题:本质上,回归模型中的误差已经不满足协方差为零的假设了。为了解决这个问题,安瑟林(Anselin,1988)提出了两种替代模型,一种是因变量具有正空间自相关的空间滞后模型,另一种是回归误差具有空间自相关的空间误差模型。这些模型将在第 7 章中介绍。

地理计算(Geocomputation)这一概念用于描述那些地理学中凭借计算机计算能力和数据的快速增长而发展的定量技术(Openshaw *et al.*, 1996;1997, 1999;Fotheringham, 1998;1999a; Longley *et al.*,1998)。计算(Computation)这个词包含两层含义。广义上讲,它指的是利用计算机,无论是定量还是定性的分析,都可以称为计算。狭义上讲,或许也是更为普遍的定义,指的是计数、计算、测算或者是估计——这些所有引发定量分析的词汇。因此地理计算一词是指计算机辅助下的空间数据定量分析,其中计算机起主导作用(Fotheringham,1998)。这一定义旨在与应用标准统计软件包(如 SAS 或者 SPSS 中的回归方法)进行的空间数据分析不同。在地理计算分析的定义下,分析工作是在计算机的驱动下进行的,而不是那种本身是独立于计算机的,只是把计算机作为一个便捷应用平台的方法。因此,地理计算技术指的是在考虑计算机的情况下发展起来的技术。该技术利用了计算机不断增长的计算能力。

一个简单的例子,在第 8 章讨论统计推断的时候,涉及两种类型的计算机使用方法。如空间自相关系数 Moran's I。该系数用于计算变量 x 在 n 个空间单元上的分布。本质上,空间自相关描述了空间上属性的分布——一个区域上的属性值在多大程度上取决于相邻区域中属性的值(Cliff *et al.*, 1973,1981;Odland,1988;Goodchild,1986)。为了检验空间自相关系数的显著性,我们可以应用标准的 t 检验来计算 Moran's I 的标准误差,有两种理论公式可供选择(Cliff *et al.*, 1981; Odland,1988;Goodchild,1986;可以参考第 8 章的公式及其应用实例)。这一过程不属于地理计算,因为计算机只是简单用于加快标准误差的计算速度,标准误差是基于理论公式的。而在地理计算技术中,可以利用实验方法估算自相关的标准误差。其中一种方法就是在空间区域上随机排列 x 变量,然后计算每次排列的自相关系数。当这种空间自相关系数数量足够大(成百上千个系数一般已经足够,数以百万的计算也不成问题)时,便可产生一个实验分布,进而对观测到的自相关系数进行统计推断。第 8 章给出了这种地理计算应用的例子。

使用数值模拟来代替假定的理论分布,其优点在于避免了理论分布假设可能不满足的问题。在空间数据中这一问题尤其突出。因此,基于实验的显著性检验消除了对计量地理中假设检验过分依赖于可信度不高的理论分布假设的质疑。计量地理学的另一个假设,"空间行为是个体在充分认知的基础上的理性行为",也遭到了批判。我们在第 9 章会做出解答。空间相互作用模型就是这种假设的经典案例。该模型由众所周知的物理学"重力模型"类比得到。重力模型认为"两个任意行星之间存在万有引力"。在第 9 章,我们将会说明空间相互作用模型被提出 100 多年后,发展至今已经取得了很大的进展(尽管计量地理学为此仍备受质疑),其中会介绍基于局部优化原则、有限信息支撑、空间认知和更实际的空间决策过程等新型空间相互作用模型。

1.5 小结

在地理学中进行定量实证研究至少存在两大局限。一是我们对空间过程操作的理解和改进空间模型的能力有限。二是检验和更新模型的工具有限。这些工具可能用于数据收集[如全球定位系统(Global Position System,GPS)接收机、气象站、水流测量]或用于数据显示和分析[地理信息系统(Geography Information System,GIS)、计算机]。在计算机使用的早期,构建模型相对容易,但缺乏计算能力却很难执行,因此第二个局限比第一个局限更为严重。技术滞后于我们的空间思维能力,但我们现在已经过了这个时期。我们现在的情况是,寻求新的空间过程建模和对空间数据的分析方法反而成为了主要制约因素。在过去的 20 年里,计算机能力的飞速发展使得技术的局限已经大大减小。现在的挑战在于如何充分利用技术去帮助我们更好地理解空间过程。这种变化的影响十分深远,甚至改变了我们思考问题的方式:基于实验的 13 显著性检验过程的发展以及对于理论分布依赖性的减弱就是一个很好的例子;由全局建模向局部建模的转变也说明了这个问题。

　　本书展示了现代计量地理的生命力。目的并不在于覆盖这个领域的所有方面。相反,本书着重于解释计量地理本身与外界对其看法的不同。为了达到这个目的,本书介绍了计量地理在各个应用领域的前沿研究。相应的技术都是针对空间数据开发的。本书见证了计量地理学发展中的一个转折点:它的写成正是处于计量地理学家们从其他学科方法的引进者成长为空间数据分析的新思想和新见地输出者的转型期。 14

第 2 章　空间数据

2.1　引言

几乎在任何一所大学的图书馆里都能见到很多关于地理信息系统的书（如 Burrough，1986；Huxhold，1991；Laurini *et al.*,1992；Rhind *et al.*,1991；Haines-Young *et al.*，1993；Bonham-Carter，1994；Martin，1996；DeMers，1997；Chrisman，1997；Heywood *et al.*，1998）[①]。地理信息系统计算的基础是空间数据。很久以前地理学家就开始使用（甚至是滥用）空间数据，到了上世纪 80 年代中期以后，人们对空间数据分析的兴趣与日俱增，并越来越认识到空间数据提供的机遇和带来的问题。既然空间数据的使用如此普遍，我们理应了解空间数据的本质特征以及它与计量地理学之间的相互作用。事实上，在《欧洲 GIS》（*GIS Europe*，Gould，1996）杂志上的一些文章简要地表达了"空间具有特殊性"这一思想。另一些人也开始认识到在分析空间数据方面存在一些特殊的问题（Berry，1998）。本章将探讨其中的部分问题。

空间数据是由具有空间参考的观测值组成。空间参考可以是显性的，比如一个地址或者格网坐标，也可以是隐性的，比如一幅卫星影像中的一个像元。在发达国家，几乎每个人都知道的一种空间参考形式就是自己的家庭住址，但很少有人会使用他们家庭所在位置的地图坐标。然而，我们通常都是先把家庭地址数据转换为地图数据，再进行进一步的数据处理。本章首先讲述空间数据的本质特征，然后探讨空间数据分析的机遇，最后阐述未来空间数据分析师可能遇到的问题。

空间数据并不是什么新的概念。在公元二世纪的埃及，当托勒密（Ptolemy）试图绘制世界地图时就用到了空间数据。早期的天文学家描绘天空时也用到了空间数据。各种人类文明对地球的探索都需要知晓位置的知识，或从一个地点前往另一个地点的途径。但他们当时使用的计算设备与近 20 年快速发展的计算机和软件相比显得十分的老套。所谓的"GIS 革命"更

---

① 地理信息系统（GIS）有很多定义，德默斯（Demers，1997）给出了这样一个定义："GIS 是一种工具，它能够用来处理空间数据以获得我们需要的信息，并为地球表面某一部分的问题做决策"。我们将在第 3 章探讨 GIS 在空间分析中扮演的角色。

是明显地提高了人们对空间数据处理和分析的兴趣。这种兴趣也广泛地扩散到地理学以外的其他领域。也许最先对空间数据感兴趣的是地理学家,随后数学家、物理学家、地理信息学家、生物学家、植物学家、考古学家、建筑学家也加入了这个行列。

对不同的使用者,空间数据也许会有不同的意义。约翰·斯诺(John Snow)曾推断伦敦索霍(Soho)区一些特定的水泵是引发霍乱的污染源(Gilbert,1958),这可以说是一个比较早的空间分析的尝试。他将三种空间数据集成在一张地图上:索霍区的街道位置、霍乱爆发点的位置以及水泵的位置。不知道他是否意识到他所做的正是空间数据分析或者空间数据处理。几乎每一个航空公司的飞行杂志都提供该公司的飞行路线图——这是一次空间数据的展示。大家应该都有向别人寻问地址的经历。地址也是一种空间数据的形式——和地球表面位置相关。为自动处理邮件而开发的英国邮政编码系统(Raper *et al.*,1992)是另外一种空间数据的形式。几乎每个英国人都知道他们自己的邮政编码。美国的邮政服务也以同样的方式使用邮政编码。很显然空间数据的应用比我们认识到的要普遍,并不是所有的空间数据的使用者都意识到他们所感兴趣的正是空间数据。任何一个乘出租车的人都会发现出租车司机非常熟悉空间数据(了解街道和地标的位置)及空间数据操作(具有选择最优线路的能力),而且他们的这些能力也许远远超过了现有的 GIS 功能所能达到的程度。

2.2　空间数据的获取

当我们试图从现实世界获取信息时,空间数据便产生了。我们不但对这些现象的变化感兴趣,对变化发生的位置也感兴趣。因此我们不但要获得我们感兴趣的现象还要获得它的位置信息。这其中包含很多相关技术,比如人工操作方法和自动方法。

数字化是把纸质地图上的空间信息转化成计算机能够处理的形式的过程。这就需要用到数字化仪或者数字化平板等工具。首先把地图固定在数字化仪的表面,再手工移动游标。游标包含一对位于透明窗口上的用于辅助精确定位的十字丝,以及一个或多个将位置信息传输到计算机的按钮。用游标的十字丝交点对准定位点,按动相应按钮,数字化仪便将对应的点坐标传送给计算机。直线被数字化为一系列有较短间隔的点,曲线被近似为一系列的短直线。当线的方向发生变化时,需要采集足够多的点以保证所要达到的精度。这里,我们通常根据经验来决定满足精度要求的采集点数。数字化是一个很乏味的工作。目前,有很多辅助数字化的软件,利用这些软件我们可以编辑数字化的内容,删除出错的地方。除了地图以外,航空照片也可以作为数字化的数据源。

为了快速获取数据,可以用扫描地图的方法数字化,并利用软件识别扫描图像中的点和线。小型的扫描仪相对比较便宜,用于扫描大地图的扫描仪则比较昂贵。尽管如此,扫描图像或者航空照片仍然被用作展示其他空间数据的底图。

我们也可以通过测绘的方法获取位置信息。传统方法是利用经纬仪测量一点到另一点的方位。现代的经纬仪带有可存储测量数据的小型计算机,在测量完成后可以把数据上传到软件中进行处理。最新发展的测量方式是利用全球定位系统(GPS)。GPS 是由围绕地球的卫星网络组成的。GPS 接收机通过对来自多个卫星的信号进行计算从而获得测量者所在的位置信息。相对便宜的 GPS 接收机的定位精度比较低,这并没有达到有些工作的精度要求。而精度高的接收机能够方便快速地定位,并能把数据传输到其他计算机上进行处理。

另一种形式的空间数据源是遥感影像数据。这些数据可以通过卫星(如 LANDSAT, SPOT, AVHRR)获得,也可以是航空照片。遥感数据是地表单位面积上地物对特定波长的光谱的反射测量值,选择的卫星不同,单位面积的大小一般也不同,从几米到几千米不等。遥感图像的数据量很大,在遥感图像分析之前一般需要对其进行处理。遥感图像处理的技术已经超出了本书的范畴,如果读者想进一步了解该技术,可以参考有关遥感的书,比如利勒桑和基弗(Lillesand *et al.*, 1994)的著作。

如果我们想要研究一些现象的变化情况,就会面临如何选取样本的问题。一般来说,选取的样本要么是离散的实体(房子、路、行政单位),要么是连续的现象(气压、高程、人口密度)。我们通常把前者称作对象,后者称作连续场。

2.3 空间对象

简单的空间对象有三种基本形式:点、线、面。三种都具有空间参考特性。空间参考可用来描述被测实体的位置信息。除了空间参考,还有被测实体的特征测量。选择何种空间对象来表示取决于我们需要研究的事物。例如,我们想考察学校在某个考试中整体水平的变化,可以用点作为采样的基本单位,把每一个学校作为一个点存储到数据库中。类似的,在研究人类感染某种疾病时,我们可以用点来表达个体人。道路、河流一般以线对象的形式存储在空间数据库中。在地质学领域可以用面实体来表达一些信息。每一个面代表特定地质类型的空间范围。

场的测量较为麻烦。尽管居住点或者个人信息的确定非常简单,但测定人口密度或者气压就要困难一些,因为它们是连续的空间变量。对于一些简单的场数据,可以用数学函数来描述这些变化,但是在很多情况下这种描述是很难实现的。因此,场通常以离散形式进行测量,比如在等间隔的格网点上获取一系列的观测数据。场也可以在间隔不规则的位置上被测量。

2.4 球面位置和平面位置

本书描述的很多统计方法需要计算两个物体间的距离。这就要求我们用统一的方法来描述地球表面的位置并计算不同位置之间的距离。我们也需要其他的几何方法来计算角度或者面积。

通常用经纬度来描述点在地球表面的位置。纬度从赤道分别向北极和南极测度。纬度相同的区域在同一纬线上。经度由连通北极到南极并穿过英国格林尼治的那条线分别向东和向西测度。在同一经线上的点即在同一子午线上。经线和纬线的度量单位是度、分、秒。用经纬度来计算两点间的距离有些复杂,这需要用到球面三角。计算地球表面两点间的大圆距离 s_{ij} 的公式如下:

$$s_{ij} = R \cdot \arccos\left[\cos(90° - \phi_i)\cos(90° - \phi_j) + \sin(90° - \phi_i)\sin(90° - \phi_j)\cos(\lambda_j - \lambda_i) \right]$$

18

(式 2.1)

公式中 R 代表地球的半径,i 点的经纬度坐标为 (ϕ_i, λ_i),大圆距离也是大地线,指的是球面上两点间的最短距离。

在分析地球表面小范围的空间数据时,问题会变得相对简单,因为可以忽略地球曲率的影响把它看成平面。[①] 笛卡尔直角坐标系中两点间的距离可以用毕达哥拉斯定理(式 2.4)计算,或者人工用尺子测量得出。在球面坐标系统和平面坐标系统的转换过程中需要有从球面到平面的投影系统。投影有数十种不同的方法,其变换属性和结构均不相同(Bugayevskiy *et al.*, 1995; Maling, 1993)。等角投影和等积投影是两种主要的投影类型。在等角投影中,两点间的角度信息是没有变化的,这种投影通常适用于航海。在等积投影中区域的面积保持不变,这种投影通常适用于描述政治和社会经济信息。有些投影适用于显示全球范围,有些投影适用于显示区域范围。

一般的 GIS 软件都能实现地理坐标(经纬度坐标)和平面直角坐标的转换。以下是两种常用的投影转换。

1. 墨卡托投影(等角圆柱投影):

$$x = R\lambda$$
$$y = R\ln\left[\tan(\pi/4 + \phi/2) \right]$$

(式 2.2)

R 代表地球的半径,$\ln$ 是以 e 为底的对数,λ 和 ϕ 分别是投影点经纬度坐标。

[①] 纸质的地图可以编制成地图集。在计算机屏幕上显示地图是一种短暂的显示方式,它类似于在纸质地图上显示地理数据。

2. 兰勃特投影(等积圆柱投影):

$$x = R\lambda$$
$$y = R\sin\phi$$

（式2.3）

为了方便计算,我们将南纬和西经指定为负值。

英国的读者一定非常熟悉美国地形测量局(Ordnance Survey, OS)出品的地图。OS 地图采用的投影是横轴墨卡托投影。该投影以西经 2° 为中央经线,并把它与北纬 49° 的交点作为坐标原点,该点位于布列塔尼/诺曼底海岸。中央经线以西为负值,为了方便计算在 x 轴上加 400 千米(OS 称此为"东距"),在 y 轴上减去 100 千米(OS 称之为"北距")(Harley, 1975)。这样一来该投影的原点移到了北纬 40°46′西经 7°33′,该点位于锡利群岛西南部。美国国家平面坐标系统也采用横轴墨卡托投影。美国陆军地图局则采用通用横轴墨卡托投影(UTM)来制作全球地图。这两种投影都基于高斯—克吕格投影(Bugayevskiy et al., 1995)。

除了以上介绍的还有其他类型的地图投影。托布勒(Tobler, 1963;1967)提出了用于制作变形地图的投影。该投影的标准是不同位置上的人口密度是一致的。这一投影标准会扩大高人口密度区域的面积,而缩减低人口密度区域的面积。道林(Dorling, 1995)曾经利用变形地图来描述英国 1991 年人口统计数据各指标的空间变化。尽管许多人称这种方法可以"显示人口",但如果不添加其他的附加信息,读图者很难得知城镇和城市的位置。

2.5 距离

正如上文提到的,平面上两点间的距离通常用直线距离也就是欧几里得距离来表示。设两点的坐标分别为 (x_1, y_1) 和 (x_2, y_2),则它们的欧几里得距离为:

$$d_{1,2} = \sqrt{(x_1 - x_2)^2 + (y_1 - y_2)^2}$$

（式2.4）

根据加特雷尔(Gatrell)的表示方法(Gatrell, 1983),我们可以把上面两点的坐标表示为 (x_{11}, y_{12}) 和 (x_{21}, y_{22})。下标的第一个数字代表位置信息,第二个数字代表坐标信息。则 i 和 j 两点 (x_{i1}, y_{i2}),(x_{j1}, y_{j2}) 的欧几里得距离可以表示为:

$$d_E(i,j) = \Big[\sum_{k=1}^{2} (x_{ik} - x_{jk})^2 \Big]^{1/2}$$

（式2.5）

事实上欧几里得距离可以推广到 m 维:

$$d_E(i,j) = \Big[\sum_{k=1}^{m} (x_{ik} - x_{jk})^2 \Big]^{1/2}$$

（式2.6）

尽管如此,欧几里得距离也并不是在任何地方都适用的。在城市中由于有建筑物或者其他障碍物的阻隔,从一个地方到另一个地方的距离用欧几里得距离表示是不恰当的。为了克

服这个问题我们可以利用闵可夫斯基距离,该距离的定义如下:

$$d_p(i,j) = \left[\sum_{k=1}^{m} |x_{ik} - x_{jk}|^p \right]^{1/p} \qquad (式 2.7)$$

其中 p 是一个常量,它可以取任何值。当 $p=2$ 时,就化作欧几里得距离,当 $p=1$ 时,就化作曼哈顿距离,即街区距离或出租车距离。或者,也可以根据已知线路距离的样本估算出 p 的取值。加特雷尔(Gatrell,1983)根据法国若干城市的距离数据分析制作了一张欧几里得距离、街区距离和实际线路距离的对比表。欧几里得距离总是比实际线路距离短;而街区距离要比欧几里得距离长,但并不总是比实际线路距离短。本书中所说的距离在没有特别说明的情况下是指二维空间中的欧几里得距离。

2.6 空间数据的表达

用于空间分析的数据包含两个部分信息:一个是空间对象的位置信息,另一个是空间对象的属性信息。我们将这两个部分称为空间部分和属性部分。

一个点可以用一个坐标对 (x,y) 来定义其所在的位置,并用一个关联的向量 A 来表示它的属性。一条线可以用一系列的点 $(x_1,y_1;x_2,y_2;x_3,y_3;\cdots;x_n,y_n)$ 来定义它的位置,同样也是用向量 A 来表示它的属性。一个面可以用一条线来定义它的边界,并用向量 A 来定义它的属性。通常情况下边界的起点和终点是同一点(例如: $x_1=x_n,y_1=y_n$)。

我们可以利用数学函数 $z=f(a,b)$ 来定义场,以表示特定位置 (a,b) 上我们所感兴趣的现象的强度。空间分析中会用到场这个概念,如空间核的计算(见第 3 章和第 5 章)。然而,仅仅通过对现实世界的观察我们很难得到这些数学函数的形式。场可以用一系列规则间隔或不规则间隔位置上的采样值来表达(栅格或网格)。场中不能直接观测到的值可以通过内插的方法获取,使用的方法通常被称为地统计方法(见第 7 章)。

21

2.7 空间数据模型

计算机中通常有两种表达空间数据的模型:矢量模型和栅格模型。下面我们对这两种模型做一下简单的介绍。

2.7.1 矢量模型

在矢量模型中,点、线、面的表示方法和上一节介绍的概念相似。点可以用一个坐标对和属性数据向量来表示,习惯上把 x 坐标写在 y 坐标前面。在有些 GIS 软件中,地理坐标数据和属性数据分别存储在不同的文件中,然后通过能唯一确定该对象的标识把它们关联起来。线是由一系列有序的点坐标来表达的。起点和终点有时又被称为节点。在一些 GIS 软件中线被称为弧段。每条线都有相应的属性向量。类似的,地理坐标数据和相关联的属性数据也可以分开存储在不同文件中,通过唯一的标识把它们关联起来。在一些系统中可以自动计算出空间数据的属性,比如线的长度、线的起点和终点的标识。面的边界由顺序排列的一系列的点来表示。点序列的起点和终点重合。除了地理数据外,还有一组相关的属性,其中一些属性可以由 GIS 软件来计算(比如多边形的面积和周长)。存储面状数据的方法很多,最简单的是把多边形和与它相关联的属性数据分开存储。这就意味着相邻多边形的边界被存储了两次,也意味着邻接关系的确定是一个繁琐的过程。解决这个问题的一个常用办法是,内部边界只存储一次,然后用一个索引文件记录每个多边形是由哪些边组成的。这种方法的好处是查询相邻的多边形变得相当简单(本书中介绍的一些方法会用到拓扑查询技术)。

网络数据是线状数据的一种形式。网络是由相互连接的线组成的。这些线代表相互连接
22 的对象,比如河流网、道路网、铁路网等。在河流网中,线的属性一般包括河流的流向、希尔伯特序号(Strahler,1952)等。在道路网中线的属性一般包括道路的等级(高速公路、公路、小路),道路限速以及通过某路段所需的时间等(或者往返的时间,表示不同方向的行驶速度)。线的第一个和最后一个节点为路网的交叉点——我们一般比较关心交叉路口的转向限制信息。典型的网络数据的操作包括两点间最短或最快路径查询,在给定时间或者距离的前提下以目标点为中心的移动范围,或者模拟围绕一个中心设施的货物配送。在网络分析中通常会遇到一个问题,称为"旅行商问题",就是在经过所有给定点的前提下选择一条花费时间最少或距离最短的路径。

2.7.2　栅格模型

另一种存储空间数据的方法是利用栅格模型。栅格只存储数据属性值,按行列或列行的顺序排列。栅格也被称为格网。在栅格数据模型中还需要一些其他的信息,比如行和列的数目,起始栅格的坐标,两个格网点间的距离。利用这些信息栅格数据可以很好地关联地球表面的信息。对于任何给定的点位置,可以很容易地计算出点所在栅格单元的位置,并且可以从栅格中提取信息。栅格数据不直接存储每个像元的位置信息。

用栅格模型表达点、线、面实体会受到一定的限制。首先数据的精度由栅格的大小决定;其次,一个栅格中只能储存一个属性数据。对于点数据,栅格单元存储的是对应点位置上的属性数据。如果两个点在同一个栅格中并且它们有不同的属性值,这就要求有一个决定存储哪

个属性数据的规则。与定义线的点相对应的栅格单元也可以存储需要的属性值。相邻节点中间的栅格单元值可以通过特定的算法比如布雷森汉姆（Bresenham）算法（Bresenham, 1965）来计算获取。同样的，如果属性值不同的线穿过同一栅格就要有一种规则来确定该栅格中存储哪条线的属性值。对于面来说，完全被面的边界包围的栅格可以存储该面的属性值，而对于有多个面的边界穿过的栅格就要用一种规则来确定该存储哪个面的属性值。

矢量和栅格模型，哪一种更适合我们使用呢？从某种程度上说，这取决于你所处理数据的性质。如果数据已经是栅格形式，例如从卫星图像或数字高程模型获得的数据，用栅格数据来表达也许是合适的。如果对定位精度要求很高，矢量数据则更合适。许多 GIS 软件都提供栅格和矢量数据间的转换。由于栅格数据模型的特殊性，在进行栅格向矢量的转化时往往会损失一定的定位精度，因此本来应该笔直的线也只能按照相邻栅格的轮廓绘制。

2.8　空间数据编程

不可否认，空间数据具有特殊的性质。正因为如此，传统的方法处理这些具有特殊性质的空间数据往往是不合适的。这意味着用户要开发特殊的软件来处理空间数据。这样，空间数据的分析者要选用合适的计算机语言（如 FORTRAN, PASCAL, C）编写处理空间数据的程序，并利用最新开发的交互式计算环境如 XLispStat（Tierney, 1990），S-Plus（Venables *et al.*, 1997），R（Ihaka *et al.*, 1996）。尽管本书不是介绍编程的书，但以下两部分将初步涉及空间数据的编程。奥洛克（O'Rourke, 1998）对这方面有更多的介绍。

2.8.1　多边形内点判断操作

假设我们要确定一点是否在一个简单的区域内，如正方形、圆形，或者更复杂的多边形区域。如果这个简单的区域是正方形或矩形并且它的左下角的顶点坐标为 $\{x_{min}, y_{min}\}$，右上角的顶点坐标为 $\{x_{max}, y_{max}\}$，则判断任一点是否在其区域内的约束条件如下：

$$x_{min} \leqslant x \leqslant x_{max}，并且 y_{min} \leqslant y \leqslant y_{max} \qquad （式 2.8）$$

如果这个简单的区域是圆，圆心坐标为 $\{x_{cen}, y_{cen}\}$，半径为 d，则判断任一点是否在其区域内的约束条件如下：

$$(x - x_{cen})^2 + (y - y_{cen})^2 \leqslant d^2 \qquad （式 2.9）$$

对于一个定义为封闭多边形的复杂区域就需要用一定的算法来帮助判断一个点是否在该区域内（有时称作多边形内点判断算法）。巴克斯特（Baxter, 1976）用精练的 FORTRAN 语言代码实现了这一功能；塞奇威克（Sedgwick, 1990）编写出了更简洁的代码来实现这项功能。为了提高运算的速度,我们可以先用一个包含该复杂多边形的矩形来代替该复杂多边形进行检验。奥洛克(O'Rourke,1998)介绍了另一种有用的空间数据处理算法,并用 C 语言代码进行了演示。

2.8.2 用复数表示空间数据

空间数据的分析操作是比较繁冗复杂的,比如计算两点间的欧几里得距离。两点坐标存放在数组 x 和 y 的第 i 和第 j 个位置上,我们可能编写如下代码:

$$\text{real } x(\ldots), y(\ldots)$$
$$\ldots$$
$$dx = x(i) - x(j)$$
$$dy = y(i) - y(j)$$
$$dsq = dx * dx + dy * dy$$
$$dist = \text{sqrt}(dsq)$$

用复数来表达,代码的编写要简单得多:

$$\text{complex } p(\ldots)$$
$$\ldots$$
$$dist = \text{abs}(p(i) - p(j))$$

如果用作空间数据分析的语言或环境支持复数类型,那么很多几何技术将会被简化。布伦斯登和查尔顿(Brunsdon *et al.*,1996)描述了在探索性空间分析背景下,如何使用复数实现空间数据表示及一系列地理数据处理功能。

2.9　问题与机遇

空间数据给我们带来了很多特殊的挑战。从地理学家和其他研究者 30 年的探索中我们认识到,在空间数据的分析中需要谨慎和深思熟虑。最近出现了很多有关空间分析的文章,比如《交互式空间数据分析》(*Interactive Spatial Data Analysis*, Bailey *et al.*, 1995),《空间分析和GIS》(*Spatial Analysis and GIS*, Fotheringham *et al.*, 1994),《空间分析进展》(*Recent Developments in Spatial Analysis*, Fischer *et al.*, 1997)和《空间分析:GIS 环境中的建模》(*Spatial Analysis:Modelling in a GIS Environment* Longley *et al.*, 1996)。这些文章表明地理学家开始重新思考空间数据分析方法。此外,地理学家对空间数据及其相关问题的兴趣也随着其他学科,尤其是统计学和计算机科学的发展而增强(Cressie, 1993)。

20 世纪 80 年代,地理信息系统的迅速普及还引起了一些非地理学家对地理学问题的兴趣。例如,如果没有英格兰北部的一些儿科肿瘤学家对地理学问题的好奇心,也许奥彭肖的地理分析机(GAM)就不会出现,而贝萨格和纽厄尔的解决同一问题的互补方法也很难得到发展(Openshaw *et al.*,1987;1988;Besag *et al.*,1991;Fotheringham *et al.*, 1996)。

尽管如此,空间数据的分析仍然存在问题。以前,一些胸怀抱负的地理数据分析者会参考一些有着诱人标题的书籍,例如《行为科学的多变量程序》(*Multivariate Procedures for the Behavioural Sciences*,Cooley *et al.*, 1962),用 FORTRAN 语言编写代码,然后用计算机运行自己的数据,却没有意识到犯了地理谬误。这些日子已经一去不复返了。人们已经认识到,空间数据分析存在一些特殊的问题,比如空间自相关、空间异常值的识别、边缘效应、可塑性面积单元问题,以及空间独立性的缺乏等。这些问题需要我们特别的关注。

经典统计推断中一个基本的假设是独立性。换句话说,事物之间是不相关的。然而,有人提出了"任何事物都与其他事物相关,并且距离越近相关性越大。"(Tobler, 1970)因此,对于空间数据来说,独立性假设是值得怀疑的,经典检验也出现了问题。克雷西(Cressie,1993)引用了史蒂芬在 60 多年前的观点(Stephan,1934):

> 地理位置数据就像一串葡萄一样是捆绑在一起的,而不像瓮里的小球一样是相互独立的。当然,仅仅是时间和空间的连续并不能表明相关变量或属性的非独立性。但是在处理社会数据时,我们发现,就其社会性质而言,个人、群体及其特征是相互关联而非独立的。目前还没有适用于这些数据的抽样误差公式,使用旧公式时仍要十分谨慎。同样,当应用其他统计方法来分析这些数据时也要非常仔细地检查。

40 多年后,一篇地理学文章的论述与此形成了明显的反差。

> 利用小镇的人口普查数据,一个因子分析程序和一台大型计算机,然后通过这个程序对这些数据运行 10 次乃至 30 次,以尽可能尝试所有选项。

(Goddard et al., 1976)

克雷西(Cressie,1993)论证了忽略自相关的问题。假设我们从已知方差为 σ^2 的正态分布中得到 n 个独立观测样本,则未知总体均值的无偏估计为:

$$\bar{x} = \sum_{i=1}^{n} x_i/n \qquad (式 2.10)$$

未知总体均值的 95% 置信区间为:

$$\bar{x} \pm (1.96)\,\sigma/\sqrt{n} \qquad (式 2.11)$$

然而,如果一组数据的空间自相关系数为 ρ,则任意一对观测值 (x_i, x_j) 的协方差为:

$$\text{cov}(x_i, x_j) = \sigma^2 \cdot \rho \qquad \text{(式 2.12)}$$

均值估计的方差为:

$$\text{var}(\bar{x}) = \left(\sum_{i=1}^{n} \sum_{j=1}^{n} \text{cov}(x_i, x_j) \right) / n^2 \qquad \text{(式 2.13)}$$

把式 2.12 带入得:

$$\text{var}(\bar{x}) = (\sigma^2/n) \left[1 + 2\left(\frac{\rho}{1-\rho}\right)\left(1 - \frac{1}{n}\right) - 2\left(\frac{\rho}{1-\rho}\right)^2\left(\frac{1-\rho^{n-1}}{n}\right) \right] \qquad \text{(式 2.14)}$$

克雷西指出,如果 $n = 10$,$\rho = 0.26$,则 $\text{var}(\bar{x}) = (\sigma^2/n)$ [1.608],其 95% 置信区间为:

$$\bar{x} \pm (1.96 \times \sqrt{1.608}) \, \sigma / \sqrt{n} \qquad \text{(式 2.15)}$$

因此,如果我们忽略了正的自相关,用式 2.11 计算出的置信区间将过窄;如果我们忽略了负的自相关,用式 2.11 计算出的置信区间将过宽。

正自相关的空间数据,协方差之和为正值;负自相关的空间数据(相邻的观测值往往不同),协方差之和为负值。如果我们假设观测值是相互独立的,则认为其不存在空间自相关。如果我们的数据是正空间自相关的,则均值的标准误差将大于空间不相关的均值的标准误差;相反,如果我们的数据表现出负的空间自相关,均值的标准误差将小于空间不相关的均值的标准误差。

下面的表是对 100 个样本进行研究得出的结果。它展示了根据不同的空间自相关系数(式 2.15)得到的不同的值。从表中可以看出即使正空间自相关系数相对较低,利用常规的公式 2.11 计算出的置信区间也是过于狭窄的。

ρ	0	0.05	0.15	0.25	0.35	0.45	0.55	0.65	0.75	0.85
100	1.960	2.059	2.276	2.550	2.813	3.165	3.609	4.207	5.096	6.669

这对我们用空间数据进行任何解读都有重要的影响。例如,如果我们想比较两组数据的均值,我们可以测试两组样本均值之间是否有足够的差异让我们相信未知总体均值也是有差异的。如果两组数据是空间正相关的,利用式 2.14 我们可能判断出这两组样本的均值没有足够的差异让我们相信总体均值是不同的。然而,如果我们忽视了空间数据的相关性,我们作出错误判断的可能性就会增加——也许我们会推断出总体均值是不同的,而事实上是没有足够的证据证明这个推断的。如果数据是空间负相关的,而我们忽视了它的相关性,也许会错误地推断出这两组总体均值没有明显的差异(而实际是有差异的)。许多地理学家和统计学家将空间数据自相关性的度量作为一个研究主题(Cliff *et al.*, 1973; 1981; Griffith, 1987)。第 6 章将讨论这方面的内容。

当我们忽略空间数据的特殊性质,使用了那些尽管从个体中收集上来却聚合在某些区域的数据时,就会出现另一个问题。这个问题现在常被称为可塑性面积单元问题。早在 20 世纪 40 年代末它就被社会学家所关注(Robinson,1950;Menzel,1950)。鲁宾逊阐明了基于聚合空间数据和基于个体空间数据的相关性计算结果可能完全不同他称此为"生态谬误"。很多空间数据都是以聚合的形式出现的(比如,英国和美国的人口普查数据①)。因此我们必须认识到如果数据以不同的方式聚合,空间分析的结果也可能不同。这种差异已经在简单的二元分析(Openshaw *et al.*,1979),多元空间分析(Fotheringham *et al.*,1991)和空间建模(Fotheringham et al.,1995)中得到证明。GIS 从一个区域单元到另一区域单元聚合数据的能力使可塑性面积单元问题变得更加重要。

28

2.10　小结

对空间数据特殊属性的认识被看作是计量地理发展成熟的分水岭。最近空间数据的特殊性仍被视为相当棘手的问题,比如可塑性面积单元问题或者空间非稳定性。它们削弱了空间数据的定量研究。然而,现在我们更深刻地认识到空间数据的特殊性不但影响了大量的分析方法,而且也带来了更多的机遇。空间数据的分析和建模不能简单地将非空间环境中开发的技术和模型应用于空间问题。空间分析员的任务是发展针对空间数据特性的新技术。这是计量地理取得重大发展的机遇,也是计量地理更加成熟的标志。我们认识到了这一点,因此看到了空间数据的希望。本书接下来的部分将举例阐述空间数据带来的机遇和利用这些机遇发展的技术。

29

①　公共微观数据样本(Public use Microdata Samples,PUMS)是一个可喜的进步,有助于检验聚合问题的特性。英国国家统计局已经发布了一个类似的匿名记录样本(Sample of Anonymised Records,SAR)。

第 3 章　地理信息系统的作用

3.1　引言

本章主要讨论 GIS(地理信息系统)在空间数据分析中的作用。由于本书并非 GIS 的入门教材,所以本章将侧重于讨论 GIS 在空间计量分析领域的应用。参阅德默斯(DeMers,1997)、伯勒和麦克唐纳(Burrough *et al.*,1998),马丁(Martin,1996),海伍德等(Heywood *et al.*,1998)的文献资料可以获得更为详尽的 GIS 理论知识。关于 GIS 的相关计算问题可参阅沃博伊斯(Worboys,1995)。

第 2 节将利用英格兰东北部区域的数据对一些简单的空间分析进行介绍——这些都是 GIS 中的常见操作。第 3 节中我们将讨论 GIS 作为数据聚合和操作工具在建模中的应用。第 4 节中将考察空间分析中 GIS 的不当运用而产生的一些问题。第 5 节中将讨论其他分析软件和 GIS 的链接方法。章末则简要探讨未来 GIS 在空间数据分析中的作用。

在这一章中,我们将谈及 Arc/Info 这一 GIS 软件①。本书并非为了宣传 Arc/Info 软件,亦非对 Arc/Info 的评论,使用该软件只是源于作者对这一软件的熟悉以及英美许多大学都拥有这一软件。然而,由于本章中涉及的许多 GIS 运算同样可以在其他 GIS 软件中实现,因而后面的讨论对 GIS 软件普遍适用,而非特别针对某一软件系统。

地理信息系统(Geographical Information Systems,GIS)是一个容易混淆的术语。一方面,它指的是一类软件,如 Arc/Info 或 SPANS。这些软件通常提供了一些常规功能:空间数据存储、查询、集成、检索、显示以及建模。它们通过某种命令语言或菜单命令来操作。操作这些软件往往需要具备一定的专业技能。从某种意义上来说,这些软件类似于 SAS 或 SPSS 等统计软件包的 GIS 版本,是一种可用于处理多种数据的程序集。与统计软件一样,使用 GIS 软件时,选择何种操作进行数据管理和分析也是由使用者根据实际情况决定的。这是由于软件包提供的一些技术,并不能适用于所有应用。另一方面,GIS 可以作为一套特别定制的成套系

_____

① Arc/Info 是美国环境系统研究所的一个注册商标,Inc.,Redlands,CA,USA。

统,用以辅助如交通管理、自动绘图或设施管理之类的工作。这种应用常常出现在公共机构办公室。操作子集被预先封装好(形成一个带有图形用户界面的软件包)提供给操作员。数据接入的方式和操作方法都是针对特定的任务而设计的。

　　GIS 在空间数据的定量分析中的作用是什么? 一些学术期刊文献反映了关于 GIS 的最新思考和理念,如国际地理信息科学杂志(International Journal of Geographic Information Science)和 GIS 学报(*Transactions in GIS*)等期刊。然而,一种新方法或数据结构在商用软件产品中的出现相对于其在科学文献中的提出不可避免地存在滞后性。软件供应商不可能将试验性的软件销售给客户。商业软件往往会提供一些通过试验和测试的功能而非最新的方法,如模式分析。实际上,也可以基于商业软件已有的功能研发试验性的软件。一个重要的例子是SPLANCS(Rowlingson *et al.*,1993),英国兰开斯特(Lancaster)大学的研究者利用 S-Plus 开发了一个进行空间数据分析的程序集。

　　那么,利用商业 GIS 系统中的功能可以做些什么,当需要一些其他技术时又该如何处理?制造商们往往声称他们的系统具有"先进的空间分析功能"。他们所说的"空间分析"指的是什么,是否与我们所说的空间分析一致呢? 约翰斯通(Johnston,1994)将空间分析定义为"区位分析的定量过程"。约翰斯通的理论中区位分析的重点是"事物的空间分布"。事实上,昂文(Unwin,1981)的《空间分析入门》(*Introductory Spatial Analysis*)中大量涉及空间中点、线、面的分布。约翰斯通认为,空间分析的研究者们要么注重运用线性模型处理数据,要么寻求其他新的方法处理分析空间数据时遇到的问题(Haining,1990;Bailey *et al.*,1995)。德默斯(DeMers,1997)认为,空间分析涵盖了广泛的操作和概念,包括简单的测量、分类、曲面分析、布局分析、叠置分析和制图建模。马丁(Martin,1996)认为 GIS 的基本操作包括重分类、叠置分析、距离和连通性测度,以及邻域分析。克拉克(Clarke,1997)定义了一些现象的"地理属性",包括大小、分布、模式、邻接、邻域、形状、尺度以及方向,并提出了这样一个问题:如何对这些属性的变化进行描述和分析? 如果这些想法能够实现,我们从中能发现什么? 当 GIS 软件开始被广泛应用后,研究者惊讶地发现"空间分析"这一术语被 GIS 软件供应商描述为一些基本的几何操作。而空间分析方法的随机框架在 GIS 软件中却很少涉及。那么,在对空间分析定义不那么严格的情况下,一个典型的软件产品中的哪些功能属于空间分析的范畴呢?

3.2　简单 GIS 空间分析

　　GIS 区别于其他软件的特征也许仅仅是对空间数据库中图层数据的操作。GIS 具有计算和存储数据库中不同要素空间关系的能力,无论这些要素是在同一图层或不同图层。一个早期的例子是关于判断某点是否位于某一多边形内部的算法。其根本问题是几何计算。对此,目前已提出了一些解决方法。一个常用的方法是从一点向某一方向构建一条直线,如果这条线经过多边形边界的次数为奇数,则可判断点在多边形内;如果为偶数,则点在多边形外。但我们必须考虑某些特殊情况,例如当点位于边界上时。塞奇威克(Sedgwick,1990)提供了这一算法的 C 语言代码,巴克斯特(Baxter,1976)提供了一个 FORTRAN IV 语言的例子。

　　为了举例说明 GIS 中所谓的"空间分析",我们将使用英格兰东北部某地的一些数据来进行阐述。这些数据取自巴塞洛缪(Bartholomew)基于 1 : 625 000 的数据材料创建的一个数据库。除了巴塞洛缪的数据,我们还用到英国 1981 年郡级行政区划的人口普查数据。

3.2.1　基于属性的要素选择

　　巴塞洛缪的数据中有一个图层是英格兰和威尔士的郡级行政区划边界,以及苏格兰的区级行政区划。这些边界是英国 1974 年 4 月 1 日开始实行的地理行政区划划分的法定边界。这一图层中的要素类型为多边形,其属性表包含了该多边形所代表的郡的名称。为了示范一个简单的基于 GIS 的空间操作,我们可以基于一个或多个原始 Coverage[①] 的属性信息创建一个新的 Coverage。例如,我们选定英国数据库中代表达勒姆(Durham)郡的多边形来创建一个新的 Coverage(图 3.1)。许多地理信息系统提供基于属性值的要素选择功能。这里输入的是英国郡多边形 Coverage,输出的是仅包含一个多边形的 Coverage,这一多边形代表的是达勒姆郡的行政边界。该郡东西跨度约 70 千米,南北跨度约 50 千米,面积约 2 400 平方千米。

3.2.2　基于几何相交的要素选择

　　巴塞洛缪的数据中有铁路线图层,以及城区图层。其中铁路是线状的 Coverage 图层,城区是面状的 Coverage 图层。提取达勒姆郡内部的这些要素需要用到与上一节不同的方法。两个 Coverage 图层的属性信息中都不包含该要素所在郡的名称这一字段。大多数 GIS 软件都具有裁剪功能。一个 Coverage 图层被设定为输入,另一个图层的边界被设定为裁剪图层。输出的图层是输入的 Coverage 图层中位于裁剪图层内部的要素组成的一个新的 Coverage 图层。图 3.2(a)为郡边界和城区图,图 3.2(b)为经过裁剪操作后的城区以及铁路线。

3.2.3　缓冲区

　　缓冲区操作是 GIS 中一个常见的功能。包括围绕一个点建立一个圆形区域或围绕一条线

---

① Coverage 为 ArcGIS 中的一种数据格式。

达勒姆郡

图3.1 基于属性的要素选择

要素建立一个廊道等。圆的半径和廊道的宽度由用户指定。有些系统允许灵活设定可变的缓冲区宽度(以反映要素属性的变化)。图3.3为达勒姆郡内部铁路线1千米的缓冲区。这可用来反映可达性的概念或受铁路运输噪声影响的敏感区域。输出的缓冲区通常是一个多边形的 Coverage 图层。

34

图 3.2　(a)郡边界和未进行裁剪的城区边界

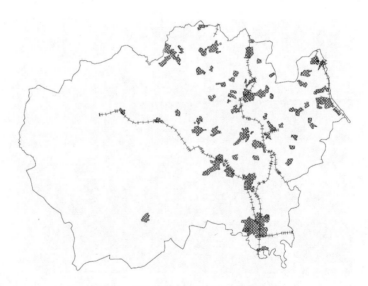

图 3.2　(b)裁剪后的城区以及铁路线

3.2.4　几何相交:合并

　　如果我们要计算铁路缓冲区范围内城区的比例,则需要创建一个包含铁路缓冲区和城区
35　范围的 Coverage 图层。这里需要用到的操作就是对这两个空间数据集进行合并。如果缓冲

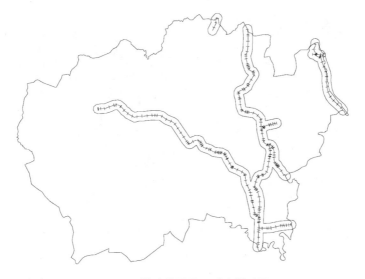

图 3.3 铁路线周围 1 千米缓冲区

区穿过了某个多边形,则将生成两个新的多边形。一个在缓冲区以外,一个在缓冲区以内。要获得缓冲区范围内的城区,我们在软件中只提取那些属于城区图层且位于缓冲区范围内的多边形,并以阴影显示。图 3.4(a)为城区和铁路缓冲区执行合并操作之后创建的多边形。图 3.4(b)中的阴影部分即是满足上述标准的多边形。此外,我们可以进一步计算出该地区的城区用地在缓冲区内和缓冲区外的面积:在这个例子中,360 平方千米的城区用地中约有 40 平方千米位于铁路线 1 千米范围内。

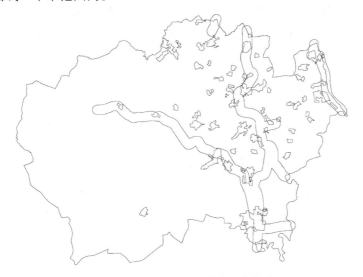

图 3.4 (a)城区和铁路缓冲区合并结果

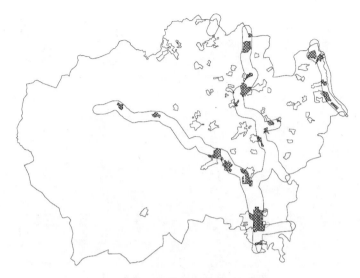

图 3.4 (b)铁路缓冲区内的城区

3.2.5 几何相交:相交

如果我们要创建一个既属于城区范围又位于铁路线缓冲区内的新 Coverage 图层,则需要进行相交(Intersection)的操作。这个操作与上一节中的合并(Union)操作(合并操作是基于属性值的选择)略有不同。相交操作可应用于面、线或点数据,输出的 Coverage 与输入的 Coverage 类型相同。图 3.4(b)中阴影部分表示的是位于铁路线缓冲区内的城区用地。

在图 3.5(a)中,位于与城区相交区域内的铁路线不予显示。图 3.5(b)为区中心与城区的相交运算结果(我们可以计算城区内居民数量)。图中用黑色正方形来表示位于城区内的区中心,位于城区外的则用浅色标记表示。

3.2.6 邻近

邻近操作是计算一个图层内对象与另一个图层内对象之间的邻近关系。一般来说,其中一个图层是点数据,另一个图层是点、线或面数据。这一操作将在输出图层的属性表中产生至少两个新的属性(关于矢量模型的属性见第 2 章)。一是另一个图层中最邻近对象的 ID(最邻近的点或垂线距离最近的线),二是到最邻近对象的距离。如果程序效率不高,这一操作可能会非常耗时。如果第一个图层中有 n 个对象,第二个图层中有 m 个对象,那么需要计算的距离多达 $n×m$ 个。这一操作看上去可能不太实用。然而,利用一个代表居住地的点图层和一个

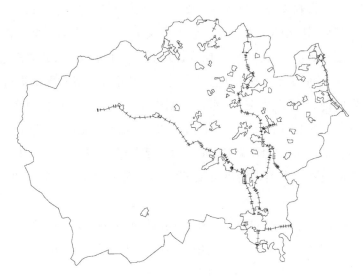

图 3.5　（a）城区外的铁路线

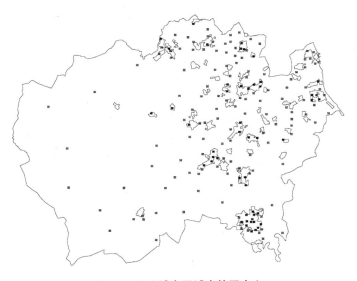

图 3.5　（b）城市区域中的区中心

代表道路的线图层,可将人口基于路段进行分配(如反距离加权),这一运算结果可用于网络建模。

　　在一些 GIS 软件包中,一个相关的操作是从不规则分布的点数据建立泰森多边形。泰森多边形的边界确定的原则是:该多边形内的任一位置到这一多边形控制点的距离小于到其他

38 多边形控制点的距离。泰森多边形为凸多边形。与缓冲操作一样，这一操作最终输出一个面状 Coverage 图层。然而，输出图层中会有与输入图层中点要素同等数量的多边形要素（这一点与点数据的缓冲区分析不一样）。对于研究区域边缘上的点要素，泰森多边形往往被放大了（通常会非常大）。一种可行的解决办法是采用一个数字化边界对图层进行剪裁，以删除多边形中问题最严重的部分。泰森多边形可用于制作基于点数据产生的分级统计图。在现实中，许多边界往往同时表现出局部凸性和凹性；例如，一条沿着蜿蜒河流流向的边界，会交替出现凸起和凹进。沿着泰恩河的纽卡斯尔（Newcastle）和盖茨黑德（Gateshead）之间的行政边界就是一个这种类型的边界。在美国沿俄亥俄河的俄亥俄州和西弗吉尼亚州之间的边界也是这样。

　　图 3.6（a）为使用 Arc/Info 软件基于区中心点数据产生的泰森多边形。可以看到，多边形的边界延伸到了郡边界之外。在图 3.6（b）中，泰森多边形被郡边界剪裁。由于缺乏可用的数字化边界，泰森多边形往往被用作伪界线；图 3.7 表示的是一幅利用泰森多边形创建的人口密度图。这些数据分为 6 组，每组中包含大约相同数量的区。图 3.7 为显示边界（图 3.7（a））和不显示边界（图 3.7（b））的情况。图 3.7（b）中没有采用分类设色，而是采用了大量的灰阶进行渐变设色。西部农村地区和东部更为城市化的地区之间的人口密度对比在这两幅图中得到了清晰的表现。

3.2.7　邻接

　　创建具有正确拓扑关系的多边形图层可以产生一个附属表格，该表格显示该层中每个弧

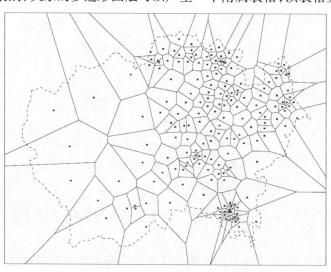

图 3.6　（a）达勒姆郡各区的泰森多边形边界

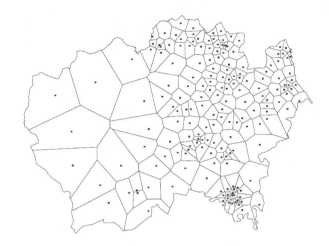

图 3.6　(b)用郡界对泰森多边形进行裁剪

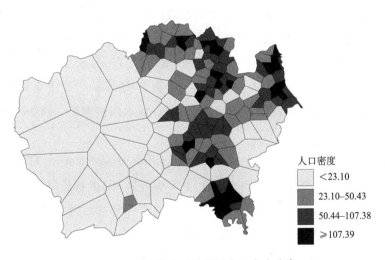

人口密度

	<23.10
	23.10–50.43
	50.44–107.38
	≥107.39

图 3.7　(a)带边界的区级人口密度分类

的弧两边的多边形的 ID 编号。这种表在融合操作中很有用。融合操作涉及从一个图层中删除具有相同属性值的两个多边形的共享边界。新输出的面图层中的多边形等于或少于输入图层。这种方法有助于对具有空间等级的行政数据进行操作。如果已经具有最低空间等级的数据且数据属性中包含等级信息,则可建立其他等级的图层。

　　英国国家统计局使用的空间等级中,每十年一次的人口普查数据报告中的最低行政等级为普查区(Enumeration District)。普查区组成了较大的区(Ward),区又组成了行政地区(Administrative District),行政地区又组成了行政郡(Administrative County)。每个普查区用 8 个字

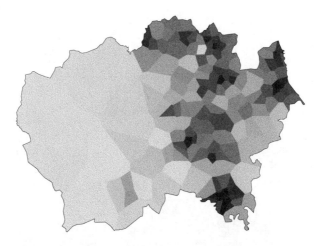

图 3.7　(b)不带边界的区级人口密度分类——连续渐变

符进行编码;头两个字符表示郡;接下来两个字符表示行政地区;第三至第六个字符表示区;第三至第八个字符表示普查区。给定一个数字化的普查区边界图层,可以通过一系列融合操作得到其他等级的区域。例如,郡代码 06 代表泰恩-威尔郡(Tyne and Wear);06CJ 代表泰恩-威尔郡的纽卡斯尔行政地区;06CJFA 指的是杰斯蒙德(Jesmond)(纽卡斯尔的一个区);06CJFA01 是这一区的一个普查区。杰斯蒙德是泰恩-威尔郡纽卡斯尔的 26 个区之一,泰恩-威尔郡内有五个行政地区。

41　　　　美国根据联邦信息处理标准(Federal Information Processing Standard,FIPS)为州和县制定了编码标准。例如纽约州(New York State)的 FIPS 编码是 36,伊利县(Erie County)的编码是 029(纽约州的 62 个县之一)。5 位数编码 36029 结合了州和县两级,并为伊利县提供了一个唯一的标识符。与英国的例子一样,空间层次结构反映在县代码上。

　　　　上述两个例子是固定长度编码。对于县级的 FIPS 编码,采用在左边数位上加 0 的方法将编码长度扩展到三位。并非所有分级的编码都是固定长度。例如英国的邮政编码系统。英国纽卡斯尔大学的邮政编码是 NE17RU;前面三个字符是"外部编码",后面三个字符是"内部编码"。"内部编码"一般是"数字—字母—字母"的格式。而"外部编码"通常由市镇编码(字母)和邮区编码(数字)组成。并非所有的市镇都由两位字母标识(纽卡斯尔是 NE,谢菲尔德(Sheffield)就是 S,格拉斯哥(Glasgow)就是 G)。一个邮政管辖区可能有超过 9 个的邮区,但编码 0 到 9 不会通过加 0 的方式扩展为两个字符。当部分编码被提取进行融合操作时,这可能会产生问题。

　　　　在为一些小的空间单元创建泰森多边形后,可以使用融合操作为同一级的区域单元生成边界。虽然原子单元为凸性,但更高级别的单元可能会表现出合理的凹性,然而它们是无法取代实际边界的,甚至可能包含现实中不存在的邻接关系。

3.2.8　插值与场

场(Field)是用于表达某种现象在连续地理空间中变化情况的一种数学模型。例如,土壤 pH 值的空间分布就是一个场。当计算机不能直接处理连续函数时,就必须采用离散逼近方法。例如,在给定空间框架下,将感兴趣的区域划分为镶嵌正方形,即可将场构建为从空间框架到属性域的可计算的函数。通常,空间场可提供在水平平面 x-y 每个位置上的 z 值 (Worboys,1995)。场的可视化表达方法可以是一个曲面,也可以是一系列的等值线(如等高线)或伪三维形式。基于场的模型在 GIS 中通常用栅格来表示。虽然有独立的软件包如 ID-RISI,但是我们可以用 Arc/Info 中提供的 GRID 模块来处理基于场的数据。在接下来的场模型中,我们将交替使用网格(Grid)和曲面(Surface)这两个术语来代表场模型中的图层。

有些系统提供从不规则空间点数据(或线数据)生成曲面的功能(见第 2 章)。此操作需要一个点集,且点集中每个点具有用于曲面插值的 z 值。有许多技术可生成栅格数据,包括反距离加权法,样条法(见第 4 章)和克里格法(见第 7 章)。然而,对这些数据进行插值的时候需要特别小心,因为需要用户通过参数设置控制表面的生成。如果参数选择不当则产生的曲面会与预想中的效果有较大差异。插值技术的一个常用领域是基于等高线和观测点高程值建立数字高程模型。然而,插值时并不硬性要求所用的 z 值是高程值,它可以是在空间上发生变化的其他属性,如人口、失业率或局部模型校准获得的参数(见第 5 章)。图 3.8(a)表示的是达勒姆地区的高程变化图——颜色较浅的表示海拔较高的地区。通过对比此地图与人口密度图(图 3.7),我们可以得到一些启示,都市化、人口稠密的地区多位于郡的东部海拔较低的区域。图 3.8(b)为伪三维表达的插值结果。将网格覆盖在生成的曲面上,可以使山谷和丘陵更为明显。高程值乘以 9 以加强海拔变化的显示效果。垂直拉伸值通常通过实验进行选择。

另一种曲面生成法是由托布勒提出的总量守恒插值法(pycnophylactic)(Tobler,1979)。我们的目标是创建一个平滑的曲面,并保留源区域中用于插值属性的总值。该方法首先将研究区域划分为栅格化的分区 z_1 到 z_m。如果第 i 个分区包含 n 个栅格,则该分区中的每个栅格被初始化为分区插值属性值的 $1/n$。然后使用低通滤波进行曲面平滑处理[①],对第 i 个分区的平滑结果求和,并对它们的值进行归一化处理,使得分区中属性的和与原来该分区的属性的和相等,按照这种方法对所有分区进行相应的调整。不断重复平滑、求和与调整过程,直到迭代

---

① 输出栅格的值为其 8 个相邻栅格的均值。

图 3.8　（a）渐变形式的数字高程模型

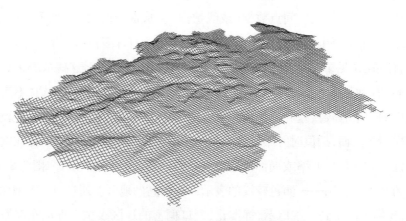

图 3.8　（b）表面网格形式的数字高程模型

结果不再改变。

　　从建模的角度来说,用曲面来表达的数据具有一些优点。汤姆林(Tomlin,1990)将基于网格的分析称为制图建模。汤姆林的一些想法现已用于 Arc/Info 中 GRID 模块的建模语言中。通过新建网格,或者通过组合与修改其他网格数据来进行分析。网格数据可以相加、相减、相乘或相除;也可以进行比较和逻辑操作。所有这些操作是基于逐个网格单元完成的。网格数据也可以使用函数进行修改;在 GRID 模块中,函数可以是"局部"(基于逐个网格单元操作),"邻域"(考虑邻近网格单元数据),"分区"(邻近单元格是由另一个"分区网格"定义的),全局(与整体网格相关)。例如,局部函数 sqrt 返回的网格数据单元格中包含了输入网格数据对应位置上数值的平方根。邻域函数 focalmean 返回的是属性值为用户设定的空间滤波器内平均值的网格数据。全局函数 costdistance 返回的网格单元属性值是到某个地点的累积成本距离。用户需同时提供一个通过每个单元格的"成本"网格数据。其他命令还可以用于将矢量数据转换为栅格数据,从栅格数据转换回矢量数据也是可以实现的。

3.2.9　密度函数

一些 GIS 软件可以基于一组不规则分布的空间点来估计密度曲面。给定一个表示一组离散事件发生位置的输入图层,用户可以得到一个输出网格数据,其中每个网格单元为事件的空间密度估计。常用的密度估计方法是空间核方法(见第 4 章、第 5 章、第 6 章;Silverman,1986)。

直方图是对分布的密度估计进行表达的一种方式。给定原点和组距(其单位与要制图数据的单位一致),我们可以很容易地建立直方图。每个分组的矩形条高度表示该分组相对其他分组的观测值密度。对于空间数据,我们可以通过将直方图扩充为二维来创建一个简单的密度估计图;换言之,其转变为基于给定原点和组距(或网格单元)大小的网格数据。许多软件包已经实现了这样的直方图可视化表达,例如伪三维表现方式,或者通过使用灰度值表征密度上的变化。在这两种情况下,组距越大产生的直方图就越平滑。然而,组距的大小总是难以确定。并且,如果原始数据是连续的,直方图对其进行的量化是主观独断的。

密度估计技术允许我们为每个观测值设置一个核(kernel)。核可被认为是广义的分组。通过对各个核进行求和运算,可以得到分布的密度估计。某点 (x,y) 附近二维空间分布的相对密度可通过以下公式计算获得:

$$\hat{f}(x,y) = \frac{1}{nh^2}\sum_{i=1}^{n} K(d_i/h) \tag{3.1}$$

其中 $f(x,y)$ 是点 (x,y) 上的密度估计;n 是观测数量;h 是窗口宽度(有时也称作平滑参数或带宽);K 是核函数;d_i 是点 (x,y) 和第 i 个观测点之间的距离。

核函数 K 定义了每个观测的核的形状和带宽。密度估计的结果是平滑的,并且是一个概率密度。为观测点设置核的作用是创建一个连续分布以反映点集密度的平滑变化。值得注意的是,我们能够获得研究区域内任意位置的密度估计,但没有必要去计算观测点的密度估计。通常我们希望计算矩形网格节点的 $f(x,y)$。在分析过程中需要做出以下几个选择。第一是确定适当的核形状。西尔弗曼(Silverman,1986)提供了一些常用核的公式,但同时指出,各种核在再现分布形状的能力上差异并不大。图 3.9 展示了一些常见的核形状。

带宽 h 的选择决定了数据的平滑程度:带宽越大,全局特征表现得越明显,带宽越小,局部

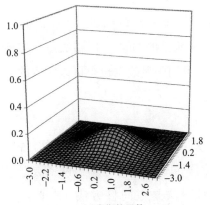

(a) 高斯核函数

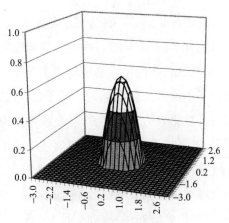

(b) 依潘涅契科夫函数

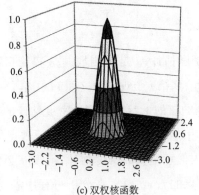

(c) 双权核函数

图 3.9　核形状的三维显示

特征越明显。用这种方式得到的密度估计比直接将数据聚合至网格进行密度计算更优,因为网格化带来的量化的主观独断性已通过密度估计的方法从观测模式中消除。

　　图 3.10 表示的是每个区中心的居住人口为输入数据,利用 GRID 中的点密度函数运算得到的输出结果。这与布莱肯和马丁(Bracken *et al.*, 1989)绘制的人口曲面有些相似。在图 3.10(a)中带宽为 2 千米,在图 3.10(b)中带宽为 5 千米。需要注意的是,两张图中的人口密度变化情况看上去是不同的。带宽越大,结果数据就越平滑。通过与图 3.7(a)进行比较,可发现对空间分布施加人为边界会错误地给人一种假象,即人口密度不是一种连续变化的现象。

(a)带宽为 2 千米的人口密度分布

(b)带宽为 5 千米的人口密度分布

图 3.10　人口密度分布

将这些更加先进的数据操作技术纳入 GIS 中受到了用户的欢迎,因为它使一些有趣的分析成为可能(Kelsall *et al.*,1995)。例如,我们有两组不规则空间数据集,第一组代表某疾病发病个体的位置,第二组代表该疾病的易感人群分布位置。如果该疾病不存在空间集聚现象,那么我们认为该疾病在人群中的发病率是均匀的。可以分别创建发病人群和易感人群的密度栅格图。如果用发病人群的密度栅格图除以易感人群的密度栅格图,我们将获得一张新的代表发病率(人均发病率)的栅格数据。通过地图可以检查疾病发病率(发病总人数除以易感人口总数)的变化情况。还可以进行进一步的检验,以确定局部变异是否超过了数据的置信度限制。

3.2.10 网络分析

我们常常会用到一组通过网络建立路径模型的函数。公路网就是其中一个典型的网络,

46 网络分析主要目的是寻求从一个地点到另一个地点的"最优"路径。通常采用迪杰斯特拉(Dijkstra)的最短路径算法(Dijkstra,1959)。用户必须提供计算最短路径需要的属性;如果提供弧长,得到的路径将是最短的;如果提供经过网络中每段弧的时间,得到的路径将是最快的;

48 如果提供每一段的费用,得到的路径是成本最低的。除此之外,还可以对各种类型的位置之间的最短路径进行建模,比如遵循给定的顺序,或者遵循网络分析函数决定的顺序。有些系统支持其他函数,例如分配函数。在这个函数中,弧被定义为从某指定位置在特定距离或时间内可达。

最优路径计算吸引了一大批传统上与 GIS 不相关联的供应商开发了一大批相关的软件。其中最有名的是微软的 AutoRoute Express 产品。该产品提供了友好的用户界面,一旦用户指定了一系列地点,AutoRoute Express 会计算最短路径并且将结果显示在地图上,同时打印出来为司机提供向导。

3.2.11 查询

基于 GIS 的空间分析的最基本功能之一就是交互式查询。查询通常通过鼠标指向屏幕上地图的某一位置实现,然后单击鼠标按钮请求和检索与被选择的要素相关联的属性数据。在某些系统中,用户可以用一个地图指定查询位置,并同时查询其他一个或多个图层中的信息。对于后者可以举这样一个例子:我们可能会对人口密度变化与地形变化的相对关系感兴趣。图 3.11 显示的是对达令敦(Darlington)中心附近的人口密度曲面进行查询——用户浏览的是城区和铁路线图层,但是查询是针对一个不可见的曲面数据进行的。

同时,用户也可以用属性进行查询,例如选择和显示所有人口密度大于 2.5 人每公顷的区

域。还可以在此基础上进行进一步空间查询,如查询高亮显示区域中的属性值,也可以查询数据库中的其他图层。

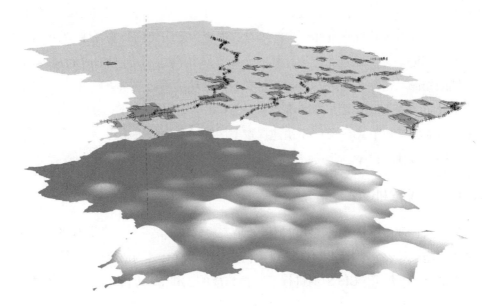

图 3.11　根据地形图对人口密度进行查询的结果 50

3.3　高级 GIS 空间分析

GIS 有三个基本的作用:数据操作、数据集成和数据探索。我们在之前的章节中考虑了 GIS 作为数据操作工具的情况,它涵盖大多数 GIS 软件提供的基本空间数据操作。这里我们考虑基于 GIS 的更高级的空间分析方法,即数据集成和数据探索。

福瑟林汉姆(Fotheringham,1999b)从两个视角考虑了 GIS 和空间分析的关系。一是对已经存在的模型框架的简化版本进行集成,如选址—分配模型或空间相互作用模型。这种做法可以视为一种倒退。GIS 的经验是,空间问题本身是非常复杂的,缺乏经验的用户可能会被表面上的简单性所误导,如 p—中值问题的产生。二是将 GIS 和空间模型结合起来,GIS 就扮演了新模型形成的催化剂。这可以说是一种进步。在 20 世纪 80 年代中叶,GIS 的广泛使用引发了空间问题研究在地理学界的复苏,也许更重要的是,引起了其他学科研究人员的兴趣。这种促进作用一部分来自 GIS 软件,更重要的是来自一些机构的支持,尤其是来自大学。最著名的是美国国家地理信息分析中心(National Center for Geographic Information and Analysis)和英国区域研究实验室(Regional Research Laboratories)的创立。

福瑟林汉姆(Fotheringham,1999b)举出了三个例子,这三个例子在联系空间建模和 GIS 上可谓迈出了一大步。一是局部变化建模,无论是针对数据的属性还是作为建模的计算结果(见第 5 章)。二是检验选址—分配模型结果对数据聚合方式变化的敏感性(见第 10 章;Fotheringham *et al.*,1995)。三是基于密集计算的点模式分析,奥彭肖等(Openshaw *et al.*,1987)可谓这一领域的先锋。在每个案例中,GIS 都是作为预处理阶段的数据集成工具,或者后处理阶段的评价工具。在这几种情况下,GIS 都不被视为核心,但是作为辅助工具它非常有用。事实上在奥彭肖等人的工作中,GIS 等同于快速提取空间参考数据的手编程序,以及一些将结果传送到笔式绘图仪的独立程序。

3.3.1　数据集成和管理

数据集成和管理可能是 GIS 软件包提供的最有用的功能之一。用于建模的数据可能来自不同的来源。鲍威等(Powe *et al.*,1997)以英格兰南部新森林区为研究区域,评估了靠近林地对房价的影响,当中就利用 GIS 辅助进行了数据集成的工作。他们的建模方法主要基于效用估价(Hedonic)模型。模型中房价的差异与属性的特征有关。典型属性包括:

- 建筑结构特征
- 邻里社会经济特征
- 邻里美学和环境特征
- 地理特征
- 财产所有权

建模数据可以有各种各样的来源。建筑结构数据可来自社会抵押记录(有些记录在英国可以获取;克拉克和海宁(Clarke *et al.*,1997)使用的是 TRWREDI 房产数据集)。社会经济信息可从人口普查的数据获得。美学与环境特征,例如邻里的水道或林地,可从现有的地图或航拍照片中通过一些 GIS 处理获得。地理特征,例如城市设施的可达性,可通过 GIS 处理获得。在某些国家,财产地籍簿是财产所有权的信息来源。

鲍威等(Powe *et al.*,1997)定义了如下价格函数:

$$P_i = f(AM_i, \ ENV_i, \ S_i, \ SE_i, \ Y_i) \tag{式 3.2}$$

其中,P_i 是房屋出售价格;AM_i 是可达性和区位变量向量;ENV_i 是环境变量向量;S_i 是第 i 个房产建筑结构特征向量;SE_i 是周边区域社会经济变量向量;Y_i 是第 i 项房产被购买的年份。详细的变量选择见表 3.1。

数据库中的每一个房产被赋予一个网格参考,并使用 Arc/Info 建立了建筑结构特征图层。

建筑协会一般不用 GIS 存储数据,因此需要对抵押记录进行一定的处理以获得我们需要的数据。一些通过空间分析得来的数据可能已经包含了地理参考信息(如邮政编码)。这种情况下可以使用查找表方式。

52

表 3.1 效用估价模型变量表(Powe *et al.*, 1997)

变量类型	描述
林地变量(数字化数据)	距最近林地的距离
	距新森林公园的距离
	虚拟变量:位于林地 500 米范围内
	虚拟变量:位于新森林公园内
	林地索引
其他宜居特征(数字化数据)	距海的距离
	虚拟变量:位于大海 500 米范围内
	虚拟变量:位于河流 200 米范围内
	距最近大城市的距离
	虚拟变量:位于大城市内
	虚拟变量:位于炼油厂 500 米范围内
	虚拟变量:位于铁路线 100 米范围内
	虚拟变量:位于主要干道或高速公路 100 米范围内
建筑结构特征(建筑协会数据)	房屋面积
	浴室数量
	卧室数量
	虚拟变量:独立建筑
	虚拟变量:半独立建筑
	虚拟变量:台榭
	虚拟变量:车库
	虚拟变量:中央供暖系统
	房龄
社会—经济数据(1991 年人口普查数据)	18 岁以下居民比例
	不拥有私家车的家庭比例
	每人私家车数量
	专业劳动者比例
	非技术性职业劳动者比例
	退休人员比例
	男性失业率

为了获得林地变量,有必要从地图上识别林地(包括停车或野餐区域),并数字化林地边界。对于每个房产而言,可利用 Arc/Info 的近邻(Near)命令获得到最邻近林地的距离和到新森林公园的距离。同时可以建立表明房产是否在林地边界 500 米范围内的虚拟变量。对房产与新森林公园边界做相交分析,可建立一个虚拟变量说明房产是否位于新森林公园内部。

鲍威等(Powe *et al.*, 1997)发现使用 GIS 建立的各林地因素具有很高的相关性。为了用一个单一的变量表征林地特征,他们为每处房产建立了以下指数:

$$\text{Forest access index}_i = \sum_j \left(\text{area}_j / \text{distance}_{ij}^2 \right) \qquad (\text{式 3.3})$$

其中,area$_j$ 代表了第 j 个林地的面积,distance 代表房产到该林地边界上最近点的距离。

建立其他宜居变量需要对海岸线、河流、大城市边界、炼油厂、主要道路和高速公路进行数字化。为了建立相对距离和虚拟变量,要进行与上述林地变量一样的 GIS 处理。

1991 年英国人口普查提供了好几个空间尺度上的数据。但邻域(neighbourhood)这个概念没有得到很好的界定。鲍威等(Powe *et al.*, 1997)从中提取了普查区级别的数据进行分析。平均每个普查区约有 440 名居民,175 户住宅。曼彻斯特大学(http://www.midas.ac.uk)的英国人口普查数据并没有储存在地理信息系统中的。鲍威等(Powe *et al.*, 1997)没有说明他们如何将基于普查区的普查数据与房产数据进行关联。有几种方式可供选择,如果已获得普查区的数字化边界(英国国家测绘局提供),可将房产信息与之进行相交分析,并将房产与其所在普查区的社会经济特征进行关联。如果没有数字化边界信息,则可以利用普查数据的几何中心进行计算(与林地和宜居性图层的计算类似),可以得到距每处房产距离最近的几何中心;然后可以将社会经济数据与房产记录进行关联。第三种方式是利用国家统计局的邮编信息与普查区查找表(Dale *et al.*, 1993)来关联房产和普查数据。

鲍威等人为什么要运用 GIS 呢?他们提到:

> GIS 有很明显的优势……只要空间数据是可用格式,对 GIS 软件包来说,为每处房产建立空间数据库是很简单的事情……此外,GIS 兼具了生成变量的速度和精度,保证了大量的各种类型的变量生成。
>
> ——(Powe *et al.*, 1997)

后来,他们又提到:

> 在这方面利用 GIS 的主要好处是,它能够使得现有或拟建林地区域与人口中心的关系被充分地考虑。
>
> ——(Powe *et al.*, 1997)

需要指出的是,虽然鲍威和他的同事们利用 GIS 对各种数据源进行了集成工作,但他们并没有利用 GIS 进行任何模型估计工作。数据将被写入一个文件中,并读入其他统计软件做进一步的模型校准。这在当前的 GIS 空间分析和空间建模应用中是很典型的——我们无法在一个软件中找到我们需要的所有功能。

3.3.2　数据探索

GIS 可以提供数据集成和数据操作功能,还能够支持对数据空间方面的探索。然而,极少有 GIS 软件包提供高度交互式探索性分析的运行环境,而这样的运行环境在如 S-Plus (Venables *et al.*, 1997),R(Ihaka *et al.*, 1996),XlispStat(Tierney, 1990)之类的统计软件中是存在的。大多数 GIS 软件包提供对属性的简单统计功能。这些功能可作为发现单个属性中异常数据的基础。我们需要注意的是正自相关数据的置信限要比我们假定数据独立时的窄,所以探索时需要留心。如果探索结果表明异常在同一位置一再出现,这告诉我们可以就此进行分析(见第 4 章)。对数据进行地图显示也可以揭示出明显的空间趋势。制图时用户也需要注意留心,由于一些 GIS 软件包提供的自动分类方案可能会隐藏空间趋势,所以应该尝试多种分类方案。

3.3.3　后建模的可视化

与预建模的数据探索作用一样,GIS 在建模后的探索功能同样十分有用。例如,运行一次地理加权回归模型(Geographically Weighted Regression,GWR)的输出结果(见第 5 章)可能包括对应于每个输入观测的一组参数估计和一组标准误差。检查参数估计值的空间变化的方法之一是进行地图显示。对于点数据,可以插值建立曲面数据,然后对该曲面数据进行显示。显示方法可以是灰度表达的平面形式或伪三维形式。使用 GWR 曲面的经验表明,线性对比度拉伸方法提供了对曲面进行灰度显示的有效方法。随着伪三维地图技术的发展,GIS 也提供了各种显示的可能性。标准误差曲面可覆盖在表征参数值变化的曲面之上。参数曲面则又可以覆盖在表征待估计参数的输入数据变化的曲面之上。这些例子可以在福瑟林汉姆等(Fotheringham *et al.*, 1996)和查尔顿等(Charlton *et al.*, 1996)的研究中看到。对于区域数据,可得到一幅地理编码的分级统计图。分级统计图的分类间距的选择是一个问题。如果软件支持分级统计图变化范围的连续灰度显示,这种方式会优于设定五个或六个固定分类间隔的方式。分类间隔选择不当将可能产生具有误导性的结果。

图 3.12 和图 3.13 为对模型结果进行评估的尝试。结果由 GWR 模型产生(Brunsdon *et al.*,1998b；Fotheringham *et al.*,1998)。图中显示了参数估计空间变化的多种表达方式。建模的目的是建立长期疾病的发病率与失业率和住房密度的关联。图 3.12(a)用平面灰度地图显示了失业参数在空间上的变化情况。图 3.12(b)用伪三维网状模型显示了同一曲面,视点高

度角为 30°,方位角为北方 215°。参数值显著不同和差异较小的区域在图上都可以清楚地看出。图 3.13（a）中,将表征初始变量空间变化的灰度曲面覆盖在参数曲面上;非平稳性主要位于失业率非常低的区域。最后,图 3.13（b）以灰度形式显示了限制长期疾病发病率的变化情况。作为一种后建模手段,分析者可以对比这些图以了解参数空间变化的性质,获得有关模型误设的信息。

（a）灰度图

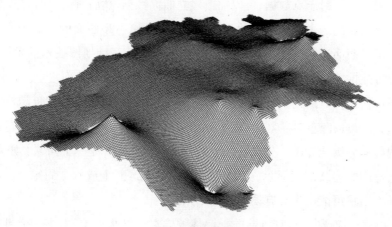

（b）立体网状图

图 3.12　参数变化图

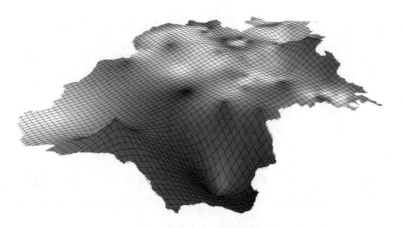

(a) 失业率灰度图覆盖在参数曲面上

(b) 限制长期疾病的空间变化灰度图

图 3.13　不同灰度图

　　GIS 空间查询能够实现对参数估计空间变化的进一步探索。其中一种方法是显示参数值地图,并对自变量和因变量数据层的"感兴趣"位置进行空间查询,也可以同时查询参数和数据层。这可能无法通过一个单一的命令实现;但是,如果 GIS 软件具有宏语言功能,那么输入命令行后可以写一小段宏去辅助查询过程的实现。如果你正在使用基于图形用户界面的 GIS 软件,为了进一步简化操作,可以将运行宏的命令及换行符一起存储在剪切板中。

3.4　存在的问题

用户需要了解,基于 GIS 的空间分析存在几个潜在的问题。某些操作的易执行性往往会给用户以这一操作"完全正确"的错觉。以下几个问题是分析过程中需要牢记的。

3.4.1　误差建模

GIS 中使用的大多数据是采样数据。组成线的坐标样本不仅仅取决于绘制地图的测绘员在哪绘制起点线,同时也取决于数字化人员采样点的选择。同一个人在不同的场合对同一条线进行数字化可能得到两个不同的操作结果——不小心将同一条线数字化两次的人都会意识到这一点。同样,不同的操作员对坐标样本的位置选择也不同。在一些多边形叠加分析中,不同图层中描述的同一边界可能会有不同。如果每个图层数字化的来源不同,则有可能产生碎屑多边形(它们通常长而细,面积远小于其他多边形)。伯勒和麦克唐纳(Burrough *et al.*, 1998)定义了影响空间数据质量的八个因素:现势性、完整性、一致性、可获得性、准确性、数据误差、派生数据误差和结果误差。把准确性视为一个因素,伯勒和麦克唐纳提出要注意以下内容:坐标的采样密度、坐标位置准确性、属性准确性、拓扑准确性以及数据沿袭性。目前,很少有 GIS 软件包能够让使用者考虑数据的不确定性。然而,一些研究人员正在研究模糊集理论是否有助于 GIS 对不确定性的表达(Burrough,1996)。

对于多边形内点判断程序,许多 GIS 软件简单地将其区分为点在面内或面外两类。这样的分类可能会忽略边界数字化表达的不确定性。一个可行的方法是在数字化线的周围设置一个误差带(Blakemore,1984)。基于这一误差带,点面关系的描述共有五类:(1)在面内;(2)可能在面内;(3)在边界上;(4)可能在面外;(5)在面外。

关于 GIS 中数据表达的不确定性以及多层空间数据集中的误差传递等问题,已有前人进行了大量研究。奥彭肖等(Openshaw *et al.*, 1991b)描述了一个基于蒙特卡罗方法对多边形叠加时的误差传递进行模拟的过程。结果为一系列栅格。这些栅格在模拟过程中有 95% 或者 99% 的概率出现。卡弗和布伦斯登(Carver *et al.*, 1994)研究了矢量栅格转换问题及其与要素复杂度之间的关系。利用已知复杂度的模拟数据,他们发现栅格化过程中线要素复杂度与误分类误差存在一定关系。海夫林等(Heuvelink *et al.*,1989)研究了栅格数据建模过程中的误差传递问题。伯勒和弗兰克(Burrough *et al.*,1996)列举了一些文章。这些文章主要探讨了那些难以用对象或者场表达的地理要素。

3.4.2　跨区域聚合

GIS 可利用嵌入的几何程序,用另一组区域单元的数据去估计待估区域单元的数据。这被称为跨区域聚合。原始数据可能是一系列点的观测值(如火灾报警电话、犯罪、疾病等特殊事件的发生率),也可能是被第三方聚合到一组特定区域的数据,或者,也有可能是另一个数据源的分区数据。如果我们的第一组数据是分区的,而第二组数据的分区边界与第一组不同的话,则会产生问题。我们要怎样才能从第一组数据向第二组传递呢?一个常用的方法是使用面积加权,或采用两组分区集都能提供的第三方变量。使用加权平均,或者泊松回归技术(如果涉及计数)可使得聚合过程变得简单(Flowerdew,1988)。

最近,弗劳尔迪和格林(Flowerdew *et al.*, 1991)开始考虑使用登普斯特等人(Dempster *et al.*, 1977)的 EM 算法解决这个问题。其中一个应用就是对英国行政郡和议会选区的人口数据进行插值。该方法假定存在一个列联表,其中每个单元格对应于一个源区和目标区的交集。我们已知任意单元格对应的分区的面积,并且知道总的行数,但是不知道单元格的属性值(它们是缺失数据)。使用 EM 算法可计算每一个单元格的属性值,通过将列相加,可以显示目标区的值。这一算法有两个步骤:

　E:根据模型和观测数据,计算缺失数据的条件期望;

　M:假定 E 步骤的估算值为真实观测值,并用极大似然估计对这些值进行模型

拟合。

(Flowerdew et al., 1991)

例如,假设我们有一组源区 s,其值为 y_s;以及一组目标区 t,其值为 x_t。我们定义任一源区和任一目标区相交部分的计算值是 y_{st},相交面积是 A_{st}。则 y_{st} 的模型是:

$$y_{st} \sim \text{Poisson}(\mu_{st}) \tag{式 3.4}$$
$$\mu_{st} = \mu(\beta, x_t, A_{st}) \tag{式 3.5}$$

其中 β 是一组待估计的未知参数。

在 E 步骤中,y_{st} 的条件期望计算方法是(假设 y_{st} 符合泊松分布):

$$y_{st} = \frac{\hat{\mu}_{st} y_s}{\sum_k \hat{\mu}_{sk}} \tag{式 3.6}$$

分母中的求和表示研究区域所有分区的 μ 值的和。

在 M 步骤中 β 为模型 $\mu_{st} = \mu(\beta, x_t, A_{st})$ 的极大似然估计值。M 步骤中计算得到的 β 又用来作为下一步迭代中 E 步骤的输入。反复进行,直至收敛。基于 y_{st} 值可通过对 s 求和得出需要求的 y_t 值(Flowerdew *et al.*, 1991)。

这种方法的一个好处是它在插值过程中允许引入额外变量以提高结果的准确性。现已建立了 GLIM 宏,并提供了可与 Arc/Info 进行数据交换的源代码(Kehris,1989)。需要注意的是,需要确保没有对源区内的聚合数据做不切实际的空间同质性假设。源区内的人口不可能总是均匀分布的。

托布勒(Tobler,1991)指出总量守恒插值法可用于跨区域聚合。这一过程涉及基于源区单元的曲面插值,按照前文所述的过程进行。只要知道栅格属于哪个新的区域单元,就可以将栅格插值结果聚合到目标区单元。

3.5 链接高阶空间分析与 GIS

新的空间分析方法在相关文章发表后不久就立刻出现在 GIS 软件中是不太可能的。例如帕尔逊(Parzen)的一篇关于密度函数估计的论文发表于 1962 年(Parzen,1962),而西尔弗曼的关于密度估计技术的综述出现在 1986 年(Silverman,1986)。然而,直到 20 世纪 90 年代末,密度估计才出现在一个主流的 GIS 软件包中。因此,如果想要把空间分析和空间建模与 GIS 相关联的话,需要我们自己实现这一过程。可用的方法有:

1. 从 GIS 中将数据写入文件,并读入到另一个程序。
2. 通过操作系统调用方法将数据从 GIS 中传输到统计软件中。
3. 在 GIS 软件中集成新的空间分析命令。

第一种方法虽然经常用到,但是很原始。来自 GIS 软件包的信息被写入文件,然后在实验性的软件中作为输入值进行处理,处理的结果又被强制转换为 GIS 可读的数据类型。这种方法繁琐且容易出错,尤其是还需要对数据进行处理使之符合外部软件的输入格式。还有一个问题是操作环境是否允许数据在软件包之间无损调用。例如,如果在 Windows 环境下工作,使用 Microsoft Excel 97 作为中转软件,必须要知道它最多保留 65 536 行的数据矩阵。

方法 1 的一个较高级的版本是编写附加宏指令或添加菜单元素以允许用户将 GIS 软件中的数据写入其他的程序。空间分析在其他软件中执行。然后,宏或菜单命令再进行数据回传,并使用 GIS 软件进行空间分析的结果显示。例如安瑟林对 ArcView 软件安装了 SpaceStat 扩展模块(Anselin et al.,1997)。SpaceStat 是一个可独立运行的空间分析程序(Anselin,1988,1992)。SpaceStat 的各模块可以输入和处理数据,创建和操作空间权重及描述性空间统计,和进行空间回归分析。ArcView 的扩展模块允许传递空间和属性数据到 SpaceStat 中,使用户可以进行无法在 ArcView 中完成的分析。计算结果将返回到 Arcview,并通过添加用户自定义菜单进行显示。

方法 2 的一个例子是链接 ArcView 与交互式探索图形环境 Xgobi(Cook *et al.*, 1996,1997)进行分析。Xgobi 是运行于 Unix 系统的一个软件包,支持多变量数据的交互式可视化探索。数据可以用多种方式表达,包括关联散点图和折线图、平行坐标图(Inselberg,1988)、总体巡查法和投影寻踪。另外,各种图可以相互关联,并可以交互式地刷新(详细说明及其他可视化技 61术见第 4 章)。Unix 中有一个远程过程调用(RPC)工具允许不同的程序(或进程)进行传送。利用这一工具,西曼齐克(Symanzik)及其同事实现了 ArcView 和 Xgobi 的数据交互。与 SpaceStat 扩展模块类似,也是在 ArcView 菜单栏添加额外的菜单项,允许进行不同方式的数据交换。这些方式包括:(a)将每个空间位置上的属性数据简单传输至 Xgobi 以进行分析;(b)显示属性的累积分布函数的链接;(c)计算和显示方差云图的链接;(d)显示动态滞后散点图的链接;(e)创建和显示多变量方差云图的链接(见第 4 章)。对 PC 用户来说有一个缺点,该软件是运行于 Unix 系统而不是 Windows 操作系统。

S-Plus 的制造商 Mathsoft 国际公司提供了一个 Windows 环境下 S-Plus 和 ArcView 的链接。这样,可以将空间数据从 ArcView 转移到 S-Plus 中并进行分析,然后将分析结果重新导入到 ArcView 中。此外,Mathsoft 公司为 ArcView 系列 GIS 软件设计的 S-Plus 允许 ArcView 用户使用其中大量的空间分析方法。有趣的是,这也许是第一个将空间分析方法与 GIS 结合起来的机构(Mathsoft 公司网页:http://www.mathsoft.com)。

在 20 世纪 80 年代初,人们认识到现有的 GIS 软件远远不能满足"空间分析"领域的需求。一些研究人员提议建立补充工具箱以提供一些缺失的空间分析功能。例如奥彭肖等人(Openshaw *et al.*, 1991a)和丁以及福瑟林汉姆(Ding *et al.*, 1992)制作的工具包。这两种工具包都是基于 Arc/Info 平台运行的。奥彭肖等人建议使用一组编译好的 FORTRAN 程序进行空间分析,同时使用一组宏用于在软件和 Arc/Info 之间传递数据和计算结果。丁和福瑟林汉姆开发了 Arc/Info 的附加组件——空间分析模块(Spatial Analysis Module, SAM),允许用户通过 Arc/Info 中的菜单界面接口访问外部空间分析函数。虽然此模块提供了额外的空间分析功能,但用户被限制于这些功能,探索其他功能则要求用户具有编程经验和相应的高级语言编译器。同本节中提到的其他软件一样,它只能在某些机器上使用。因为对于不同系统必须分别进行编译,插件的普及受到了限制,尤其是基于 Unix 设计的软件。

之后,海宁等人(Haining *et al.*, 1998)提供了一套与 Arc/Info 结合使用的工具——SAGE(Spatial Analysis in a GIS Environment)。相比之前的尝试,SAGE 更为全面,并提供了各种工具:数据管理和创建、数据可视化、查询、分类和空间统计建模。其中的统计模型包 62括疾病数据的相对风险模型和具有空间误差项的回归模型。这大大扩展了 Arc/Info 的空间数据探索和建模能力。

麦凯克伦等(MacEachren *et al.*, 1998)描述了探索性方法在 ArcView 中的实现,其目标是探索多变量健康数据。该软件用 Avenue(ArcView 提供的脚本语言)编写,支持创建可缩放和可关联的散点图,关联刷新、异常数据的高亮显示、动态分类(根据一定的分布决定分类区间)和双变量制图。同样,这些技术大大扩展了 ArcView 的空间分析功能,其开发完全基于 ArcView 自带的脚本语言,可同时运行于个人计算机的 Windows 环境或 Unix 系统。

方法 3 需要在现有的 GIS 软件中增加新的空间分析和建模命令。这意味着我们要等待软件制造商将空间分析技术加入到他们的软件中。这些技术并不罕见,例如,确定网络中的两个节点之间的最短路径,或解决旅行商问题。通过指定不同的弧段属性,来构建最短路径或最快路径方案。得到的方案可以绘制在地图上,或打印出来提供给司机。简单的空间相互作用模型(见第 9 章)通常也是可用的。然而,其校准手段是原始的,而且沿着流量矩阵中的一行或一列进行流量建模,即使并非不可能,也是相当困难的。软件中还可能包含选址—分配模型。这类方法的问题是不具有灵活性,用户必须严格遵守软件的输入模式。另外,用户面临不清楚算法细节的问题。在不同版本的软件中可能包含不同的算法,因此对相同的数据进行计算可能会得到不同的结果。

另一种可能的方案是完全无视 GIS,而寄望于其他专业软件。贝利和加特雷尔(Bailey *et al.*, 1995)提供了他们编写的 INFO-MAP 源代码。INFO-MAP 是他们进行空间分析和建模的软件。某种意义上,它不是完整的 GIS 软件包,无法提供大量的空间数据操作方法。然而,它可以通过一个简单的命令行接口实现大量的空间数据分析功能。一些简单的绘图工具可同时用于数据探索和分析结果显示。这些分析方案在贝利和加特雷尔的著作中有所反映,每章都提供了一些空间分析技术在实践中使用的例子。

3.6 GIS 的作用是什么?

大多数商业 GIS 软件非常欠缺本书中提到的高级空间分析功能。用户可以自己开发软件,或使用别人开发的软件。正如本章中已经提及的,在空间数据分析理论发展和商业软件中的空间分析功能实现之间存在一个滞后问题。如果 GIS 软件中没有 K 函数方法,或者核密度估计方法中无法自定义带宽,或者空间相互作用模型过于简单,轻者会令人失望,重者则有可能造成分析结果的错误。对于这种情况,研究者不得不转而使用其他软件。这种软件可能是基于某种高级语言编写的,如 FORTRAN 语言或 C 语言;也可能是一个独立空间分析软件,如 SpaceStat;亦有可能是一种交互式统计/图形环境,如 LispStat,R。

　　然而,GIS 的确在空间分析和空间建模中扮演着重要的角色。有了 GIS,则有可能激发人们对空间问题的兴趣,进而又会激发人们对空间分析的兴趣。通常,空间分析始于 GIS 软件中对一系列不同的空间数据集的集成。对于这一任务,GIS 完成得非常好,我们没有必要舍弃这个好工具。当进行探索性和确定性分析任务时,GIS 可以提供很有价值的结果显示功能。而问题是要如何在 GIS 的数据处理和操作功能与所需的分析软件之间找到联系。另一个方法是自行编写代码以实现目标——可以编写宏将数据写入可供外部软件使用的文件。同时还需要一个文件过滤器将结果读回 GIS 软件以进行结果显示。我们可以选择并行这个过程,而不是让它们顺序进行。在个人电脑或工作站上,GIS 软件在一个窗口运行,而分析软件在另一个窗口运行,甚至有可能在另一台计算机上运行。科技的发展将使先进的探索性空间分析和建模成为可能。考虑到计算机硬件的能力的发展,未来这一研究领域的发展既令人鼓舞又令人振奋。

64

第 4 章　空间数据探索性可视化

4.1　引言

　　一般来说在正式建立数据模型或做假设检验之前观察数据是很有帮助的。近十年这种数据观察变得更加容易。之前，计算机制图是能够使用专用设备的少数研究人员的特权。然而，基于窗口和鼠标的计算机界面的出现，加上计算机速度的提升和成本的降低，以及易于使用的相应软件的发展，使得现在几乎所有研究者都可以使用计算机制图。交互式图形显示已成为当前计算机设备的标准配置，大多数个人计算机都具有实现多种技术所需的预处理能力。所有这些均有助于探索性空间数据分析方法的发展。

　　在使用数据之前先对数据进行观察是很有必要的，可以帮助回答一些基本问题：有没有变量含有异常值？变量服从什么分布？观测值是否可分为不同组别？变量之间存在什么样的联系？这些问题本质上是非形式的，当尝试回答这些问题的时候，就已经开始从数据中找"感觉"了。

　　用图形方法或者描述性统计量对一个数据集进行初步检验，可能是有效回答以上问题的一种方式。本章将介绍一些有用的可视化技术。这些技术一般称为探索性数据分析(Exploratory Data Analysis, EDA)(Tukey,1977)，当考虑空间数据时也称为探索性空间数据分析(Exploratory Spatial Data Analysis, ESDA)(Unwin *et al.*,1998)。本章将要介绍的 ESDA 技术大体上可分为如表 4.1 所示的几类。由于探索多变量之间联系的方法与研究单变量分布的方法是

65

表 4.1　本章涉及的技术

单变量	多变量
箱线图	散点图矩阵
直方图	关联图
密度估计	径向坐标可视化
地图	平行坐标图
—	投影寻踪

不同的,因此,区别单变量和多变量技术就显得非常重要。有些多变量技术有助于研究超变量,也就是三个以上变量的情况。为了识别数据模式,需要将高维空间投影至二维或三维空间。本章提到的所有可视化方法也可以看作 EDA 方法,但并非所有的 EDA 方法都采用可视化方式。埃伦贝尔(Ehrenberg, 1982)和图基(Tukey, 1977)提供了一些很好的非可视化 EDA 的例子。

然而,非可视化 EDA 对空间模式的识别帮助不大,识别空间模式的技术需要在空间环境下考虑。虽然这些技术有很多可用于非空间数据,但是当处理地理数据时有必要考虑空间维度。实际上,对地理学者来说,任何没有空间要素的分析几乎都是没有意义的。例如,当采用多变量分析方法确定了一个异常观测值,那么这个值的位置就很重要。如果若干观测值被确定为异常,那么这些观测值是否位于同一地理区域? 建议使用关联图来处理这类问题,见 4.8 节。EDA 的空间问题将在第 5 章讨论。例如,哪些观测值是局部异常。这种情况下,空间布局本身在界定异常的时候就发挥了作用。

一些其他形式的可视化数据探索在本书其他章节也有所介绍。例如,第 6 章中讨论了点模式分析,包括归纳和探索点数据的一些有用的可视化技术。其中一些方法可用于分析空间点分布的位置和尺度,如平均中心、标准距离等。虽然从本质上来看,这些方法并不是可视化方法,但它们为可视化技术提供了有用的信息。

4.2　茎叶图

表 4.2 显示的是英国各郡户主职业为专业人员或管理人员的百分比,下文我们称其为 PROFMAN 指数。萨里(Surrey)郡的 PROFMAN 指数最高,远远大于其他郡。然而,PROFMAN 指数较低的郡更为集中,有三个郡排在倒数第一。该表列为两栏,这是特别有用的,由第一栏底部和第二栏顶部的值可以得出 PROFMAN 指数的中位数(每 1 000 个家庭中有 180 个户主是专业人员或管理人员)。注意,当几个郡具有相同的 PROFMAN 指数(三位有效数字)时,其在列表中的顺序取决于它精确的 PROFMAN 指数。茎叶图能够以更紧凑的方式显示表 4.2 中的数值信息。数值信息以三位有效数字来表示,并基于最高有效数字按行排序(最高或者前几位有效数字,称为"茎")。使用最高有效数字作为"茎"来标定行,则每行的数据缩减为第三位数字,称为"叶"。茎叶图的概念用例子来解释会更加清楚。表 4.3(左边)即为表 4.2 中 PROFMAN 指数的茎叶图形式。

需要注意的是,"叶"的数字间通常没有空格,因此标记为 21 的行的"叶"代表的是 21.3 和 21.5。茎叶图最好使用等宽的字体来显示,如 Courier 字体,这样叶子的长度才能与叶子中包含的数字个数成比例。茎叶图既以近图形化的方式显示了数据的分布,又包含了两个数位精度的数据信息。

对行进行压缩,茎叶图可以显示得更紧凑,表 4.3 右边部分表示的是相同的信息,但是仅仅显示了偶数"茎",而奇数茎的叶以斜体显示。这可以消除左边茎叶图的一些形态上高低不平的特征,更加清晰明了地显示其分布形式,即大部分 PROFMAN 指数的观测值落在 12% 和 20% 之间,并呈正偏态。

表 4.2　各郡户主为专业人员或管理人员的百分比

郡名称	PROFMAN 指数	郡名称	PROFMAN 指数
萨里郡(Surrey)	31.4	什罗普郡(Shropshire)	18.0
白金汉郡(Buckinghamshire)	27.5	德文郡(Devon)	17.9
赫特福德郡(Hertfordshire)	26.8	莱斯特郡(Leicestershire)	17.8
伯克郡(Berkshire)	25.2	萨福克郡(Suffolk)	17.8
西萨塞克斯郡(West Sussex)	24.2	诺福克郡(Norfolk)	17.7
牛津郡(Oxfordshire)	22.0	康沃尔郡(Cornwall)	17.6
埃塞克斯郡(Essex)	21.5	北安普敦郡(Northamptonshire)	17.4
赫特福德-沃克斯郡(Hereford and Worcs)	21.3	林肯郡(Lincoinshire)	17.1
沃里克郡(Warwickshire)	20.8	诺森伯兰郡(Northumberland)	17.0
格洛斯特郡(Gloucestershire)	20.7	斯塔福德郡(Staffordshire)	16.5
北约克郡(North Yorkshire)	20.6	兰开夏郡(Lancashire)	15.8
柴郡(Cheshire)	20.5	坎布里亚郡(Cumbria)	15.7
东萨塞克斯郡(East Sussex)	20.1	德比郡(Derbyshire)	15.3
多塞特郡(Dorset)	20.1	西约克郡(West Yorkshire)	15.2
剑桥郡(Cambridgeshire)	20.1	诺丁汉郡(Nottinghamshire)	15.0
贝德福德郡(Bedfordshire)	19.9	亨伯赛德郡(Humberside)	14.9
汉普郡(Hampshire)	19.8	大曼彻斯特郡(Greater Manchester)	14.7
肯特郡(Kent)	19.6	默西塞德郡(Merseyside)	13.6
萨默塞特郡(Somerset)	19.1	西米德兰郡(West Midlands)	13.5
埃文郡(Avon)	19.0	南约克郡(South Yorkshire)	12.1
怀特岛(Isle of Wight)	18.2	泰恩-威尔郡(Tyne and Wear)	12.0
大伦敦地区(Greater London)	18.2	达勒姆郡(Durham)	12.0
威尔特郡(Wiltshire)	18.1	克里夫兰郡(Cleveland)	12.0

资料来源:1981 年英国人口普查数据。

表 4.3　PROFMAN 指数的茎叶图：左边是标准形式，右边是压缩形式

31	4		
30			
29		30	4
28		28	
27	5	26	85
26	8	24	22
25	2	22	0
24	2	20	111567835
23		18	012201689
22	0	16	501467889
21	35	14	7902378
20	1115678	12	000156
19	01689		
18	0122		
17	01467889		
16	5		
15	02378		
14	79		
13	56		
12	0001		

4.3　箱线图

　　一组常用的描述性统计量是五数概括，它是一组基于次序的统计量。如果变量按升序排列，并且 n 是奇数，那么中位数就是中间值；如果 n 是偶数，则取中间两个值的平均值。因此，中位数是数据分布的中间点，是变量的一个典型值。分位数的定义与中位数类似，是位于变量顺序排列的 1/4 和 3/4 处的值。度量数据离散度的一个重要统计量是四分位差，即第 1 和第 3 四分位数之间的差值。极值为一个数据集的最大和最小值。五数概括包括最小值、第 1 四分位数、中位数、第 3 四分位数和最大值；这些数值可以很好地反映数据集的值的位置、离散度和极值情况。表 4.4 列出了 PROFMAN 指数的五数概括，由中位数位置和数据集的范围可以看出数据分布的偏度。

表 4.4　PROFMAN 指数的五数概括

最小值	第 1 四分位数	中位数	第 3 四分位数	最大值
12.0	15.8	18.1	20.3	31.4

基于次序的统计量相对于均值或标准差来讲受异常值影响的可能性较小。异常值被定义为超出正常范围的过小或者过大的变量值。中位数以及第 1、第 3 四分位数均不受异常值的影响。比较中位数和均值是很有意义的。一般地,如果变量的分布是偏态分布的话,均值就会靠近分布的长尾边。例如,PROFMAN 指数的均值是 18.5%,而中位数是 18.1%。

箱线图是五数概括的图形表示,其最简单的形式如图 4.1。两根线延伸至样本数据的最大和最小值。矩形表示上下四分位数之间的数据分布。矩形中间的竖线是中位数的位置。数据分布的偏度在图上很容易看出来。

更细致的箱线图可用于显示异常值。在这种情况下,线并不总是延伸到极值。例如,左边的线可以延伸到 $\max(x_{\min}, Q_2 - 1.5(Q_3 - Q_1))$,右边的线可以延伸到 $\min(x_{\max}, Q_2 - 1.5(Q_1 - Q_3))$,其中 Q_1、Q_2、Q_3 分别是第 1 四分位数、中位数和第 3 四分位数。如果数据分布比较紧凑的话,线会与极值重合。然而,如果数据值与中位数的差值大于四分位差的 1.5 倍的话,线将不会延伸到这些值。这种情况下,会对这些数据值进行单独标记。图 4.2 展示了 PROFMAN 指数更细致的箱线图,可以看出该分布是偏态的。这一偏态很大程度是由位于高值部分的四个异常值引起的。

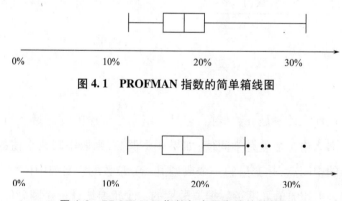

图 4.1　PROFMAN 指数的简单箱线图

图 4.2　PROFMAN 指数包含异常值的箱线图

箱线图的一个非常有用的特点是它们相对扁平,因此,可以将几个图平行排列在一起;这有助于比较相同观测尺度上不同变量的分布或衡量经过标准化的几个变量的分布。

4.4 直方图

直方图是表达数据分布的另外一种方式。将变量的取值范围分成若干间隔(称为分组),再计算每个分组内数值的数量。通常情况下,每个分组具有相同的区间宽度,然后绘制条形图。每个矩形条的高度与分组内的数据量成正比。前面讨论的 PROFMAN 指数的直方图如图4.3 所示。

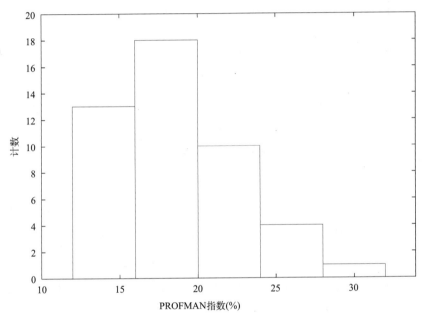

图 4.3 PROFMAN 指数的直方图

频数多边形是直方图的一种变体,图 4.4 为 PROFMAN 指数的频数多边形,其将直方图中所有矩形条的中点连成了一条折线。直方图和频数多边形可以看作概率密度函数的近似。直方图假设每个分组内部的概率密度是定值,而频数多边形则是概率密度函数的分段线性近似。

对于直方图和频数多边形来说,一个重要的问题就是组距的确定。较大的组距宽度往往掩盖细节,而较小的组距又会导致图形过于不平滑。布伦斯登(Brunsdon,1995a)利用 PROF-MAN 指数数据说明了组距宽度的影响。特雷尔和斯科特(Terrell *et al.*, 1985)提出了一个比较合理的自动选择组距宽度①的保守法。这种方法可以找到一个极大平滑的直方图。如果我

① 自动的并不一定是最优的!

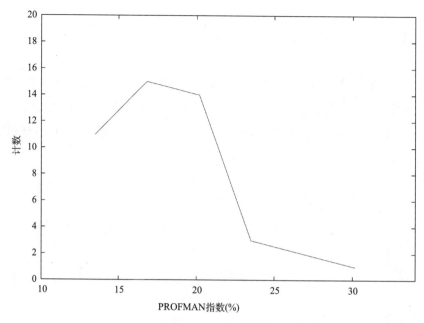

图 4.4 **PROFMAN** 指数的频数多边形

们认为能给出真实分布的最佳均方误差的即为"最优"采样直方图,则可以据此计算最佳组
70 距。极大平滑的组距是在任意可能的分布函数中可获得的最大组距。特雷尔和斯科特认为达
到极大平滑的分组个数约为$\sqrt[3]{2n}$个,其中 n 是观测值的个数。这种做法是保守的,因为它可能
存在过度平滑(除非真实概率分布本身与极大平滑的情况一致),但却能让观测到的直方图更
对应于真实模式,而不是随机采样的结果。因此,这是一个合理的可靠选择。同一篇文章还给
出了针对频数多边形的类似规则,$\sqrt[5]{73.5n}$个分组可以达到极大平滑。图 4.3 和图 4.4 的分组
数就是用这些公式计算出来的。

4.5　密度估计

频数多边形可以看作是估计变量 x 的概率密度函数的一种方法。核密度估计方法相比之
下稍微复杂一些(Silverman,1986;Brunsdon,1995b)。它试图提供一种概率密度的平滑估计。
为了实现这一目的,需要以每一个 x_i 为中心生成一个小圆丘(称为核),对这些核求平均可得
到 x 的概率密度函数。核本身就是一个概率分布函数,通常是单峰并且对称的,经常采用的形
71 式是:

$$K(x) = \frac{1}{h}g(\frac{x - x_i}{h})$$ （式 4.1）

其中,g 是一个均值为 0 且方差为 1 的概率分布函数。$f(x)$ 的密度估计记作 $\hat{f}(x)$,如下式所示:

$$\hat{f}(x) = \sum_{i=1}^{n} \frac{1}{nh}g(\frac{x - x_i}{h})$$ （式 4.2）

h(带宽)用于控制 K 的展度:较大的 h 产生扁平的核,h 接近于零时会导致以 x_i 为中心的陡峰。因此,h 在核密度函数中与组距在直方图中发挥的作用是一样的,值太大掩盖细节,太小会导致尖峰估计。特雷尔(Terrell,1990)给出了选择 h 的极大平滑规则,与上一节中介绍的选择直方图组距的规则类似。它的形式如下所示:

$$h_{max} \approx s \sqrt[5]{\frac{243 \int g(x)^2 dx}{35n}}$$ （式 4.3）

h_{max} 是极大平滑带宽,s 是样本标准差。注意,h_{max} 取决于 $g(x)$ 的选择。对于一个正态的 g,我们可以得到:

$$h_{max} \approx \frac{1.144s}{\sqrt[5]{n}}$$ （式 4.4）

在正态核情况下,PROFMAN 指数的密度估计如图 4.5 所示;空间数据的核密度估计将在

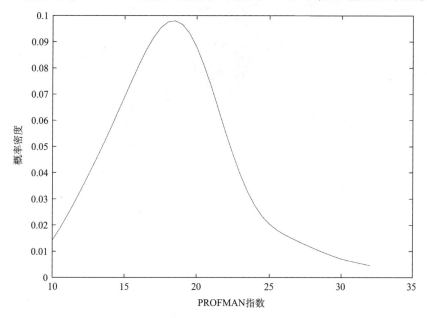

图 4.5　PROFMAN 指数的核密度函数

第 6 章点模式分析中讲述。

4.6　地图

　　在探索性空间数据分析中,地图具有非常重要的作用。创建单变量地图时,需要考虑的一个重要因素是避免产生虚假细节。例如,图 4.6 所示的标准分级统计图对研究区域的犯罪率(每 10 000 个家庭)做了分区统计。区域的边界线精度很高,但地图的专题要素——犯罪率被粗糙地划分为 5 个离散的类别。更糟糕的是,区(ward)界线用黑色曲线表示,使人更容易注意到区的形状,而非犯罪率的空间分布模式。

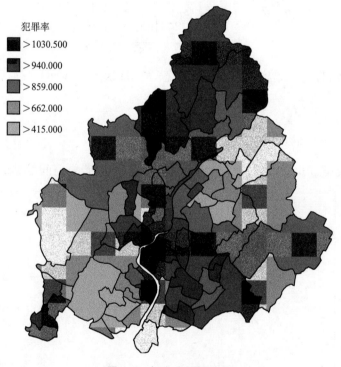

图 4.6　标准分级统计图

　　这类地图很常见,其原因有多种,其中之一就是使用标准的桌面制图和地理信息系统软件包即可容易地制作此类地图;另一原因则是人们已经习惯于使用这类地图。然而,对相同的数据还有很多其他的制图方法。首先,地图中不一定要绘制区边界,可以简单地给区多边形着色,如第三章中的案例。当区的大小差异很大时,这是特别有用的建议,因为这种情况下,非常小的区的最大宽度可能还没有图 4.6 中的黑色边界线宽。如果绘制这些边界线,很可能会掩盖实际的空间格局。

使用原始的分级方法也同样存在问题。一个解决方案就是采用未分类的分级统计图。在这种地图中,分区多边形颜色的强度变化是连续的。支持该方法的言论见托布勒(Tobler, 1973a):

> 喜欢使用分类统计的人声称使用这种方法的好处在于增强了地图的可读性。这至少是一个论断……如果这个论断是站得住脚的,为什么这种灰度分类的技术没有(像其他技术如空间滤波一样)用于照片或者电视增强?

因此,另一种表示犯罪率的分级统计图如图 4.7 所示。图中没有对色度进行分类,也没有绘制区边界线。

73

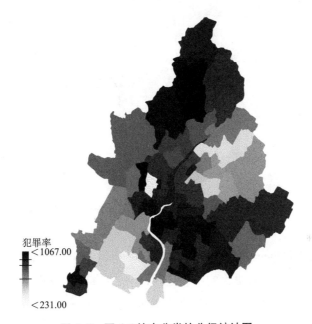

图 4.7 图 4.6 的未分类的分级统计图

尽管做了上述修改,图 4.7 中的地图在一定程度上仍然突出显示了区边界。避免出现这种情况的唯一途径是,使用一种既能表达基于区的数据又不必实际画出区多边形的地图形式。随机点密度图就是一个例子,每个区域内随机放置一定数量的点。这些点的数量与变量值成正比。如果区边界没有绘制出来,那么这就是一张点密度变化图。图中点的密度与变量的值成比例变化,如图 4.8 所示。

可能有人会认为上面的做法不太符合实际情况,因为它试图掩盖地图是利用聚合后的数据制作的这一事实;在地图上不太明显地显示区边界可以提醒我们这一事实。在第 10 章介绍

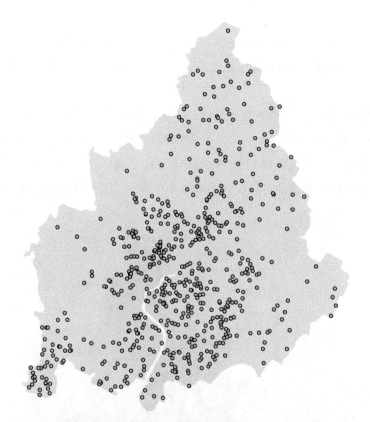

图 4.8　随机点地图(每个点代表了每 10000 户人家的入室行窃数量为 10 起)

的可塑性面积单元问题(Openshaw,1984;Fotheringham *et al*.,1991)告诉我们,空间聚合数据与用于聚合的个体数据相比,具有更大的不确定性,一些观察到的模式很可能是聚合过程所产生的假象。因此,如果有迹象表明显示的是聚合数据,便有可能存在上述问题。这表明,图 4.7 所示的地图类型可能是最合适的。如果使用图 4.8 所示的地图类型,那么应该在地图的某个地方明确标明使用的是聚合数据,以及聚合的水平。

　　最后,当在人文地理学中用到地图表示的时候,变形地图可能会有所帮助。变形地图本质上可以看成是一种地图投影,使得某个属性的密度在整个地图上是统一的。经常用来制作变形地图的属性是人口分布,这使城市及其周围(人口通常是最多的)的分布格局更清晰。上面讨论的各种地图都可表示为变形地图形式——只要对制图数据简单地做个变形地图转换。关于变形地图的制作具体可参考道林(Dorling,1991)和托布勒(Tobler,1973b)的文章。

4.7　散点图矩阵

前面介绍的方法都是对单个变量的探索。然而,对于大多数研究来说,多变量之间的关系也是很重要的。我们接下来将讨论这方面的内容。为了确定图形表达形式的可用性,首先需要确定想要探索的数据特征。三个常用的数据特征是聚类、异常和趋势。聚类是指数据点中的不同分组,通常对应于数据概率分布的多模态性;异常是与样本的其余数据相比,不寻常的观测值组合;地理趋势是不言而喻的。从某种程度上说,下面的每种方法都可用来识别数据的这些特征。

散点图是分析两个变量之间关系时常用的工具,它将两个变量的二维坐标点画在以两个变量为坐标轴的平面上。这是一种确定趋势、聚类或异常的方法,只要它们不是那么微妙,以至于在二维空间中无法探测到。这种方法相对于仅使用单变量的方法是个改进。举例来说,这种方法可用于找到在两个一维方向取值都正常的二维异常点,如图 4.9 所示。

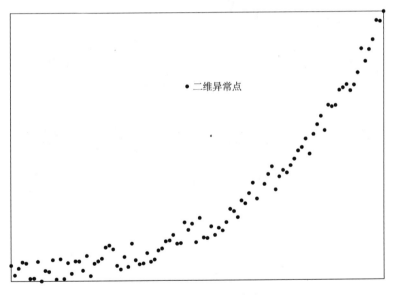

二维异常点

图 4.9　一个二维异常点

散点图矩阵是把数据集中 m 个变量所有可能的两两组合的散点图排列成矩阵。同一行的散点图具有相同的 y 变量,同一列的散点图具有相同的 x 变量。这使得数据集中所有的两个变量的分布模式同时可见。通常散点图矩阵中的细节信息没有单一的散点图详细,当 m 较大时,这有利于避免图形的混乱。一个典型的示例是将第 5 章中的 LLTI 数据集绘制成散点图矩阵,见图 4.10。该数据集是北英格兰的人口普查区数据。表 4.5 描述了这个数据集的变量。散点图矩阵使用 XLispStat 软件包(Tierney,1990)创建,可以探测出很多异常数据点,例如,LLTI 和 SPF 变量组合有一个异常值离左边的其他点很远。同时某些趋势也变得更为明显。例如,可以看出 LLTI 和 UNEMP 之间存在正相关关系。应该指出的是,当散点图矩阵用来描述较多变量时(比如说 7 维或更多维),能看到的信息的详细程度是个问题;另一个局限性是散点图矩阵只能表示成对变量之间的关系。下面讨论解决这一局限性的方法。

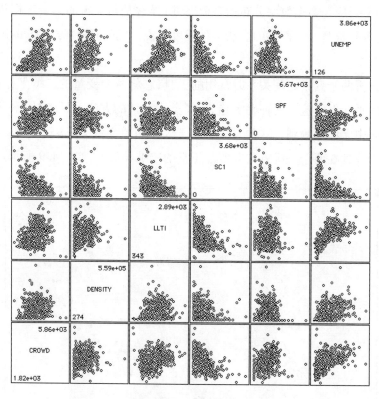

图 4.10 散点图矩阵

表 4.5 LLTI 数据集包含的变量说明

变量	描述
LLTI	每个区中家庭成员有长期疾病的家庭人口百分比。这是响应变量。需注意的是,为控制各区域的不同年龄分布,在这里仅计算 45—60 岁年龄段的家庭成员情况——由于可能从事采掘业,这一年龄段是最可能患长期疾病的人群。

变量	描述
CROWD	每个普查区每间房居住一个以上成员的家庭所占百分比。这个变量试图测度住房拥挤程度。
DENSITY	每个区的居住密度,以百万每平方千米测度。这个变量是为了测度每个区的"乡村性"。需要注意的是这个变量与前面一个变量之间的差异——住房条件差的偏远村庄很可能这个变量得分低,但前一个变量得分高。
UNEMP	每个区的男性失业率。这个变量往往用来衡量一个地区的经济发展水平。
SC1	每个区从事高阶层工作的家庭所占比例。这些工作主要是指专家或管理阶层。前一变量主要衡量一般的生活水平,而这个变量则可衡量一个家庭的富裕程度。
SPF	每个区单亲家庭的比例。这个变量试图衡量该区的家庭构成。

4.8 关联图

通过散点图矩阵,可以检查每对变量的异常值(或聚类)。假设我们有四个变量,分别为 $x_1 \cdots x_4$,并且 x_1 和 x_2 的散点图中有一个异常值,x_3 和 x_4 的散点图中也存在一个异常值;探索这两个异常值是否对应同一实例是非常有意义的。这有助于区分以下两种情况:一种是两个点是一个四维异常值的单一实例,另一种是二维异常值的两个实例。将散点图矩阵中的这两个图关联起来有助于解释这一问题。当选中某个图中的一个点(用计算机的鼠标单击这个点),这个点就会通过放大或改变颜色来高亮显示;同时,其他散点图上对应同一实例的点也高亮显示。因此,检查上面例子中的两个点是否对应同一实例是可行的。

通过上面描述的关联窗口的方式,可以研究变量组之间更高层次的交互关系。这些图也可以用来检查趋势或聚类之间的关系。例如,通过高亮显示图中某个聚类中的每个点,可以看到它是否对应其他图中的聚类。

相同的方法也可用于关联散点图(或散点图矩阵)与地图。如果数据集中的每个实例均对应一个地理区域、线或点,那么在散点图中选中一个点,地图中相应的地理实体就会高亮显示。举例来说,用这个方法就可以判定 4.7 节中讨论的异常点的地理位置。类似的,在地图中选择地理实体,散点图中对应的点也会高亮显示。图 4.11 就是个很好的例子,用鼠标选择左边散点图右上角的点,右边窗口的地图上相应区域高亮显示为"c"形,同时显示地图西南部的一个地理上孤立的区域。同样,我们也可以在散点图上选择异常点,确定其在相关联的地图上的地理位置。

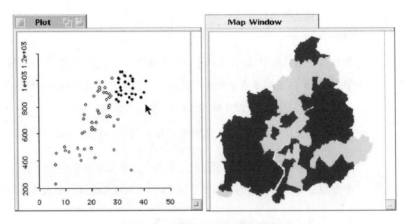

图 4.11　地图与散点图的关联图

4.9　平行坐标图

散点图矩阵的一个不足之处是,只能表示成对变量之间的关系。如果有 m 个变量,我们可能希望直接表示变量之间的 m 向交互关系,本节将介绍这样的一种方法。如前所述,假设数据集有 m 个变量,在平行坐标中,m 维空间的一个点表示为二维空间中的 $m-1$ 条线段(Inselberg,1985)。因此,如果原始数据表示为$(x_1,x_2,\cdots,x_m)$,那么在平行坐标中就表示为连接点为$(1,x_1),(2,x_2)\cdots(m,x_m)$ 的 $m-1$ 条线段。每组线段可以看作是一个观测实例的"轮廓"。线段的形状描述了关于 m 个变量的信息。实际操作中,在绘制平行坐标图之前需要对连续变量进行标准化处理。

要查看整个 m 维数据集,只需要在同一个图上绘制它们的轮廓。如图 4.12 所示,其绘制了限制性长期疾病数据集。对于非常大的数据集,平行坐标图容易引起视觉上的混淆,但可以突出显示异常数据。当我们对选中的数据子集制作平行坐标图(一般是基于一个特殊变量)时才能看出其真正优势。如图 4.13 所示,将 LLTI 变量的最低十分位数据子集用黑色表示,其余数据用灰色表示。黑线和灰线的相对位置显示了其对应的子集相对于整个数据集的分布特征。很显然,所有的黑线穿过了 LLTI 轴的最下面的部分。然而,观察黑线在其他数据轴上的位置,可探测 LLTI 变量低值的出现是否伴随着其他变量的一些明显的分布模式,从图 4.13 可以看出,DENSITY 和 UNEMP 的值也较低。

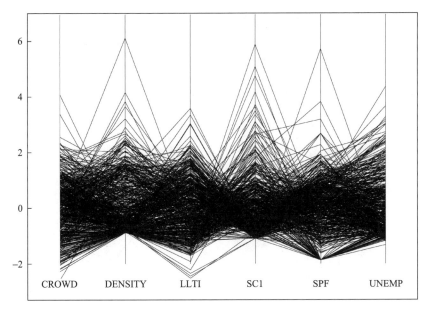

图 4.12 平行坐标图

平行坐标图也可以用来检查二维异常值。仍然以图 4.13 为例，DENSITY 轴上有几个异常高值，其在 LLTI 轴上是比较低的，而在 UNEMP 轴上却没有这种现象。有时候平行坐标图也可以用来探测三维异常值。例如，将 SC1 的高值和 SPF 的高值连接起来的线可能是异常的。首先从二维角度看两个变量都具有高值，其次在三维空间中，这条线位于 LLTI 的最低十分位区域。

与散点图矩阵及后面要讲的径向坐标可视化、投影寻踪方法一样，平行坐标图也可以用来探测空间模式。这主要通过 4.8 节介绍的交互"关联"方法实现。通过将高亮显示的平行线（图 4.13）与地图中的对应区域（或点）关联，就可以知道其地理位置。和前面介绍的一样，也可以考虑反向的关联。也就是说，在地图上选择一个区域，平行坐标图上对应的观测值也会高亮显示，这样可以探测变量的局部与整体分布之间的关系。

在平行坐标中，利用连接轴线对的线段来检测二维异常值是一个有趣的问题。尽管这种方法提供了两个变量之间的异常值图像，但仅当两个变量轴的位置相邻时才能起作用。对于 m 个变量，只能有 $m-1$ 个这样的相邻轴，但却有 $m(m-1)/2$ 种可能的变量对组合。因此，有 $(m-1)(m-2)/2$ 个组合不能被表示出来。这与 4.10 节将要介绍的径向坐标可视化方法的次序问题是相似的——平行坐标图绘制的图形模式依赖于坐标轴的排列顺序。对于平行坐标图来说，有 $m!$ 种排列方法，即使我们假设顺序相反的组合产生相同的模式，仍然有 $m!/2$ 种可

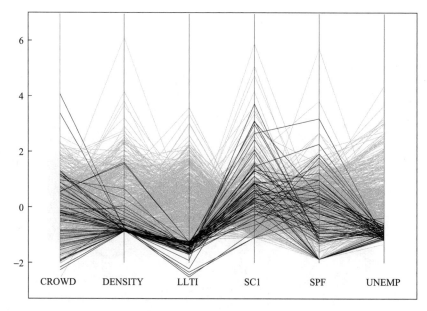

图 4.13　平行坐标图(突出显示 LLTI 的低值区域)

能性。有很多自动选择坐标轴次序的方法,通常是基于最大限度呈现模式强度的标准,或者也可以由分析者交互地控制。第二种方法更符合探索性数据分析的思想。

4.10　径向坐标可视化

径向坐标可视化(Radial Coordinate Visualization,RADVIZ)方法(Hoffman *et al.*,1997;Ankerst *et al.*,1996)与前面介绍的方法类似,也是将 m 维空间的点映射到二维平面上。为了解释这一方法,想象如下物理情境。m 个点假设 S_1 到 S_m 均匀地排列在单位圆的圆周上,m 个弹簧一端固定在这 m 个点上,另一端固定在单位圆内的同一个球体上,如图 4.14 所示。假设数据点 i 的第 j 个弹簧的刚度系数(胡克定律)是 x_{ij}。如果球被释放且达到平衡位置,那么这个位置坐标 $(u_i,v_i)^T$ 就是 m 维空间上的点 $(x_{i1},\cdots,x_{im})^T$ 在二维平面上的映射。因此,如果计算得到 $i=1,\cdots,n$ 对应的 $(u_i,v_i)^T$,并绘制出这些点,便可实现 m 维空间的数据集在二维平面上的可视化显示。

为了进一步研究 R^m 到 R^2 的映射,考虑球上的受力情况。对于一个给定的弹簧,球上的力是弹簧的形变向量和刚度系数的标量乘积,球上所受的合力是 m 个弹簧力的总和。当球处于平衡状态时,球上所受合力为 0。令 S_1 到 S_m 代表 S_1 到 S_m 的位置向量,令 $\boldsymbol{u}_i=(u_i,v_i)^T$,则有

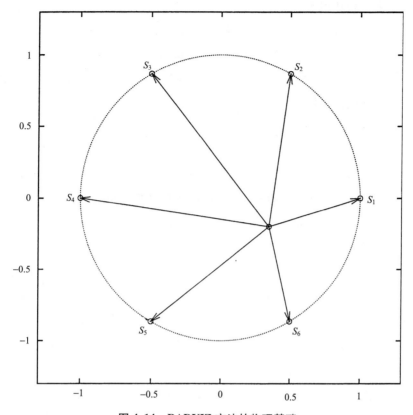

图 4.14　RADVIZ 方法的物理基础

$$\sum_{j=1,m}(S_j - u_i)x_{ij} = 0 \qquad (式 4.5)$$

由它可以解出 u_i

$$u_i = \sum_{j=1,m}w_{ij}S_j \qquad (式 4.6)$$

其中

$$w_{ij} = (\sum_{j=1,m}x_{ij})^{-1}x_{ij} \qquad (式 4.7)$$

因此,对于每个实例 i,u_i 是 S_j 的加权平均值,其中实例 i 的 m 个变量的权重归一化后和为 1。注意这个归一化过程使得 R^m 到 R^2 的映射为非线性映射。

这种形式的映射有几个特性。首先,假设 x_{ij} 的值都是非负的,则每个 u_i 都位于点 S_1 到 S_m 的凸包内。由于这些点间距很规则,所以凸包将是一个具有 m 条边的规则多边形。注意,如果 x_{ij} 存在负值,这个特性就不再成立。不过一般会重新调整变量值以避免出现负值,两种典型的方法是局部度量值重标度和全局度量值重标度。局部度量值重标度(L-metric)是把每个 j

的 x_{ij} 最小和最大值分别映射为 0 和 1,则

$$x_{ij}^{L} = \frac{x_{ij} - \min_j(x_{ij})}{\max_j(x_{ij}) - \min_j(x_{ij})} \qquad (\text{式}4.8)$$

而全局度量值(G-metric)重标度是基于整个数据集而不是基于单个变量的。两种方法重标度后的 x_{ij} 都落在区间[0,1]上:

$$x_{ij}^{G} = \frac{x_{ij} - \min_{ij}(x_{ij})}{\max_{ij}(x_{ij}) - \min_{ij}(x_{ij})} \qquad (\text{式}4.9)$$

投影的加权质心计算方式揭示了一些性质。对于给定的 i,如果 x_{ij} 的值是常数,那么 $\boldsymbol{u}_i$ 将是个零向量。这是一个相当奇怪的性质,因为它意味着所有变量都是很大的常数值的观测将会和所有变量都是很小的常数值的观测映射到同一个点。也就是说,RADVIZ 上的点并不只对应唯一一个 x 变量的数据集。

对于一般的数据集来说,这个特征会导致 RADVIZ 图很难解释,但当研究成分地理数据时,它是相当有用的。假设一个地区的人口被分为 m 个类别,例如分为小于 18 岁、18 到 65 岁之间、大于 65 岁三类。另外一个例子是选区的投票数据,按选民选举的政党分类。成分数据集中的每个变量的值为区域中每个类别的比例。这种数据集最显著的特点是每个实例的变量值总和为 1(如果用百分数的话就是 100)。这个限制说明仅当每个变量的值都为 $1/m$ 时,这 m 个变量才相等。然而需要注意的是,即使这样,$\boldsymbol{u}_i = 0$ 也不代表所有的比例值都相等。举例来说,如果一对变量在圆上表示为直径上对置的两个点,并且每个点的比例是 0.5,这样也会得出 $\boldsymbol{u}_i = 0$。如果一个区域只包含一个类别,那么对应的变量取值 1,其余变量都是 0,这说明 $\boldsymbol{u}_i$ 会位于正 m 边形中与该类别对应的顶点上。

当成分数据的 $m=3$ 时,绘制的 RADVIZ 图是一个成分三角形或者三分图,这种图可以用于多种情形——道林(Dorling,1991)用它来说明英国三个政党的选票模式。如果我们想扩展到更多党派的分析,RADVIZ 可做相应扩展。当成分数据超过 $m=3$ 时,主要的困难在于 RADVIZ 上的点不再对应于唯一的 $(x_{i1},\cdots,x_{ij})$——如前面讲述的一样,多种组合方式可能会映射到同一个点上。

图 4.15 是 LLTI 数据的 RADVIZ 图,结果显示了一个圆形的类簇及其周围的异常点,尤其是类簇右边有三个点,靠近 CROWD 和 UNEMP 的固定点,表明这三个地方的这两个变量值相对于其他变量更高。

图 4.15 中,低密度的"云"位于中央类簇的左边,偏向 SC1 的方向,这说明与这些点对应的区域有相对高的 SC1。可以通过关联 RADVIZ 图和地图对其进行进一步分析。如图 4.16 所示,它把 RADVIZ 图与研究区域的地图相关联,并且高亮显示 RADVIZ 图中的低密度"云",

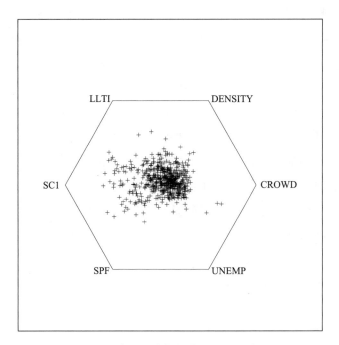

图 4.15　人口普查数据的 RADVIZ 投影

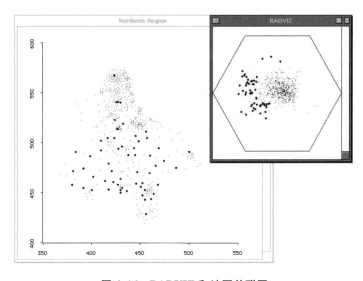

图 4.16　RADVIZ 和地图关联图

相应的地理区域在地图窗口中也高亮显示。由此,可看出低密度"云"中的大部分点对应的是农村地区。

对于给定的变量集,由于 m 个变量有 $m!$ 种不同的方式投影到 $S_1 \cdots S_m$ 上,因此,RADVIZ 也有多种可能的映射。如果我们最感兴趣的是确定聚类和异常点,大多映射的效果基本上是一样的。因为经过旋转或镜像,它们就会完全相同。为了确定有多少不同的排列,我们首先需要指出,任何排列都有 m 种旋转方法(可从 $360°/m$ 旋转 $2(360°/m)$、$3(360°/m)$,或以此类推至 $(m-1)(360°/m)$。当然,也可以从 $0°$ 开始旋转,效果是一致的。),所以我们需要用 $m!$ 除以 m。另外,我们注意到任意一种排列都有两种映射方式,所以 $(m-1)!$ 必须除以 2。因此,如果有 m 个变量,那么就有 $(m-1)!/2$ 种可能的 RADVIZ 映射。

我们通常使用某种指标来决定应该采用哪一种映射方式,这与下节要介绍的投影寻踪方法类似。事实上,这两种方法可以使用相同的指标——如使 u_i 的方差最大。在 RADVIZ 中,优化是在有限的可能性中做离散的搜索,区别于投影寻踪中的连续多元优化问题。应当指出的是,备选方案的数量随着 m 的增长迅速增长,比 m^2 的增长速率还快,这会影响到计算速度。平行坐标方法中,坐标轴的次序选择也是类似的。映射的交互控制可能是一个切实可行的替代方法。

4.11 投影寻踪

86 和前面一样,假设一组观测值记录了 m 个变量,每个观测值都可以看成 m 维空间上的一个点。除非 $m \le 3$,否则无法直接看到这些点。然而,把 m 维空间上的点投影到二维平面或三维空间上是可能的。这里,我们将把问题限定在二维平面上。图 4.17 和 4.18 将投影的概念形象化地表达了出来。两个图里都有一个矩形的投影面,分别位于三维数据集的右方和上方。想象在数据点的另一面有个很亮的光源,数据集在平面上的阴影就是投影,图中的虚线连接数据点和他们的投影点。

图 4.17 中数据点投影在右边的投影面上,显示出两个明显的类簇。图 4.18 中,同样的数据投影到正上方的投影面,只显示了一个类簇。这个例子中的投影是从三维到二维,m 维($m>3$)的投影与此类似(有时候更加复杂)。

上面的例子表明对于同样的数据集,使用不同的投影往往会反映出数据结构的不同特征——有些投影可能不能反映出结构特征。事实上,有多种投影方法可以选择,那么我们应该选择哪种呢?这个问题最初是由克鲁斯卡尔(Kruskal,1969)提出来的,而投影寻踪就是弗里德曼和图基(Friedman *et al.*, 1974)为了解决这类问题而提出的。

87 首先,要确定想要探测哪种特征,然后衡量在某一投影下这种特征显示的程度。例如,琼斯和西布森(Jones *et al.*, 1987),及胡贝尔(Huber,1985)认为需要关注投影点偏离高斯分布的

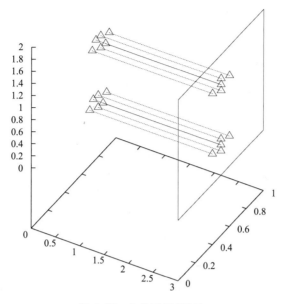

图 4.17　点投影示例(1)

情况。这一观点可以用戴康尼斯和弗里德曼(Diaconis *et al.*, 1984)的发现来证明。他们的发现表明随机选择的高维到二三维的投影倾向于遵循高斯分布,不服从高斯分布的任何投影,都可能被看作是感兴趣的投影。库克等(Cook *et al.*, 1993)提出的方法关注于寻找投影点分布存在中心"孔洞"和偏态分布的投影。每种情况下,特征都是与投影的"兴趣点"相关联的,所寻找的也是能够最优化相应特征的特定投影。

　　下面举例来说明这一思路。假设想要检测投影点的聚类情况,一个常用的检测二维数据聚类的统计量是平均最邻近距离(Mean Nearest-Neighbour Distance, MNND)。该统计量值越小表明聚类程度越高。这种情况下,用平均最邻近距离来衡量聚类,选择最佳投影的准则能够最大化聚类特征。

　　图 4.19 是应用这种方法分析 LLTI 数据的结果图。由于指标计算函数的性质,得到的点模式的旋转是任意的,所以图中没有给出轴线的明确解释。图中没有明显的类簇。这可能表明数据在任何情况下都不能通过投影到二维平面上的方式进行多模态检测,但在图的下面有明显的支线。根据 4.8 节和 4.10 节的建议,通过与地图关联,可以检测这条支线是不是由区域效应产生,或者本质上就是空间多样性。举个例子来说,可以检查支线是否对应特定的地理模式。如图 4.20 所示,与 RADVIZ 例子类似,图中的异常点对应研究区域的南部农村地区。

　　另一个有用的交互方法是蒂尔尼(Tierney, 1990)描述的切片法。该方法使用一个辅助变

88

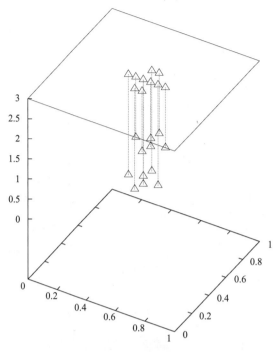

图 4.18　点投影示例(2)

量来选择散点图中的点。这个变量由一个滑块按钮控制。如图 4.21 中的第二个图,上方显示的值是小滑块(占整个滑块十分之一)的中心点对应的值。它是以 LLTI 变量的值为基础的——当然也可以使用其他变量的值。移动滑块会引起图上高亮点的变化,因此可以看出投影的哪些区域对应变量的高值或低值。这个方法能够帮助解释基于投影方法(如本节中考虑的方法)所反映的模式。

89　　　　投影寻踪相关的一个重要概念是总体巡查(Asimov,1985)。前面介绍方法的一个缺陷是必须事先定义感兴趣的投影。如果定义的投影与实际的感兴趣投影不符,那么真正感兴趣的投影将无法被发现。总体巡查方法解决了这个问题,它将数据的所有一维或二维投影都显示出来。要做到这一点,需要动态显示投影点。随着投影面(或者线)在 m 维数据空间中的连续移动,投影点在投影面(或线)上的位置也会不断地变化。当投影面的移动路径最终通过所有的面,动态显示的点也就展示了所有可能的投影点集。许多软件包都有这种总体巡查方法,例

90　如 XGobi (Swayne *et al*.,1991)和 Lisp-Stat(Tierney,1990)。在某种意义上,总体巡查和投影寻踪是相辅相成的:投影寻踪展示了一个感兴趣投影的快照,而总体巡查像放电影一样显示了所有可能的投影。后者的缺点是,人们必须一直观察很多不感兴趣的投影,直到看到需要的投影

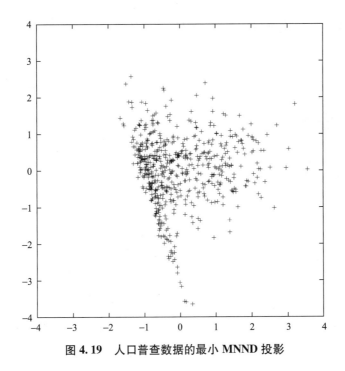

图 4.19　人口普查数据的最小 MNND 投影

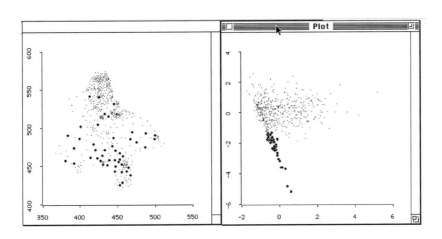

图 4.20　地图与散点图关联图

为止。

　　引导性总体巡查可以较好地解决这个问题,它不是考虑一切可能的投影,而是使用了一条专注于感兴趣投影的路径。库克等(Cook *et al.*,1995)将这一想法和投影寻踪中的感兴趣指数结合起来。通常,投影寻踪通过迭代过程来优化,从而产生一系列越来越有趣的投影,达到

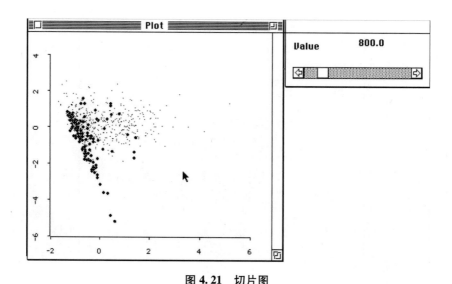

图 4.21　切片图

局部最优时停止。如果使用这一投影序列产生一段影片,则同时也创建了一个引导性总体巡查。需要注意的是,这种方式得到的最佳投影并不总是全局性的,一旦达到最佳状态,就会随机选取一个投影重新开始迭代过程。人们发现用这种方法可以发现有趣的非最优的投影,动态显示还可以提供不同投影之间的关系(Cook *et al.*,1995)。举例来说,可以观察在某个投影中发现的异常点,在另外一个投影中是否也是异常的。

最后需要注意的是,与这些自动寻找投影的方法相比,人工控制投影的选择在有些情况下也是非常有用的(Cook *et al.*, 1997)。它是通过人工控制投影面的移动,并且用眼睛来观察感兴趣的模式。XGobi 软件包中就有此项功能,也有引导性总体巡查功能。库克等(Cook *et al.*, 1998)给出了这些技术的一个很好的地理应用。他把 XGobi 与 C2 虚拟现实环境关联起来[①],以便探索美国中大西洋地区几个州 501 个洋流样本记录的若干环境变量的模式。

4.12　小结

地图是空间数据可视化最重要的工具。很显然,地图可以显示简单的、单变量的空间模式。本书几个章节中大量使用了地图,就是一个很好的证据。然而,目前的空间数据探索技术提供的不仅仅是静态的地图,关联地图结合多变量可视化技术,如 RADVIZ、投影寻踪和平行

---

①　他们也把 XGobi 和 ArcView 关联起来,但结果并没有那么引人注目。

坐标图,提供了更多探索多变量之间空间关系的可能。这种关联不仅提供了在多维数据中发现异常点和趋势的能力,而且还能够放在空间背景中来展示。"异常点的位置在哪里?"和"一个多维变量值的聚类是否对应一个地域聚类?"等问题可以用本章介绍的方法来解答。探索性空间数据分析也可用于检查"空间异常",即观测值在局部上明显异于其他区域,而从全局数据来看却不明显。这一概念将在第 5 章中进一步讨论。

91

92

第 5 章　局 部 分 析

5.1　引言

　　传统上,空间模型和空间分析方法被用于"全局"层面,这意味着我们假设分析结果所表达的关系同等适用于整个研究区域。然而,实际上对数据做全局分析产生的这种平均结果集,很少被人认可。如果我们关注的关系在研究区域当中是变化的,那么全局的结果就难以满足局部区域的应用,因为该结果与特定区域的实际情况不符。在全局分析中,关系在空间上的变化常常被忽略。这种情况类似于我们收到一条这样的信息:"美国 1999 年 3 月 1 日的平均气温是 15 摄氏度。"全局分析是基于全局的统计,是对研究区域的整体概括而不是对特定区域的描述。就此而言,全局分析的使用是具有局限性的。上面我们收到的信息掩盖了美国当天各州的气温变化。因此,空间分析需要解决一个问题:"全局统计的分析结果是否隐藏了与上例中类似的空间变化特征?"。直到现在,专业空间分析人员普遍还在提供基于全局的平均统计结果。例如,从数据集中仅估计出单一的一组回归参数,而忽视了关系中潜在的空间非平稳性。

　　本章我们将探讨近年来空间分析领域非常有前景的局部分析或局部模型的研究进展。局部分析强调空间区域的差异性而不是假定差异不存在。进展主要包括:将全局统计分解为局部统计;研究重心由获得全局规律性向探索局部特性转变;生成局部或可用于地图显示的统计值而不是全局统计值(Openshaw et al., 1987)。琼斯和哈纳姆(Jones et al.,1995)指出,这种趋势的重要性不仅在于它把空间问题置于空间数据分析和空间建模的首要位置,还在于它回击了计量地理仅关注于普适性的肤浅评论。越来越多的计量地理学者开始关注局部统计方法的发展,这种转变也预示着随着海量并复杂的空间数据集的可获得性日益增强,其中包含的各类关系在空间上的变化也会愈加明显。

　　不难理解,局部分析方法的发展对 GIS 有着重要的作用,因为不同地理位置上的统计值可以通过 GIS 的地图可视化功能加以显示(见第 3 章)。甚至可以说,局部分析的发展动力部分来自于研究者们对集成空间分析和 GIS 双方优势进行分析兴趣的日益增强(Fotheringham et al.,1994;Fotheringham,1994;Fotheringham et al., 1993)。全局到局部的空间分析研究不仅在

GIS 相关文献中出现,一些权威的计量地理学家和空间统计学家也都致力于此(见 Casetti,1972;Openshaw *et al.*,1987;Sampson *et al.*,1992;Anselin,1995;Ord *et al.*,1995)。表 5.1 比较了全局统计和局部统计的主要特征。

表 5.1　全局统计和局部统计的特征

全　局	局　部
●结果为单一值	●结果包含多值
●假设空间均质	●空间变化
●强调空间相似性	●强调空间异质性
●无法用地图表现(GIS 非友好型)	●可用地图表现(GIS 友好型)
●用于寻找共性规律	●用于寻找异常点或局部热点
●非空间或具有空间局限	●空间的

5.2　关系局部变化的本质

通常,数据分析的目标是利用其他变量的分布来研究某一变量的分布。迄今为止,为实现这个目标,最流行的统计分析方法是回归分析(Draper *et al.*,1981;Berry *et al.*,1985;Graybill *et al.*,1994)。在空间数据分析中,用于检验关系的数据都是与空间单元关联的。若分析结果为单一或者全局的回归方程,则其前提是假定被观测对象间的关系具有空间平稳性。也就是说,如果用单一参数值来估计关系,则隐含地假设了可用这一参数描述整个研究区域内所有点的关系。显然,在空间上并不稳定的关系,也就是常说的空间非平稳性,是不能用单一参数估计值表示的。全局估计会误导局部的研究。

至少有三点理由让我们相信关系存在空间变异。第一个也是最简单的原因就是随机采样的变化会引起被测对象间关系的空间变化。这一类空间非平稳性来源本身并不需要我们的关注,但如果我们想要找出其他更有意义的空间非平稳性来源的话,就必须要认识和考虑它们。也就是说,我们真正关心的是参数估计中相对较大的变化,而这些变化并不仅仅是由于采样变化引起的。

第二个原因在于有些关系从本质上就随空间位置的不同而有所不同。例如,人们的态度和喜好、制度和政策由于这些因素在空间上存在差异,导致对相同的刺激,人们的反应也存在空间差异。然而很难举出自然地理学中这种空间非平稳性的例子,因为这个领域中的关系往往受自然规律支配。人的行为本质上是空间变化的。这一想法与后现代主义中注重以位置和局部性为框架来研究人类行为的观念是一致的。那些持有上述观点的人常常批评地理学定量分析没有考虑"现实世界"中关系的复杂性和高度的语境化。局部统计指标正是对这种评论的有效驳斥,因为其本身就是对这种复杂性的认识和描述。

第三,关系表现出空间非平稳性的原因还在于,用于测定关系的模型对现实的描述存在严重错误。要么忽略了一个或多个相关的变量,要么采用了不正确的函数形式。这种观点与实证学派的想法较为相近,假定可以对行为作全局假设(同时适用于自然地理和人文地理中的关系),但我们建立的模型结构却还没有完善到足以支持该全局假设。简言之,就是能否通过更好的个体效应的设定消除语境的影响(Hauser,1970)?如果是模型的误设引发了参数的非稳定性,那么局部统计量的计算和制图则能够有效地帮助我们了解误设的本质。

局部统计和局部模型对理解空间过程非常重要,而且非空间领域中的变参数模型(VPMs)也有所发展(Maddala,1977;Casetti,1997)。令人惊讶的是局部空间分析却并不常见。琼斯(Jones,1991b)认为全局建模"否定了地理和历史;任何地点和时间基本上都是相同的!它对现实世界的表达十分不足,但地理学家还是对其如此感兴趣。"然而,在福瑟林汉姆(Fotheringham,1992;Fotheringham *et al*.,1993)罗杰森以及奥彭肖(Openshaw,1993)的号召下,最近涌现出了一系列关于局部空间分析的学术工作。这些工作有些聚焦于单变量空间数据局部统计(如点模式分析),有些偏重于多变量数据分析。本章中,对这两种类型的应用我们都将展开讨论。我们还会简要介绍局部的空间相互作用模型,更详细的介绍见第 9 章。

5.3 单变量数据局部关系的测度

5.3.1 局部点模式分析

空间点模式分析在地理调查领域长期以来一直备受关注,布茨和盖蒂斯(Boots *et al*.,1988)做了很好的综述。第 6 章也会涉及这方面的内容。其他学科在这方面也有相关的讨论(Stone,1988;Doll,1989;Gardner,1989;Besag *et al*.,1991),特别是疾病的空间分布模式研究(Marshall,1991)。然而,直到最近,空间点模式分析的大多数应用仍然使用的是全局统计量,其分析结果多是对全局点模式的集聚性、分散性或者随机性的描述。显然,这种分析的缺陷在于点模式中的任何空间变化都被归入到平均或全局统计量的计算中。在许多情况下,尤其是在疾病研究方面,这种做法违背了探索局部异常的研究目的。

局部点模式分析的早期进展之一是奥彭肖等(Openshaw *et al*.,1987)开发的地理分析机

（Geographical Analysis Machine，GAM），详细内容见第 6 章。贝萨格和纽厄尔（Besag *et al.*，1991）曾对此方法提出过质疑。福瑟林汉姆和詹（Fotheringham *et al.*，1996）对此方法进行了改进，其基本内容保持不变，但具有更强的应用价值。GAM 是：

1. 一种定义数据子区域的方法。
2. 一种描述子区域中点模式的手段。
3. 一个识别具有异常点模式的子区域的过程。
4. 一个展示具有异常点模式的子区域的工具。

福瑟林汉姆和詹（Fotheringham *et al.*，1996）提出的基本思想简单易懂，却提供了强大的展示局部感兴趣区的功能。首先，在包含空间点模式的研究区域随机选取一个位置，然后以此位置为中心随机设置半径画圆，计算圆内点的个数，并用点数值与基于某种假设生成的点模式（通常是随机过程）的期望值进行比较。理想情况下，易感人口数可作为产生期望值的基础，正如福瑟林汉姆和詹（Fotheringham *et al.*，1996）的研究工作所示，他们使用每个圆圈内的观测均值和易感人口数拟合泊松概率分布。再用观测值和期望值作比较，一旦发现圆圈内的点数量异常，那么圆圈就被绘制在地图上。这一过程反复多次，直到产生一张包含一系列圆的地图。这些圆集中分布的区域也是感兴趣的点集群所在的区域。奥彭肖等（Openshaw *et al.*，1987）曾用这种分析方法探索癌症发病率的空间异常。

如上所述的自动化点集群检测技术可以使不同的过程在该区域的不同位置进行。即使将易感人群分布也考虑在内，不同的过程也可以产生不同的点密度。这与经典的生成全局统计量的领域统计的样方分析大不相同（Dacey，1960；King，1961；GreigSmith，1964；Robinson *et al.*，1971；Tinkler，1971；Boots *et al.*，1988）。GAM 风格的分析侧重研究点位置的空间变化和空间差异，从而产生局部而不是全局的空间点模式信息。与所有局部统计一样，GAM 产生的统计结果可以利用地图绘制出来，使空间变化能够直观地表现出来。

5.3.2 其他单变量空间关系的局部测度方法

尽管有一两篇早期论文曾强调局部或区域关系的变化（Chorley *et al.*，1966；Moellering *et al.*，1972），但大部分这一领域的文献是近期才出现的。局部测度方法可分为基于图形的局部数据分析和局部单变量统计。

大部分基于探索性图形分析的研究（Haslett *et al.*，1991；见第 4 章）是为了识别数据和关系一般趋势中的局部异常。如关联和刷新窗口技术可以支持数据的交互检查，并将各种统计显示中的异常点自动定位在地图上。这种方式常常用于检查单变量分布，因此直方图是基础的表现形式。尽管，散点图也可以与地图进行关联显示，甚至还可以利用三维旋转图技术（图

4.11,图4.16,图4.20和图4.21)。无论使用哪种图形方法,分析目的和重点都是识别异常数据点,而不是一般趋势。

　　更复杂的用于描述单变量数据集局部关系的图形技术包括空间滞后散点图(Cressie,1984)、方差云图(Haslett $et\ al.$,1991)和莫兰(Moran)散点图(Anselin,1996)。图5.2和图5.3分别利用方差云图和莫兰散点图技术描绘了图5.1的空间分布(第8章中,同一数据也被用来评估空间自相关统计推断检验)。该数据代表了分布在26个空间单元上的失业率。图5.2中的半方差云图描述了区 i 和 j 失业率的平方差与它们之间距离的关系。该图说明,位置相近的区域比位置较远区域的值更为相似,而这种关系的强度则表达了数据正自相关的程度。第6章的空间回归模型描述了空间自相关在空间分析中的重要性。

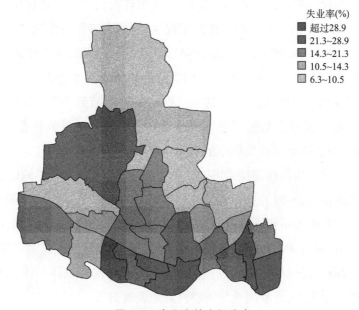

图5.1　失业率的空间分布

　　图5.3中的莫兰散点图,或称空间依赖图描述了区域 i 失业率与其邻近区平均失业率之间的关系。构造莫兰散点图时可以使用不同的方式来定义"邻近"。该例中,如果两区有共同的边界则被认为是邻近的。从图5.3可以看出邻近区域的数值更为接近,对此我们可以说空间模式表现出正空间自相关。莫兰散点图还可以用来描述空间异常,定义为区域与其邻近区域的属性值差异较大。

　　盖蒂斯和奥德(Getis $et\ al.$,1992),奥德和盖蒂斯(Ord $et\ al.$,1995)以及安瑟林(Anselin,1995;1998)提出了全局单变量统计的局部版本。盖蒂斯和奥德(Getis $et\ al.$,1992)开发了从

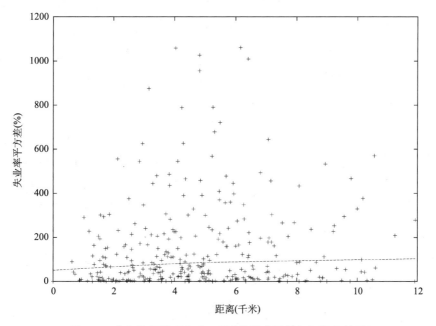

图 5.2　失业数据的半方差云图（曲线为局部加权拟合结果）

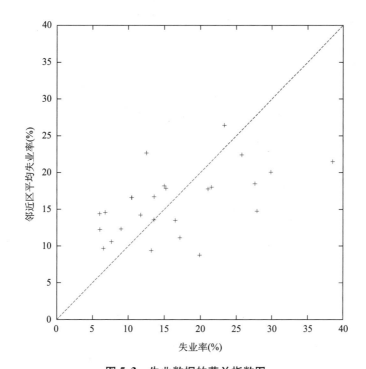

图 5.3　失业数据的莫兰指数图

全局探测数据集内在空间关联的方法,可用于测度某属性值在空间上集聚的方式。构建该全局统计量的局部形式,便可以描述每个空间单元周围数据的趋势。事实上,这一局部化统计量有两种形式,取决于是否将单元 i 本身包含在空间集聚的计算中。遗憾的是,没有理论指导我们在何种情况下该选用何种统计量。不过在空间单元数量较大时,两者之间差异很小。

如果不将单元 i 包含在计算中,则

$$G_i = \sum_j w_{ij} x_j / \sum_j x_j \quad j \neq i \qquad \text{(式5.1)}$$

式中,G_i 是单元 i 周围属性 x 的局部集聚测度,x_j 是单元 j 的 x 属性值,w_{ij} 代表单元 i 和 j 的空间关系强度。它可以用二值邻接变量来计算或利用连续距离衰减方式测度(虽然空间权重函数的选取通常是主观的,但后者被采用得较多)。如果 x 的高值聚集在单元 i 周围,那么 G_i 值也较高;但如果 x 的低值聚集在单元 i 周围,那么 G_i 值也会较低;如果 x 在单元 i 周围没有明显的集聚,则 G_i 值也处在中间位置。G_i 的期望是:

$$E(G_i) = w_{i.}/(n-1) \qquad \text{(式5.2)}$$

其中,

$$w_{i.} = \sum_j w_{ij} \quad j \neq i \qquad \text{(式5.3)}$$

G_i 的方差是:

$$\mathrm{var}(G_i) = w_{i.}(n-1-w_{i.}) s_i^2/(n-1)^2(n-2)\bar{x}_i^2 \qquad \text{(式5.4)}$$

其中,$\bar{x}_i$ 代表除去单元 i 的 x 的平均值;s_i^2 是 x 方差的样本估计,同样不包括单元 i 的 x 值。标准化变量定义为:

$$Z(G_i) = [G_i - E(G_i)] / [\mathrm{var}(G_i)]^{1/2} \qquad \text{(式5.5)}$$

将单元 i 列入计算的情况,公式可被简化成:

$$G_i^* = \sum_j w_{ij} x_j / \sum_j x_j, \text{对所有} j \qquad \text{(式5.6)}$$

其中 w_{ii} 不能为 0,

$$E(G_i^*) = w_{i.}^*/n \qquad \text{(式5.7)}$$

其中,

$$w_{i.}^* = \sum_j w_{ij}, \text{对于所有的} j \qquad \text{(式5.8)}$$

并且

$$\mathrm{var}(G_i^*) = w_{i.}^*(n-w_{i.}^*)s^2/(n)^2(n-1)\bar{x}^2 \qquad \text{(式5.9)}$$

在上述公式中均值计算和方差的样本估计都使用了所有的 x 值,所以,计算值不再随单元 i 的变化而变化。

丁和福瑟林汉姆(Ding *et al.*, 1992)在 GIS 环境下实现了 G_i 和 G_i^* 的计算,其优点是为局部统计量提供了现成的绘图系统。局部空间关联统计允许一个变量的分布在空间中有不同的趋势。例如,在研究区域的一些地方,高值可能集聚在一起,而其他地方可能是高值和低值的混合。然而使用单一的全局统计量计算的话,就看不出这种差异。以盖蒂斯和奥德(Getis *et al.*, 1992)的实证研究为例,他们采用局部统计量研究了北卡罗来纳州的婴儿猝死综合征的分布。结果表明存在统计上显著的局部集聚,而使用全局统计量却未能找出任何显著的集聚。

同盖蒂斯和奥德(Getis *et al.*, 1992)的统计量类似,安瑟林(Anselin,1995)提出了局部莫兰指数统计量,用来测度空间自相关(见第 8 章)。空间自相关传统上是全局测度的,因此相应的统计量描述了空间上变量分布的平均趋势。当高值和高值数据邻近,低值与低值数据邻近,我们称之为空间正相关;如果高值和低值邻近,则称之为空间负相关。显然,这些描述是基于全局统计的,可能无法充分说明研究区域中所有地区之间的关系。安瑟林提出的局部空间自相关模型可以检测变量的局部空间变化。局部莫兰指数统计量定义为:

$$I_i = \frac{(x_i - x^*) \sum_j w_{ij}(x_j - x^*)}{\sum_i (x_i - x^*)^2 / n} \qquad \text{(式 5.10)}$$

其中,x_i 是 x 在空间单元 i 的观测值;x^* 是 x 的均值;n 是样本个数;w_{ij} 代表单元 i 和 j 的关联强度,通常用空间邻近来测度。下面分别给出 I_i 的数学期望和方差:

$$E(I_i) = - w_{i.}/(n - 1) \qquad \text{(式 5.11)}$$

和

$$\text{var}(I_i) = w_{i.}^2 V \qquad \text{(式 5.12)}$$

其中,V 是随机化下的 I 的方差,计算时使用 w_i 替代 w_{ij}(I 的方差公式见式 8.17 至式 8.20)。同样的,局部莫兰指数统计量也可以用地图的方式展现空间自相关的空间变化。安瑟林(Anselin,1995)应用局部莫兰指数统计量研究非洲冲突的空间分布。索卡尔等(Sokal *et al.*, 1998)用一套模拟数据集演示了莫兰指数的使用。其他学者如鲍和亨利(Bao *et al.*, 1996),以及蒂费尔斯多夫等(Tiefelsdorf *et al.*, 1997;Tiefelsdorf,1998;Tiefelsdorf *et al.*,1998)也对局部莫兰指数统计量有所研究。

5.4　多变量数据局部关系的测度

随着大量、复杂空间数据集的可获得性大幅提升,我们认识到 5.3 节讲述的单变量统计方法的适用范围非常有限。我们需要了解更复杂关系中的局部变化(见弗霍夫和克利斯(Ver Hoef *et al.*,1993),马居尔和克利斯(Majure *et al.*, 1997)将自相关的局部可视化技术扩展至多变量的情况)。为解决这一问题,学者们尝试研发传统的全局多变量技术的局部版本。例如,早期关于空间相互作用模型的文献就提到,与简单的全局相互作用模型相比,局部距离衰减参数可以提供更加有用的衰减的空间变化率信息(见福瑟林汉姆(Fotheringham,1981)的回顾,第 9 章也有提到)。局部参数估计的一些实例证明,通过对参数估计值的趋势作图,可以识别出一般空间相互作用模型公式的严重误设偏差(Fotheringham,1984;1986)。值得强调的是,这种误差只有在研究局部参数的空间变异时才可以观察到,应用全局模型时则会被完全忽视。详细内容会在第 9 章中讨论。

鉴于回归分析的广泛应用,最紧迫的挑战可能是建立局部回归分析模型。例如空间自适应滤波,它以特别的方式纳入了空间关系并生成难以从统计上检验的参数估计(Foster *et al.*,1986;Gorr *et al.*,1994);另外还有随机系数模型(Aitkin,1996)和多层次模型(Goldstein,1987;Westert *et al.*,1997)。后两个模型可通过贝叶斯定理获得局部参数估计。然而,将它们应用于空间数据分析是有问题的,因为没有假设所研究的关系中存在任何空间依赖性,这对大部分空间过程来说是不切实际的。布伦斯登等(Brunsdon *et al.*,1999b)提供了一个应用随机系数模型分析空间数据的案例;琼斯(Jones,1991a;1991b)给出了应用多层次模型分析空间数据的案例。后者很大程度上依赖于预定义的一组分层排列的空间单元集。层内部和层之间的空间过程的连续性基本上是被忽略的。空间布局的唯一概念是"包含",其中较小面积单元的系数嵌套在较大面积单元的系数中。

另外两个局部回归方法,似乎对空间数据有更大的应用潜力,分别是空间扩展方法(Casetti,1972;Brown *et al.*,1985;Jones *et al.*,1992)和地理加权回归(Brunsdon *et al.*,1996,1998a,1998b;Fotheringham *et al.*,1996,1997a,1997b,1998)。下面将首先简要介绍多层次模型,然后介绍后两种技术及其在空间数据分析中的应用。

5.4.1　多层次模型

多层次模型的典型应用是试图将个人因素和地点因素(语境效应)对行为的影响分离开来。这个问题出现在许多不同的情况下(Hauser,1970;Meyer *et al.*,1982;Brown *et al.*,1987;Brown *et al.*,1987)。仅在个体层面上模拟空间行为很容易产生微体谬误(Atomistic Fallacy),即遗漏了有关个体行为的语境信息(Alker,1969);而在总体层面上模拟空间行为又很容易产生生态谬误(Ecological Fallacy),即模拟的结果可能并不适用于个体行为(Robinson,1950)。多层次模型通过将表示分解行为的个体层面模型与表示行为发生语境的宏观层面模型结合到一起,避免了上面提及的问题。

下面介绍多层次模型如何结合个体层次模型和宏观层次模型。假设模拟个体 i 在地点 j 的行为。建立个体层次模型为:

$$y_i = \alpha + \beta x_i + \varepsilon_i \tag{式 5.13}$$

其中，y_i 代表个体 i 行为的某些方面；x_i 是影响个体 i 行为的属性；α 和 β 是待估参数，ϵ_i 是服从正态分布的随机项，表示 $\alpha + \beta x_i$ 估计均值附近的变化。相应地，从总体层次上建模，公式如下：

$$y_j = \gamma + \delta x_j + \epsilon_i \tag{式 5.14}$$

其中，y_j 代表一群个体在地点 j 行为的某些方面；x_j 是地点 j 的一个属性；γ 和 δ 为待估参数；ϵ_j 为总体层面的随机误差项。

在多层次模型中，将这两个方程相结合，产生如下形式：

$$y_{ij} = \alpha_j + \beta_j x_{ij} + e_{ij} \tag{式 5.15}$$

其中，y_{ij} 代表位于地点 j 的个体 i 的行为；α_j 和 β_j 是特定地点的参数，其中：

$$\alpha_j = \alpha + \mu_{j\alpha} \tag{式 5.16}$$

并且

$$\beta_j = \beta + \mu_{j\beta} \tag{式 5.17}$$

e_{ij} 为与位于地点 j 的个体 i 有关的随机误差。

上式中特定地点的参数由均值和随机分量组成。通过这些表达式，我们可以很清楚地知道，多层次模型在回归中通过一种更复杂的方式使用哑变量来获得特定地点的参数（利用该方法获得特定地点参数的实例见约翰斯顿等的文章（Johnston *et al.*, 1998））。将式 5.16 和式 5.17 代入到式 5.15 中得到多层次模型：

$$y_{ij} = \alpha + \beta x_{ij} + (e_{ij} + \mu_{j\alpha} + \mu_{j\beta} x_{ij}) \tag{式 5.18}$$

由于上式中包含三个随机分量，所以不能用最小二乘（Ordinary Least Square，OLS）回归校准，除非 $\mu_{j\alpha}$ 和 $\mu_{j\beta}$ 为零。可利用专业软件如 Mln 来计算（Rasbash *et al.*, 1995）。特定地点参数可以通过估计各个方差效应，并代入到式 5.16 和式 5.17 中而获得。

我们可以进一步完善上述多层次模型，例如，设定 α_j 和 β_j 时可以加入地点属性，如地点的某一属性 z_j 影响了 α_j 和 β_j，则：

$$\alpha_j = \alpha + \phi z_j + \mu_{j\alpha} \tag{式 5.19}$$

并且

$$\beta_j = \beta + \lambda z_j + \mu_{j\beta} \tag{式 5.20}$$

将式 5.19 和式 5.20 代入到公式 5.15 得到：

$$y_{ij} = \alpha + \beta x_{ij} + \lambda z_j x_{ij} + \phi z_j + (e_{ij} + \mu_{jx} + \mu_{j\beta} x_{ij}) \tag{式 5.21}$$

其他改进包括扩大层次的数量，将模型从两层扩展至三层甚至 n 层（Jones *et al.*, 1996），以及发展交叉分类的多层次模型，该模型中低层次单元可被嵌套进一个以上的高阶单元中（Goldstein, 1994）。

琼斯（Jones, 1991a；1991b）总结了利用多层次模型分析空间数据的案例，其应用包括投票

104

行为研究(Jones,1997)、卫生服务使用及健康行为的地域差异研究(Verheij,1997;Duncan *et al.*,1996),房价的空间变化研究(Jones *et al.*,1993),通勤模式研究(Smit,1997),吸烟行为的空间变化研究(Duncan,1997)等。然而,这些研究依赖于不同层次上预先定义的离散空间单元集合。但对于很多非空间应用则没有问题。如定义公共和私人交通方式的构成,或者无咖啡因的咖啡和一般咖啡的品牌集构成。然而,在空间背景下则会存在一些问题。离散空间实体的定义(其中的空间行为受到实体属性的影响)需要建模者能够识别它们,而这在空间过程研究时并不总能实现。同时,离散实体的定义意味着正在建模的任何空间过程都是不连续的。也就是说,假定在一个空间单元内空间过程受到一种影响,而超过该空间单元边界的话就受到另一种影响。但空间效应是连续的,所以大多数空间过程不能用这种方式来表达。因此,将一组离散的边界强加给大多数空间过程集是与现实情况不符的①。当然也有例外,如在行政区域边界内的某一政策影响该区域内所有个体的行为,而这些政策因区域而异。这种个体行为因空间单元而异的例子包括美国各州、英国的教育卫生行政区以及欧盟的成员国个体。

5.4.2　空间扩展方法

扩展方法(Casetti,1972;1997;Jones *et al.*,1992)尝试测度参数“漂移”,其思路是将全局模型参数表示成其他属性(包括位置)的函数,这样就可以测度参数估计值的空间变化趋势(Brown *et al.*,1985;Brown *et al.*,1987;Brown *et al.*,1987;Fotheringham *et al.*,1995;Eldridge *et al.*,1991)。最初,全局模型设定如下:

$$y_i = \alpha + \beta x_{i1} + \cdots + \tau x_{im} + \varepsilon_i \tag{式 5.22}$$

其中 y 为因变量;x 为自变量,共 m 个;α,β,τ 是待估参数;ε 代表随机误差;i 代表记录 y 和 x 观测值的空间点。通过将参数表示成其他变量的函数,可以对这一全局模型进行扩展。大部分扩展的方法(Jones *et al.*,1992)为非空间扩展,但令参数随地理空间变化的方法也相对简单,见下式:

$$\alpha_i = \alpha_0 + \alpha_1 u_i + \alpha_2 v_i \tag{式 5.23}$$

$$\beta_i = \beta_0 + \beta_1 u_i + \beta_2 v_i \tag{式 5.24}$$

和

$$\tau_i = \tau_0 + \tau_1 u_i + \tau_2 v_i \tag{式 5.25}$$

其中 u_i 和 v_i 代表位置 i 的空间坐标。式 5.23 至式 5.25 为空间中全局参数的简单线性扩展。如下式所示是更复杂的非线性表达式,尽管个别参数估计的解释通常不是那么容易理解,但这

---

① 有趣的是,地理信息系统通常都会这么做(见第 3 章)。德容和奥腾斯(de Jong *et al.*,1977)对 GIS 作为多层次模型的数据库的适用性进行了评论。

种非线性表达很容易实现。

$$\alpha_i = \alpha_0 + \alpha_1 u_i + \alpha_2 v_i + \alpha_3 u_i^2 + \alpha_4 v_i^2 + \alpha_5 v_i u_i \qquad (式 5.26)$$

一旦选定了合适的扩展形式,基本模型中的原始参数将被扩展后的参数取代。举例来说,假定参数的空间变化可以通过式 5.23 至式 5.25 的简单线性扩展获取,则扩展模型为:

$$y_i = \alpha_0 + \alpha_1 u_i + \alpha_2 v_i + \beta_0 x_{i1} + \beta_1 v_i x_{i1} + \beta_2 v_i x_{i1} + \cdots + \tau_0 x_{im} + \tau_1 u_i x_{im} + \tau_2 v_i x_{im} + \varepsilon_i$$

$$(式 5.27)$$

可以使用 OLS 回归(如果该模型是泊松分布或逻辑斯蒂回归或方程包含空间自回归项,则用最大似然估计)校准式 5.27,并产生参数估计值,再将此参数估计值代入式 5.23 至式 5.25 来获取空间变化的参数估计。这些估计可以具体到位置 i,因此可以通过制图来表示参数关系的空间变化。

尽管扩展方法在强调关系随空间变化以及应用于空间数据的回归模型参数具有空间非平稳性等方面具有一定的重要性,但该方法仍存在局限性。首先,该方法只能表现关系在空间上的趋势,被测趋势的复杂度依赖于扩展方程的复杂度。因此,通过扩展方法获得的空间变化参数估计可能掩盖整体趋势中的局部变化。其次,尽管扩展方程也可以使用比上述更为灵活的方程形式,但方程形式需要事先给出。最后,扩展方程必须是确定性的,以消除最终模型估计中出现的问题。下面介绍的方法能够克服这三个问题,并提供回归参数的局部估计,称为地理加权回归。

5.4.3 地理加权回归

假定全局回归模型为:

$$y_i = \alpha_0 + \sum_k \alpha_k x_{ik} + \varepsilon_i \qquad (式 5.28)$$

在模型校准中,对各自变量与因变量之间的关系进行了参数估计,并假定该关系在研究区域内是恒定的。故式 5.28 的估计量为:

$$a = (X^T X)^{-1} X^T y \qquad (式 5.29)$$

其中,a 代表待估的全局参数向量,X 是第一列为 1 的自变量矩阵,y 代表因变量的观测值向量。地理加权回归(Geographically Weighted Regression, GWR)相对简单,它只是对传统式 5.28 的扩展,使其能够估计局部参数而非全局参数,故式改写为:

$$y_i = \alpha_0(u_i, v_i) + \sum_k \alpha_k(u_i, v_i) x_{ik} + \varepsilon_i \qquad (式 5.30)$$

其中 (u_i, v_i) 代表点 i 的空间位置坐标;系数 $\alpha_k(u_i, v_i)$ 是连续函数 $\alpha_k(u, v)$ 在位置 i 处的实现 (Brunsdon et al., 1996; 1998a; 1998b; Fortheringham et al., 1996; 1997a; 1997b; 1998; 1999)。也就是说,我们设定一个参数值的连续曲面,并在某些点上对曲面进行测度,以表达曲面在空间上的

变化。全局模型(式 5.28)是 GWR 模型(式 5.30)的特例。它假定参数曲面在整个空间是恒定值。GWR 模型则认为变量之间的关系随空间发生变化,并且提供了一种测度方法。

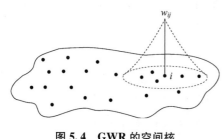

图 5.4　GWR 的空间核

GWR 模型校准时,假定离点 i 距离越近的观测点对 $\alpha_k(u_i,v_i)$ 参数估计的影响越大。事实上,方程衡量了模型中每个 i 点周围的内在关系。因此,加权最小二乘估计提供了理解 GWR 计算过程的基础。在 GWR 模型中,观测点的权重由其与 i 点的邻近度决定。因此观测点的权重值随 i 的变化而变化,而不是常数,越接近点 i 的观测点所赋权重值越大。如图 5.4 所示,每个校准点周围都有一个空间核,点周围的数据都按照空间核给出的距离衰减函数来赋权重(空间核的案例见第 2 章)。

若用代数的方法,GWR 的估计量可表示为:

$$a(u_i,v_i) = (X^{\mathrm{T}}W(u_i,v_i)X)^{-1}X^{\mathrm{T}}W(u_i,v_i)y \qquad (式 5.31)$$

其中,$W(u_i,v_i)$ 为 $n \times n$ 阶的矩阵,非对角线元素为 0,对角线元素值是观测点相对于 i 的地理权重。

$$W(u_i,v_i) = \begin{pmatrix} w_{i1} & 0 & 0 & \cdots & 0 \\ 0 & w_{i2} & 0 & \cdots & 0 \\ 0 & 0 & w_{i3} & \cdots & 0 \\ \vdots & \vdots & \vdots & \cdots & \vdots \\ 0 & 0 & 0 & \cdots & w_{in} \end{pmatrix} \qquad (式 5.32)$$

其中,w_{in} 是模型校准时点 n 相对点 i 的权重。显然,权重值随点 i 的变化而变化,这使得 GWR 与传统加权最小二乘法有所区别,后者的权重矩阵为常数。下面我们说明如何确定权重值。[①]

GWR 模型、核回归模型和回归参数漂移分析(Drift Analysis of Regression Parameters, DARP)是相似的(Cleveland, 1979; Cleveland *et al.*, 1988; Casetti, 1982)。在核回归模型和 DARP 模型中,y 是 X 的非线性函数,数据权重由属性决定而不是由地理空间决定。也就是说,与 x_i 属性值越相似的数据点所赋权重值越大,最后的输出结果是一组 x 空间的局部参数

---

① 虽然这里的空间加权方法用于回归模型,但它同样也适用于其他统计模型的局部分析。例如,一个局部空间变化的相关系数可通过以下加权公式得到:

$$r_i = \frac{(1/n)\sum_j w_{ij}(x_j - x^*)(y_j - y^*)}{\left[(1/n)\sum_j w_{ij}(x_j - x^*)^2\right]^{1/2}\left[(1/n)\sum_j w_{ij}(y_i - y^*)^2\right]^{1/2}}$$

r_i 表示点 i 处变量 x 和 y 的相关系数,w_{ij} 表示点 j 在点 i 处的权重。

估计。然而,卡塞蒂和琼斯(Casetti *et al.*,1983)提供了一个 DARP 模型的有限空间应用,它的目的与 GWR 非常相似,但它缺乏一个正式的校准机制和显著性检验的框架,所以作者认为它是一种相当有限的启发式方法。

值得注意的是,除了产生局部参数估计之外,上述 GWR 方法还提供所有标准回归诊断的局部版本,其中包括拟合优度值,如 r^2,后者尤其可以有助于我们理解所校准的模型的应用以及探索在模型中添加更多解释变量的可能性。还需要注意的是,GWR 参数局部估计的点不一定是数据集中包含的点,即任何位置的参数都能估计。因此,如果数据集中包含了大量的数据点,GWR 的局部参数估计可以预先定义空间间隔,对每个网格所在位置的点进行局部参数估计,这样既有利于减少计算时间又方便计算结果的地图显示。

至此,我们仅说明了在 GWR 模型中 $\boldsymbol{W}(u_i, v_i)$ 是用于衡量点 i 周围的样本点与点 i 邻近关系的权重矩阵,但没有明确阐述这种邻近关系。下面我们将讲述这种邻近关系的表达。首先,考虑 OLS 框架下的权重方案。针对式 5.28,得到权重矩阵为:

$$\boldsymbol{W}(u_i, v_i) = \begin{pmatrix} 1 & 0 & 0 & \cdots & 0 \\ 0 & 1 & 0 & \cdots & 0 \\ 0 & 0 & 1 & \cdots & 0 \\ \vdots & \vdots & \vdots & \cdots & \vdots \\ 0 & 0 & 0 & \cdots & 1 \end{pmatrix} \qquad (\text{式 } 5.33)$$

这里,全局模型和局部模型是等价的,因为所有权重值都为 1,参数估计值没有空间变化。计算局部权重的第一步就是在校准模型中剔除与位置点 i 的距离超过 d 的点。假设 i 代表校准点,j 代表数据点,权重值可被定义为:

$$w_{ij} = 1 \quad \text{如果} \quad d_{ij} \leqslant d$$
$$w_{ij} = 0 \quad \text{否则} \qquad\qquad (\text{式 } 5.34)$$

因此,式 5.32 中对角线元素是 0 或 1 取决于是否满足式 5.34 的标准。使用式 5.34 确定式 5.32 中对角线元素将简化校准过程,因为对于每个要计算系数的点,回归模型中只需要包含原样本的一个子集。福瑟林汉姆等(Fotheringham *et al.*,1996)和查尔顿等(Charlton *et al.*,1996)提供了离散加权函数在 GWR 模型中的应用案例。

然而,空间权重函数的式 5.34 是离散的,因此不能如实反映实际的地理过程。随着研究区域 i 值的不同,回归系数可能发生急剧变化。因为以 i 为圆心 d 为半径的圆的范围决定了校准时样本点的取舍。尽管参数本身可能随着空间突然发生变化,但是在前面提到的情况中,突变的发生是由人为对样本点的取舍造成的,而不是现象本身的潜在过程。克服这个问题的一种方法是将 w_{ij} 定义为关于 d_{ij} 的连续函数。d_{ij} 是点 i 到点 j 的距离。式 5.32 中 w_{ij} 对角线可定义为:

$$w_{ij} = \exp(-d_{ij}^2/h^2) \qquad (式\ 5.35)$$

其中 h 被称为带宽。如果 i 和 j 重合(i 恰好是空间中被观测的数据点),那么该点的权重为 1。如果是其他数据,根据高斯曲线,权重会随着 i 和 j 之间距离的增加而变小。在校准过程中,数据点部分参与计算。例如,在点 i 的校准模型中,如果 $w_{ij} = 0.5$,说明点 j 在校准过程中只贡献了一半的权重。离 i 点很远的数据,权重几乎下降为零,这有效地将这些观测点从位置 i 的参数估计中排除。

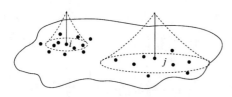

点 i 是密度较大的点集群,核的坡度较陡;

点 j 是较为稀疏的点集群,核的坡度较缓

图 5.5　GWR 模型的空间自适应核

我们假定每个校准点都采用如式 5.35 所示的空间加权函数。实际上,这是一个权重—距离关系的全局声明,因此它存在以下潜在的问题,即在数据稀疏的地方,局部的回归可能会基于相对较少的数据点。为解决这种潜在问题,可以将空间自适应权重函数引入到 GWR 模型中。在数据点密集分布的区域,带宽相对较窄,而在数据点稀疏分布的区域,带宽相对较宽。图 5.5 为空间自适应核的使用案例。

下面的三个加权函数可用于定义式 5.32 的对角线元素,生成空间自适应核。第一种加权函数是基于最近邻的方法:

111

$$w_{ij} = \begin{cases} \left[1 - (d_{ij}/h_i)^2\right]^2 & 如果\ d_{ij} < h_i \\ 0 & 否则 \end{cases} \qquad (式\ 5.36)$$

其中 h_i 是距 i 的第 N 个最邻近距离;第二种加权函数是基于距离排序:

$$w_{ij} = \exp(-\delta R_{ij}) \qquad (式\ 5.37)$$

其中 R_{ij} 是点 j 到校准点 i 之间距离的排序。第三种加权函数规定任何校准点的权重总和是一个常数:

$$\sum_j w_{ij} = k, \quad 对所有\ i \qquad (式\ 5.38)$$

这三种函数均将自动确保权重核在数据稀少的区域拓宽,在数据密集的区域收窄。

显然,无论采用哪种加权函数,GWR 模型的基本思想是离点 i 近的抽样观测点对参数估计的影响大于离点 i 远的抽样观测点。例如式 5.34,d 值越大,越多的数据点在局部回归中被赋予权重,局部模型的解越接近全局模型。显然,如果 d 值选取过大,所有 d_{ij} 的值无一能超过此值,那么所有的数据点权重为 1,局部模型等价于全局模型。同样地,在式 5.35 中,若 h 趋向于无穷大(没有距离衰减),则所有点的权重为 1,估计的参数趋于一致,因此 GWR 模型等价于 OLS 模型。反之,当带宽变小,参数估计将越来越依赖于接近 i 的观测点,方差也将增大。因此,问题是如何选择一个合适的核和适当的带宽。实际上,核选择的重要性要相对弱一点,只要它是一个权重随距离增加而降低的连续函数即可；而选择合适的带宽则更加重要（Brunsdon et al. ,1996;Fotheringham *et al.* ,1997b;1999)。

这里以式 5.35 中 h 的选择为例介绍带宽估计方法，一种可能的方法是使用最小二乘标准，使 z 值最小：

$$z = \sum_{i=1,n} [y_i - y_i(h)]^2 \qquad \text{(式 5.39)}$$

其中,$y_i(h)$ 是带宽为 h 时 y_i 的拟合值。为了得到 y_i 的拟合值,需要估计每个样本点的 a_k (u_i,v_i) 值,然后再将它们与样本点 x 值结合起来。然而,当最小化上述误差平方和时,出现了一个问题,假设 h 非常小时,除了位置 i 之外的其他地方的权重可能被忽略,这将导致位置 i 处的拟合值非常接近于实际值。因此式 5.39 的值为 0。这表明,在这样一个优化准则下,h 值趋于零。显然,这种情况对求解方程是无效的。首先,模型参数在这种极限情况下没有被定义;其次,为了给出每个位置上的局部最优拟合值,会造成估计值在空间上的大幅度波动。

为了解决这一问题,可以使用交叉验证(Cross-Validation, CV)方法。其中,克里夫兰(Cleveland,1979)和鲍曼(Bowman,1984)分别提出了用于局部回归和核密度估计的 CV 方法。采用如下计算方法：

$$z = \sum_{i=1,n} [y_i - y_{\neq i}(h)]^2 \qquad \text{(式 5.40)}$$

其中 $y_{\neq i}(h)$ 是 y_i 的拟合值,校准过程中剔除了观测点 i 的值。这一方法具有抵抗包围效应的性质,因为当 h 值非常小时,模型的校准仅仅依赖于接近 i 的样本,而不是 i 本身。将 CV 值和 h 之间的关系绘制成图,就能选择合适的带宽值 h,并作出有效的指导。选择合适的 h 值也可以通过最大化 CV 的优化方法自动获取。如果交叉验证函数表现良好,则可以采用优化方法如黄金分割搜索,来自动最大化 CV 值(Greig,1980)。

一旦加权函数被选定和校准,GWR 的输出将是模型中每个关系的一组局部参数估计集。由于这些局部估计都与特定的位置相关,因此,每一个参数估计集可以通过制图显示被测关系的空间变化情况。同样,也可以得到局部标准误差和拟合优度统计值。正如之前所提到的,造成空间非平稳性的原因可能有多种,其中之一就是随机采样的变化。因此,有人会问:"局部参数估计集是否能表达显著的空间变化?"在这里,我们通过描述一个实验过程来回答这个问题,不过读者也可以参考布伦斯登等(Brunsdon *et al.* ,1999a)[1]提出的理论检验。

局部估计的变异性可以用来检验传统回归方法中平稳假设的合理性。一般来说,这可以看作是一种方差度量方法。对于给定的 k,假设 $a_k(u_i,v_i)$ 是 GWR 模型中 $a_k(u,v)$ 的估计值。假定我们取 n 个参数估计值(每个值与区域的一个点 i 相对应);然后使用 n 个参数估计值的

---

① 显著性检验过程将在第 8 章中继续讨论。

113　标准差来估计参数的变异性。这一统计量被记作 s_k。下一个步骤是在全局模型(式 5.28)成立的零假设前提下确定 s_k 的抽样分布。根据零假设,(u_i, v_i) 在地理采样点 i 间的任何排列组合出现的可能性是一样的。因此,可以将 s_k 的观测值与在空间中随机重新排列数据后重复 GWR 过程所得到的值相对比。观测到的 s_k 和从大量随机分布(本例选择 99 个分布)中得到的 s_k 之间的比较构成了显著性检验的基础。类似的,利用蒙特卡罗方法,选择 (u_i, v_i) 点对的随机排列子集计算 s_k,再将其与观测统计值比较,同样可以得到显著性检验结果。

　　关于 GWR 模型的详细信息可以参考布伦斯登(Brunsdon *et al.*, , 1996;1998a;1998b;1999a)和福瑟林汉姆的文章(Fotheringham *et al.*, 1996;1997a;1997b;1998)等。关于显著检验原理的详细信息见布伦斯登的文章(Brunsdon *et al.*,1999)。关于校准问题和方差-偏差权衡的详细信息见福瑟林汉姆的文章(Fotheringham *et al.*,1998)。关于使用 GWR 模型作为替代方法来测度局部空间自相关的内容见布伦斯登的文章(Brunsdon *et al.*,1998a)。关于 GWR 模型和空间尺度的问题见福瑟林汉姆的文章(Fotheringham *et al.*,1999)。GWR 模型的程序和样本数据可以通过网址 http://www.ncl.ac.uk/geography/GWR 获取。

5.5　空间扩展方法和 GWR 模型应用实例的比较

5.5.1　数据

　　我们分别应用空间扩展方法和 GWR 模型分析了 1991 年限制性长期疾病(LLTI)的空间分布,该数据来自英国人口普查。LLTI 包含许多严重的疾病,如呼吸系统疾病、多发性硬化症、心脏疾病、严重的关节炎以及身体残疾等。这些疾病妨碍了人们的正常工作。研究区域涵盖 605 个空间单元(普查区),位于英格兰东北部的 4 个行政郡,分别是泰恩-威尔(Tyne and Wear),达勒姆(Durham),克利夫兰(Cleveland)和北约克郡(North Yorkshire)。泰恩-威尔位于研究区域北部,是一个人口稠密的服务业和工业聚集区。大量人口和产业主要集中在纽卡斯尔市。达勒姆位于南部地区,其东部以采矿业为主,西部大部分为农村地区。克利夫兰郡位于东南部,大部分地区是城市和工业区,以米德尔斯堡为中心,在提兹河河口聚集着重化工工厂和机器制造厂。南部的北约克郡主要为农村地区,仅有少数城市,该郡相对较富裕。图 5.6 是研究区域的城市地区分布图。

　　研究区域内 LLTI 标准化测度(定义为家中有人患有 LLTI 的 45—65 岁人的百分比)的空
114　间分布如图 5.7 所示。与预期一样,泰恩-威尔、达勒姆东部和克利夫兰等工业地区具有较高的 LLTI 值,而达勒姆西部和北约克郡等农村地区 LLTI 值较低。

图 5.6 研究区域的城市分布

5.5.2 全局回归模型的结果

我们通过构建下面的全局回归模型来模拟研究区域的 LLTI 空间分布：

$$LLTI_i = a_0 + a_1 UNEM_i + a_2 CROW_i + a_3 SPF_i + a_4 SC1_i + a_5 DENS_i \quad （式 5.41）$$

其中，LLTI 是基于年龄标准化的 LLTI 测度值；UNEM 是从事经济活动的男性和女性失业者的比例（这个变量中的分母不包括那些未被归类为从事经济活动的 LLTI 患者）；CROW 是居民居住密度超过每间客房一人以上的家庭比例；SPF 是拥有 5 岁以下儿童的单亲家庭比例；SC1 是户主为社会阶层 1（从事专业的、非管理性职业）的居民比例；DENS 是人口密度，单位是百万每平方千米。最后这个变量很容易区分城市和农村地区。该模型建立在里斯（Rees，1995）对低空间分辨率 LLTI 数据（英国和威尔士郡以及苏格兰地区）研究结果的基础上。数据摘自 1991 年英国人口普查数据，以普查区为面积单位，每个区平均包含大约 200 个家庭。利用这些数据校准全局模型，得到其校准形式为：

$$LLTI_i = 3.8 + 92.6 UNEM_i + 31.1CROW_i - 3.5 SPF_i - 22.5 SC1_i - 5.6 DENS_i \quad （式 5.42）$$
$$(1.3) \quad (3.4) \qquad (3.9) \qquad (2.3) \qquad (4.1) \quad (2.5)$$

115

116

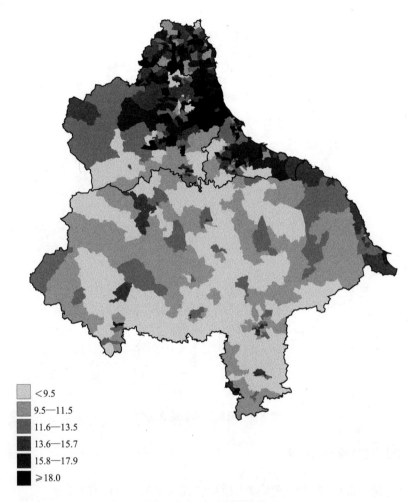

图 5.7　LLTI 空间分布

其中,括号中的数值是 t 统计量,回归模型的 r^2 为 0.76。结果表明,在研究地区内 LLTI 值与失业率和家庭住房拥挤度是呈正相关的。前一关系反映出 LLTI 发病率与社会环境和就业状况有关。失业率较高的地区往往是低收入和重工业衰退比例较大的区域。后一关系反映出 LLTI 和社会条件之间存在联系,即住房条件越拥挤 LLTI 值越高。LLTI 与专业就业人口比例和人口密度呈负相关。由于 LLTI 值和 SC1 呈负相关,因此我们可以作出这样的假设,即在有较少的人从事专业职业的贫穷地区患长期病的情况更为普遍。这也反映出一个事实,即工业危害是引发 LLTI 的一个因素,从事专业职业的人员所面临的危险较小。LLTI 值与 DENS 呈负相关与直觉不太一致,因为结果表明,在其他条件相同情况下,LLTI 值在人口稀疏区反而更大。后一关系的性质会在下面关于 GWR 模型结果的讨论中详细探讨。只有单亲家庭变量在全局模型中是不显著的(置信度为 95%)。

该实验结果及解释是标准回归模型的典型结果;该参数估计方法假定研究区域中变量之间的关系是恒定不变的。下面我们将讨论如何使用空间扩展法和 GWR 来检验这一假设的有效性,并更详细地探讨上述关系在空间上的变化。

5.5.3　空间扩展方法结果

全局模型(式 5.41)中的 6 个参数都使用空间线性函数进行扩展。函数方程见式 5.23 至式 5.25(福瑟林汉姆等在 1998 年给出了更复杂的二次扩展)。其参数估计结果与全局模型的结果一起列于表 5.2 中。

表 5.2　线性扩展方法结果

变量	全局	线性扩展方法
Constant	3.8*	5.2
Constant. u_i		0.000 064
Constant. v_i		−0.000 067
Unem	93*	430*
Unem. u_i		−0.000 48*
Unem. v_i		−0.000 23
Crow	31*	−220
Crow. u_i		0.000 17
Crow. v_i		0.000 34
SC1	−23*	210
SC1. u_i		−0.000 28*
SC1. v_i		−0.000 2
Dens	−5.6*	140
Dens. u_i		−0.000 16*
Dens. v_i		−0.000 13
SPF	−3.5	55
SPF. u_i		−0.000 038
SPF. v_i		−0.000 083
r^2	0.76	0.80
DoF	589	557

* 表示参数估计在 95% 的水平下显著不同于零。

　　结果表明,三个参数存在显著的空间变化:失业率参数、社会阶层参数和人口密度参数在研究区域自西向东明显下降(失业率的正相关程度减小,社会阶层和人口密度参数的负相关程度增加)。其他参数则没有明显的空间变异。为更清楚地描述空间变化,将每个空间单元(共 605 个人口普查区)的 x,y 坐标值代入到校准的扩展方程中,计算每个参数,并将局部变化的参数估计结果用地图表现出来。如上述三个参数估计值及其截距项的空间分布图。

　　图 5.8 是截距的空间变化。从空间分布来看,截距高的地方一般位于北部地区。这表明,考虑模型中五个变量的空间变化后,标准化的 LLTI 值仍然呈现出北部地区高于南部的现象。失业率参数估计值的线性趋势见图 5.9,可以看出南部高于北部,说明 LLTI 对南部地区(主要是农村地区)的失业率变化更为敏感。图 5.10 的社会阶层参数和图 5.11 的人口密度参数也都表现出线性分布趋势,表明 LLTI 与社会阶层以及人口密度之间的关系在城市化程度更高的

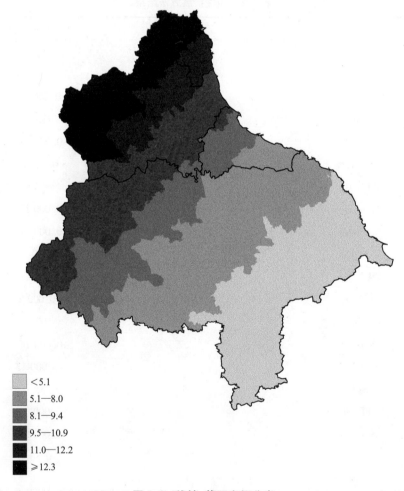

<5.1
5.1—8.0
8.1—9.4
9.5—10.9
11.0—12.2
≥12.3

图 5.8　线性:截距空间分布

沿海地区负相关性较强。当然,这些简单的趋势可能会掩盖一些需要进一步探讨的空间变化,因此有必要考虑 GWR 模型的计算结果。

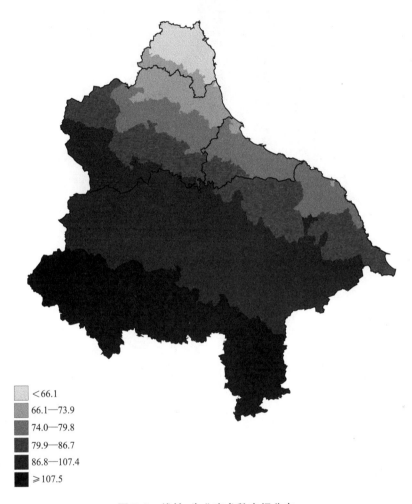

图 5.9 线性:失业率参数空间分布

5.5.4 GWR 模型结果

对于 GWR 模型的校准需要使用式 5.40 所描述的交叉验证方法对空间加权函数(式 5.35)进行校准。带宽估计值约为 12 千米,如果距离大于 19 千米会导致加权函数几乎为零①。交叉验证结果与带宽的关系见图 5.12。

118

———————————

① 对于高斯核,距离大于根号 2 倍的带宽(此处约为 12 千米)的数据几乎是零权重。

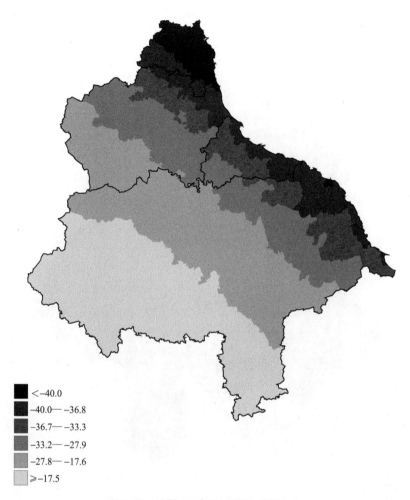

图 5.10　线性:社会阶层参数空间分布

　　然后将由加权函数计算得到的权重矩阵代入式 5.31,得到局部参数估计值。截距、失业率、社会阶级和人口密度参数的局部估计空间分布见图 5.13 至图 5.16。在其他条件不变的情况下,图中展示的空间估计反映了点附近的特定关系。

　　图 5.13 显示了 GWR 模型得到的截距的空间变化,它展现出了比空间扩展方法更详细的信息。图 5.13 是在考虑了解释变量的空间变化之后的 LLTI 范围。从图中可以看出,高值主要位于克利夫兰和东达勒姆的工业区。这表明,虽然已经考虑了较高的失业率和较低的专业就业水平,LLTI 发病率仍有上升。蒙特卡罗方法的检验结果表明这些空间变化具有显著性,可能还需要在模型中添加其他属性来减少截距的空间变化。图 5.13 的空间分布对属性的选择具有很好的指导作用。该模型显然还没有充分解释东北部主要工业区 LLTI 发病率上升的

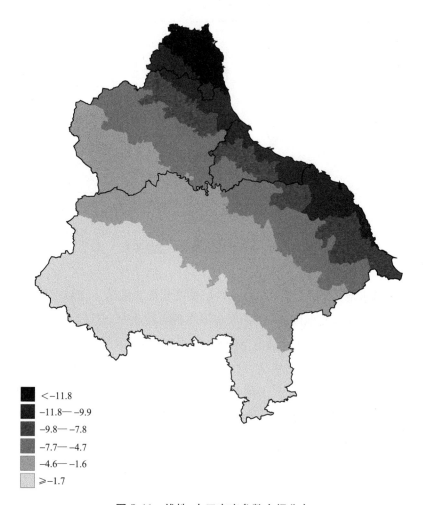

图 5.11 线性:人口密度参数空间分布

原因,可能需要考虑其他就业或社会因素。

失业率参数的空间分布如图 5.14 所示。该图描绘了失业率问题对研究区域 LLTI 的影响。所有区域的参数均为显著的正值,但以克利夫兰郡以及泰恩-威尔郡为中心的城市化地区 120参数值相对较小。同样,这些参数估计值的空间变化也是显著的。

结果表明,无论克利夫兰的就业状况如何,其 LLTI 值都很高,这可能与环境因素有关,直到最近该地区还拥有大量的化工厂和炼钢厂;另一种可能性是,该区域的重工业在减少,失业人口中大部分原先受雇于这些工厂。这也造成了 LLTI 的高值。

社会阶层 1 变量的全局估计值为显著的负值。图 5.15 中的所有空间估计值均为负值,并具有显著的空间变化。克利夫兰、东达勒姆以及泰恩-威尔的工业区聚集了更多的负值,说明 121

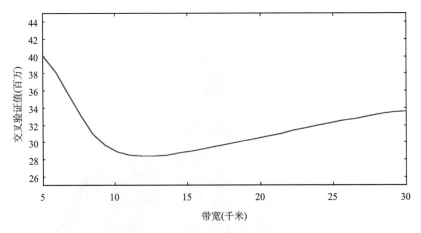

图 5.12 交叉验证结果与带宽的关系

相对于农村地区,城市地区 LLTI 水平对社会阶层的变化更为敏感。在城市地区,LLTI 与体力劳动职业联系紧密,而在农村地区,LLTI 的发病率在各类行业中分布较为均匀。

　　图 5.16 中的人口密度变量估计值的空间模式,是利用 GWR 提升对现象的理解的最佳案例。人口密度的全局估计值为显著负值,这有点违反直觉。我们原先的设想是,如果没有别的因素影响,LLTI 值在人口稠密的城区比在人口稀少的农村高。参数估计值的空间变化表明,负值的最低值主要以达勒姆东部煤田区为中心。可能是因为 LLTI 与煤炭开采职业(尘肺病、肺气肿和其他呼吸系统疾病在矿工中特别普遍)密切相关,但煤田区人口密度却较低。一个典型的居民分布模式是村庄分散地遍布在煤矿周围。然而,紧靠煤田南部和北部的城市地区,人口密度虽大,但这一地区的人所从事的职业不大容易患长期病。因此,在东达勒姆,可以清楚地看到, LLTI 和人口密度之间呈显著负相关。在研究区域更为偏远的地区,尤其是在达勒姆西部和北约克郡,LLTI 与人口密度呈正相关,且在许多地区 t 值超过 2。[①] 因此,"人口密度高的区域 LLTI 值高"这一符合人们直观感觉的关系确实存在于研究区域中,但这一信息却完全隐藏在模型的全局估计中,只能通过 GWR 得到。图 5.16 显示出在研究区域内 LLTI 和人口密度的关系存在差异,这突出了 GWR 分析工具的价值。

　　如图 5.17 所示,GWR 分析还可以得到拟合优度统计值 r^2 的空间变化。这些值描述了模型的准确性。可以看出,模型的拟合优度在整个研究区有较大的空间变化,其范围为 0.23—0.99。该模型能很好地解释克利夫兰南部和北约克郡北部边界区域,以及整个研究区域的南部和极西端的 LLTI 观测值;而对西约克郡和达勒姆部分地区的 LLTI 观测值却不能很好地拟

---

① 大于 2 的 t 值在这里仅仅作为度量感兴趣的关系是否可能发生的指标,不用于检验统计显著性。

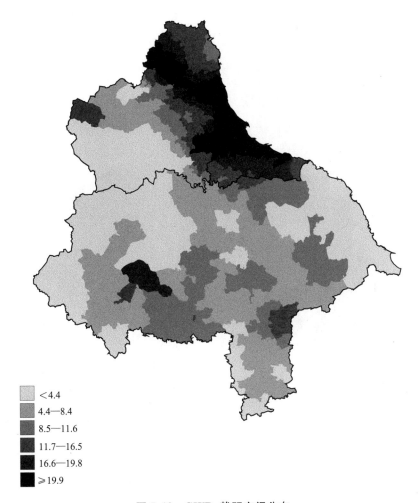

<4.4

4.4—8.4

8.5—11.6

11.7—16.5

16.6—19.8

≥19.9

图 5.13　GWR:截距空间分布

合。图 5.17 的 r^2 值分布还可以用来发展模型框架,即在模型拟合效果不好的地方建议增加一个变量,而模型拟合效果较好的地方保持不变。例如,很明显模型没有考虑到煤田的影响, 125 同时 r^2 在西约克郡的值很低也表明该模型仍然未能充分考虑 LLTI 在农村地区的变化。

最后,使用蒙特卡罗方法计算每个参数估计的空间变异,步骤是:生成 99 个随机混合的数据集,对每个数据集进行 GWR 建模。因此,每个参数有 100 个估计值:1 个是利用数据得到的估计值,另 99 个是利用随机数据得到的估计值。每个参数估计值的变化显示在图 5.18 的箱线图中。括号中的数字是在 100 组估计值中每个参数估计的空间变异性的排名,排名为 1 表示参数估计值空间变异最大,排名 100 则表示空间变异最小。从实际数据得到的参数估计值 126 在图中用圆点表示。可以看出,截距、社会阶层 1、失业率参数估计值的空间变异较大,而拥挤

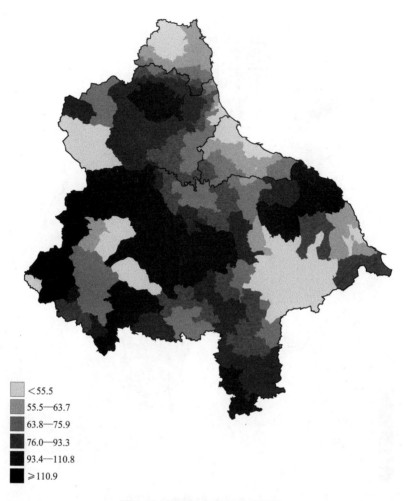

图 5.14　GWR:失业率空间分布

度和单亲家庭参数估计值空间变异较小。

5.6　空间相互作用模型中局部关系的测度

第 9 章会对空间相互作用模型进行详细讨论,并给出一个局部模型应用的案例。这里需要指出的是,空间相互作用模型的局部形式具有悠久的历史,也许早于其他所有的局部模型。长期以来,人们已经认识到,全局空间相互作用模型的校准可能隐藏了大量相互作用行为的空间信息,只有局部参数才能产生更为有用的信息(Linneman, 1966;Greenwood *et al.*, 1972;

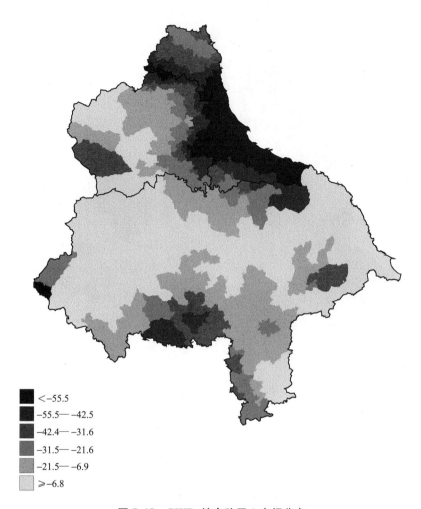

图 5.15　GWR:社会阶层 1 空间分布

■	<−55.5
■	−55.5— −42.5
▨	−42.4— −31.6
▨	−31.5— −21.6
▨	−21.5— −6.9
□	≥−6.8

Gould,1975)。当使用分别估算每个出发地的距离衰减参数的方法替代单一的全局估计时,这一点则更为明显(第9章会提供示例并进行进一步讨论)。

例如,一个简单的全局空间相互作用模型的形式如下:

$$p_{ik} = S_k^\alpha d_{ik}^\beta / \sum_j S_j^\alpha d_{ij}^\beta \qquad\qquad (式5.43)$$

其中,p_{ik} 是一个人在 i 处选择去 k 处的概率;S_k 是 k 处规模的测度值;d_{ik} 是 i 处到 k 处的距离;α 和 β 是待估的全局参数。该模型可以进行局部校准,为每个出发地或目的地提供参数估计。通常,对前者的校准更有意义,因为参数估计描述的往往是出发地而不是目的地。应用案例包括人流迁徙和商店选择,这里我们关心不同出发地个体的选择差异。而特定目的地模型往往

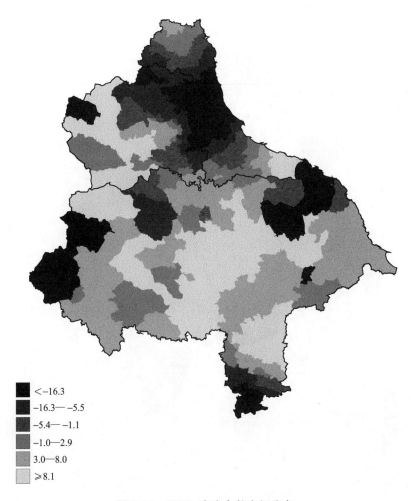

图 5.16   GWR:密度参数空间分布

适用于某一类空间相互作用,如学生如何选择大学。在这里兴趣点在于大学,以及它如何吸引从各个出发地来的学生。

式 5.43 中全局模型的特定出发地形式为:

128

$$p_{ik} = S_k^{\alpha(i)} d_{ik}^{\beta(i)} / \sum_j S_j^{\alpha(i)} d_{ij}^{\beta(i)} \qquad\qquad (\text{式 } 5.44)$$

该式中,系统中的每个出发地都会进行参数估计。特定出发地的参数将会绘制成图,以表现空间变化和空间模式(第 9 章将进一步讨论这个问题)。

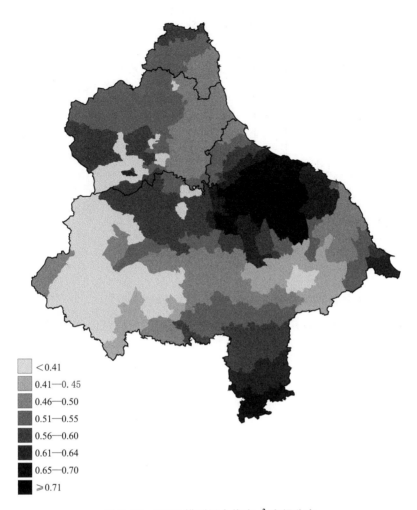

图 5.17　GWR 模型拟合优度 r^2 空间分布

图例：
< 0.41
0.41—0.45
0.46—0.50
0.51—0.55
0.56—0.60
0.61—0.64
0.65—0.70
≥ 0.71

5.7　小结

近年来,计量地理学偏重局部分析而非全局分析主要基于以下原因:

首先,它驳斥了以往批评计量地理只关心全局趋势而忽略局部异常的说法。

其次,它将计量地理与具有强大可视化显示功能的地理信息系统和各种统计图形软件包结合起来,因为局部分析的结果通常可以用地图表示来增强视觉效果。

再次,它允许以不同的方式探索空间关系,以更好地理解空间过程。

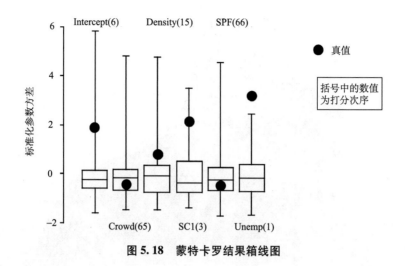

图 5.18 蒙特卡罗结果箱线图

最后,还可以为发展新的空间数据分析统计方法提供框架。

正如琼斯和哈纳姆(Jones *et al.*, 1995)所说,局部空间分析可以作为现实主义和实证主义之间的桥梁。

第6章 点模式分析

6.1 引言

空间分析往往基于某一区域的聚合数据进行,但观测得到的模式却会随该区域边界的改变而改变(Openshaw,1984)。由于缺乏选择边界的理论基础,我们无法确定所观测的空间模式是否具有意义。然而,即使有人片面地批评聚合数据[①],也不能忽视聚合数据往往来源于个体数据这一事实。聚合的目的一般不是为了辅助空间分析,而往往是为了行政上的方便。事实上,我们完全可以对未聚合的个体数据进行空间模式分析。一般,我们分别将这些个体数据与空间上的点进行关联,然后再分析这些点的空间分布。

这种方法已在许多领域得到应用——很多学科中都可以得到此类未聚合的数据。目前,点模式分析在生物学(Diggle,1983),流行病学(Diggle *et al.*,1990;Bithell *et al.*,1989),以及犯罪模式分析(Bailey *et al.*,1995)等领域得到了广泛运用。上述文献都为本章描述的点模式分析的相关技术提供了案例。与本书中提到的许多其他方法一样,这些技术在过去的二十年中得到了快速发展,因此时间上要晚于"计量革命"。正是由于这个原因,在对计量方法的批评中它们很少被提及。

如前所述,本章将讨论点数据分析,或者至少是可用点数据表征的地理现象分析。这很大程度上是一个尺度问题,例如,警察可将某城市某段时间内发生的入室盗窃案件视为点数据。这里,分析的单元是一户人家,每户人家用一个点表示。然而,在更加局部的范围内,对于存在土地纠纷的两户邻居,我们不能用两个点来表示。类似地,在区域经济研究中,邻近城镇可能用分区数据来表示,但是在国家层面的研究中,更为合理的是将全国城镇都用点来表示。

在地理数据模型中,点数据是最基础的表现形式。每个个体用一个空间中的点来表示。我们对这些数据进行分析,实际上是在探索点的分布模式,因此这一过程通常被称为点模式分

130

---

① 有充分的理由反驳:一些空间模式可以通过很多不同的面积单元表现,尤其是当点模式的尺度要远大于单个区域的尺度时。

析。对大多数空间分析来说,我们希望观测到的模式能告诉我们其产生的潜在机理过程。例如,窃贼是会选择同一街区的几家住户集中盗窃,还是在一个大范围内随机选择进行盗窃? 通过对盗窃案件进行点模式分析可以阐明这个问题。此外,我们可能会对鸟选择在哪里筑巢感兴趣,可以进行以下假设:一些占域鸟类将在远离其他巢址的地方筑巢,或者击退其他筑巢离自己太近的鸟。在这种情况下,我们可以测试点集的分散程度。如果分散现象存在,则可进一步探究在多近的范围内不可能再次筑巢。通过对鸟巢位置进行点模式分析,我们便可获得这种现象产生的潜在机理过程。以上两个例子展示了点模式分析试图检测的两种主要现象:聚集和分散。聚集指点的聚集程度大于随机分布的程度,分散指点的聚集程度小于随机分布的程度。

在点模式分析中,存在一个研究区域,数据集中的所有点都位于这个研究区域内部。研究对象通常由研究区域内的所有点组成,但它也可以是从总体中选取的样本。后一种情况将在本章稍后的部分进行详细讨论。有时,研究区域是一个简单的几何形状,例如方形或矩形。但它也有可能是其他更为复杂的形状。例如,在人文地理学研究中,研究区域可能是一个行政区域,而行政区域的形状通常复杂且不规则。研究区域的选择是点模式分析中的重要部分。有时,研究区域的定义是直观的——例如,在进行岛屿植被分析时,会以岛屿本身的形状作为研究区域边界。类似地,在进行某住宅区的犯罪分析时,会以住宅区的边界作为研究区域边界。在某些情况下,研究区域没有明确的边界定义。例如,在生物地理学研究中,观测对象可能是一片十米见方的林地。这一区域的确定没有"自然"原因。也许观测所有林地的成本过高,而这十米见方的区域某种程度上可以代表所有林地的特征,另一个原因可能是选择这种规则的几何形状更容易建立数学模型。

点模式分析另一个重要的方面是模式比较。在一些点模式分析中,会将一组点与另一组点进行模式比较。某些情况下,会对两个不同的研究区域进行点模式比较分析,以探寻在这两个区域中是否存在相似的模式分布。在其他情况下,我们会对同一区域内两组或更多的点进行比较分析。是否存在一种鸟类阻止其他鸟类在附近筑巢的现象? 汽车失窃事件发生地是否往往接近入室盗窃案件发生地? 类似这样的问题可认为是多点集分析,或第三章中定义的包含多个属性数据的单点集分析。对前一个问题,我们可以建立一个鸟巢数据库,并对每一个鸟巢的鸟的种类进行记录。这个信息将作为一个分类属性变量存储[①]。值得注意的是,即使只考虑单点集(无属性),同样可以用于比较。典型地,可以研究某个点集是否源于某种参考分

---

① 注意,传统上,点模式分析不包括连续属性变量的分析。这些分析可以采用其他方法,例如克里格或地理加权回归。

布。例如,疾病发病率研究中,调查病例与人口密度的关系非常重要。如果病例相对于人口密度更为集中,则可能证明某地区存在疾病"集群"现象。在这个例子中,参考分布是研究区域中的人口密度(或易感人口密度)。需要注意的是,这里并不是将疾病发病率模式与随机分布进行比较。由于居民点分布模式的存在,即使没有"疾病集群",我们仍可以预期人口在空间上呈现出一定的聚集模式,而非随机分布。在人文地理学研究中,均匀分布常常不适合作为参考分布。

　　本章我们将讨论点模式分析方法。第一节将讨论以图形法为主的探索性分析方法。第二节将讨论各种空间过程模型。通过将观测模式与这些模型进行比较来了解其形成的潜在机理过程。接下来的章节中将讨论更具体的比较方法,以及比较两组和多组点集的方法。

6.2　探索初阶

6.2.1　散点图

　　本书的其他章节,我们专门讨论了采用图形化的方式对各种地理数据进行处理和分析的方法。然而,对于探讨点模式分析的章节而言,不提及散点图显然不够完整。当给出一组点数据时,如果不对它进行散点图分析就进行其他操作或处理就显得不够明智。因为,初步可视化分析可为进一步的分析提供重要线索,尤其是帮助我们判断该组数据更适用于聚集模型还是分散模型。此外,通过观察散点图,我们可以快速识别空间上的异常点——即远离主体集群的孤立点。识别这些点有助于我们更准确的理解分析结果。例如,少量偏远点是否会对分散程度的统计结果产生不合理的影响?

　　点数据图形显示的一个极其重要的作用是进行模型设定,或者称之为分析策略制定。在某些情况下,理论研究表明数据分析应采用某种点模式模型,但这往往并不一定正确,对点模式本身的检查可以更好地告诉我们哪种模型更为合适。

　　如图 6.1 所示的点模式。显然,检测图中的点是否由随机点模式模型生成是没有意义的。图中的点表现出了一个明显的网格式分布规律。事实上,这一模式如此异常以至于我们可能怀疑,这源于数据记录过程中的某些错误,或是由清除数据操作,又或是由数据格式转换操作造成的。当出现这种怀疑时,需要对数据管理和数据记录过程进行检查。不论是否有操作错误发生,这一反面例子说明了对原始数据进行检查的重要性。无论是什么样的打印输出或电子表格,都不能像散点图这样明显地显示这种异常的空间数据模式。

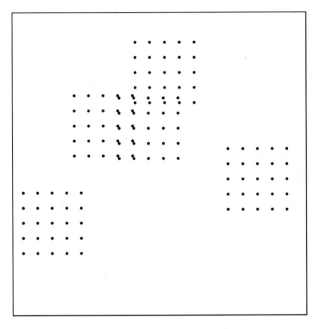

图 6.1　异常点过程的散点图

6.2.2　其他探索性图形法

　　某些情况下,使用简单散点图进行分析结果可能有误。考虑如下例子:现有一组警方记录的三个月来发生的入室盗窃案件。从空间分析的角度来说,一个特别有用的信息是案件发生房屋的地址。可以将每所房屋所在地址作为一个点数据记录。使用一张小比例尺地图或计算机软件将地址定位到参考坐标网格上,每个地址均可表示为一个(x, y)坐标对。然而,有时候某所房屋可能在这三个月内多次被盗。这样就在数据集中产生了多个重合的(x, y)坐标对。在进行计量分析时,这可能对结果没有影响。但是在进行散点图分析时显然存在问题。如果说在某段时间内某所房屋连续被盗三次,将会用同一地方的三个点表示,这看上去和在该处绘制一个点是一模一样的。在散点图中,同一位置的多个点是无法识别的。这会导致盗窃重复发生的地点,没有在散点图上显现出来。

　　解决这一问题有几种策略。第一,如果数据被存储在表格或数据库中,可将数据按照x值排序后再按照y值排序(反之亦可),检查是否有重合点。如果没有,可以建立简单散点图进行分析。如果有,检查重合点的发生频率,以及某一位置发生重合的点数。如果重合的点数不多(3 个或 4 个),可以在散点图上使用不同的符号来标记有重合发生的点。

上述过程的结果见图 6.2。这里,盗窃地址被定位到 100m×100m 的参考网格上。图中的位置并不精确,三个月内位于同一个 100m 网格中的两所房屋完全有可能同时被盗。事实上,将参考网格看作点数据,至少有一个点会发生六次重合。具有六种不同符号的多图例散点图是很混乱的,且选择的符号也很难表达大小顺序。所以,这里达成了一个折中方案,使用两个不同的符号分别表示重合少于等于三次及三次以上的点。从这张图中,可以看出研究区域西南部的盗窃频率比较高。类似的结果可以使用比例符号或气泡图得到,见图 6.3。这里符号的大小由重合次数决定,根据图 6.3,我们同样可以得到西南部犯罪率更高的结论。

最后,背景信息可增强为散点图和其他形式的地图。例如,从图 6.2 和图 6.3 中可以看到南部中心区域完全没有案件发生,该区域实际上是一个公园。这一信息有助于解释为什么肯定不会发生入室盗窃案。这类信息可以标注在本章前面部分的任何一张地图上,并帮助解释 134 点模式产生的内在机理。

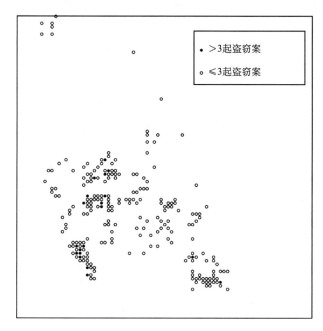

图 6.2　入室盗窃案件发生地的散点图

6.2.3　非图形法的点模式探索

某些情况下,描述性统计同样可以表征点数据的尺度和分布情况。特别是,当对两组或多组点数据进行比较时,描述性统计可用来总结各组点之间的差别。平均中心(Mean Centre)是

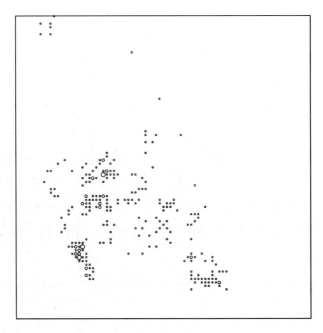

图 6.3　入室盗窃案件发生地的气泡图

一种基础描述性统计量。它是点数据集中所有 (x, y) 数据的二维均值。如果每个点代表二维空间上的均匀质点,平均值中心将位于它们的重心位置。平均值中心的表达式为:

$$(\hat{\mu}_x, \hat{\mu}_y) = \left(\frac{\sum\limits_{i=1}^{i=n} x_i}{n}, \frac{\sum\limits_{i=1}^{i=n} y_i}{n} \right) \qquad (式 6.1)$$

其中,$(\hat{\mu}_x, \hat{\mu}_y)$ 为平均中心,(x_i, y_i) 为数据点。显然,如果点数据形成了某种单一"云",平均中心不失为一种有效的位置计算方法。然而,要获得云的大小,则需要进行标准距离(Standard Distance)计算。d_s 的定义为:

$$d_s^2 = \frac{\sum\limits_{i=1}^{i=n} (x_i - \hat{\mu}_x)^2 + (y_i - \hat{\mu}_y)^2}{n} \qquad (式 6.2)$$

d_s 是数据集每个点距平均中心的均方根距离。这两个统计值可被视为二维的单变量均值和标准偏差的统计。平均中心度量的是位置特征,标准距离度量的是分散程度。然而,如果数据集由多于一个的云(或者集群)组成,则使用这些统计量的时候要多加小心。例如,在入室盗窃案件数据中,平均中心位于一个完全没有盗窃案的区域(图6.4)。这再次说明了脱离地图背景使用统计量进行分析的危险性。

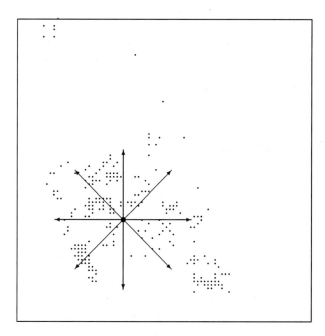

图 6.4　入室盗窃的平均中心和标准距离

另外,x 和 y 的最大最小值也可用来进行尺度和位置分析。从最大最小值之间的差异可以看出模式过程的尺度(或分散程度),其值本身则可以表征位置信息。使用这些值进行分散程度分析的缺点是它们很容易被异常值影响。如图 6.4 所示,为了能够把北部的一小群数据包含进来,就需要特别大的矩形区域。

最后,除了计算位置和分散程度,还可以对一组点数据的聚集程度进行计算。这里,我们建议使用平均最邻近距离(Mean Nearest-Neighbour Distance)来度量聚集程度。该距离为所有点到其最近点距离的平均值。这为度量分散程度或位置提供了更多信息。如图 6.5 所示,两组数据具有相同的平均中心和标准距离,但是右边的平均最邻近距离是左边的两倍。可以认为,平均最邻近距离越大则分布越均匀,越小则越聚集。

观察最邻近距离的分布也是一种有效的分析方法。计算每个点的最邻近距离,并将其存储为一个新的数据集,这样我们可以观察整个数据集的分布,而不是仅仅观察平均值。这里将介绍一种五数概括法(Five-Number Summary)。这种方法通过 5 个参量来表示数据的分布特征。这 5 个参量分别为:最小值(Min);第 1 四分位数(Qu1);中位数(Med);第 3 四分位数(Qu3);最大值(Max)。表 6.1 是盗窃案件的最邻近距离的五数概括表。

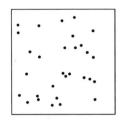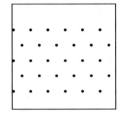

图 6.5　两种迥异的点模式

表 6.1　盗窃案件的最邻近距离分布的五数概括表(单位:米)

最小值	第 1 四分位数	中位数	第 3 四分位数	最大值
0	0	100	100	1 526

最小值和第 1 四分位数为 0,说明存在大量重合点。此外,中位数与第 3 四分位数同时等于 100 米,说明许多情况下最近的邻居是离该点最近的 100 米参考坐标网格。这说明有大量的集聚现象发生。然而,最大值大于 1 500 米,说明存在某些偏远点。我们可以通过箱线图进行进一步分析,如图 6.6 所示。

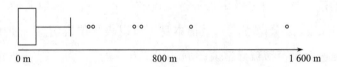

图 6.6　最邻近距离的箱线图

从图 6.6 可以看出,存在少数偏远点,它们的最邻近距离异常大,进行下文将提到的建模或验证性分析时需要特别留意这些点。

6.3　点模式建模

本节将介绍一些用于点模式建模的数学模型。首先需要进行一些形式化定义。这些定义看起来有些抽象,为了便于理解,表 6.2 解释了数学概念与现实世界之间的关系。点模式是指研究区域 R 内由一系列数据点 $\{x_1, x_2, \cdots\}$ 组成的数据集 X,每个 x_i 表示一组二维向量 $(x_{i1},$ $x_{i2})^{\mathrm{T}}$。贝利和加特雷尔(Bailey *et al.* ,1995)将这些点称为事件,以区分它们和研究区域内的其他点。例如,图 6.4 中每个 x_i 表示的是入室盗窃案件发生的地点,R 表示的是区域范围。我们常

常要统计某一区域 A(A 是 R 的一个子集)内的事件数量。在盗窃案件例子中,A 可能是研究区域内的某个住宅区,或是以某个感兴趣点为圆心的圆形区域。$N(A, X)$ 表示事件发生的数量。

表 6.2　点模式分析中的数学定义与其现实解释

符号	一般含义	在盗窃案件实例中的含义
R	研究区域	警局辖区
X	事件集	一个月内所有入室盗窃案件发生地点
x_i	i 事件	一个月内第 i 起盗窃案件发生地点
A	研究区域子集	某个居民区范围
$N(A, X)$	A 中的事件数	一个月内某个居民区发生的案件数量
$E(A, X)$	A 中事件数的期望	一个月内某居民区发生案件的期望
$C(x, r)$	以 x 为圆心,r 为半径的圆	居民区内某酒吧周围的圆形范围
$E(N(C(x, r), X))$	$C(x, r)$ 中事件数的期望	一个月内居民区内某酒吧给定圆形范围内的犯罪数量的期望
$\lambda(x) = \lim\limits_{r \to 0} \dfrac{E(N(C(x,r),X))}{\pi r^2}$	x 周围的事件强度	以研究区域内某点 x 为圆心的一个小区域内的平均犯罪率(单位面积上的犯罪率)

在一个随机过程中,我们可能对某一区域 A 内的事件期望值感兴趣——例如,一个月内某居民区盗窃案件的发生次数,这可以表示为 $E(N(A, X))$。显然,这与 A 的大小和形状有关。一个更有用的统计量是给定点上过程发生的强度以盗窃案件为例,这指的是每平方千米内发生盗窃案的数量。用平均强度 M_1^* 来度量,M_1^* 的定义如下:

$$M_1^* = \frac{N(A)}{|A|} \qquad\qquad (\text{式}6.3)^{139}$$

其中,$|A|$ 表示区域 A 的面积。以盗窃案件为例,用平均强度表示居民区中每平方千米(或其他单位面积)发生的案件数。

现假设 x 是 R 中的一个点,$C(x, r)$ 表示 R 中以 x 为圆心,r 为半径的一个圆形子区域。如果 x 固定,r 可变,我们可以通过除以 $C(x, r)$ 的面积(即 πr^2),得到期望发生率或单位面积计数。如果允许这个圆缩小至一点,这一单位面积计数的期望将趋于一个极限值,这个值就是在点 x 处的强度,用 $\lambda(x)$ 来表示。R 中的每一个点都有其强度,故我们可将强度视为在 R 上定义的一个函数或曲面。更正式的定义如下:

$$\lambda(x) = \lim_{r \to 0} \frac{E(N(C(x,r),X))}{\pi r^2} \qquad\qquad (\text{式}6.4)$$

严格地说,这一极限并不仅仅限定为一个圆形区域,它也可以是一个普通区域缩小至某一点的极限。

需要注意的是,强度包含了事件的绝对发生率信息。我们有 $\lambda(x)$ 和 $2\lambda(x)$ 两个强度函数过程。尽管相对而言强度的空间模式是相同的,但第二个过程产生的事件平均是第一个过程的两倍。例如,侵犯人身案件的发生率往往低于破坏公共财物案件,但同一街区的同一区域可能同时是这两种案件的高发区。通过对 $\lambda(x)$ 进行标准化处理可以测度相对强度,即用 $\lambda(x)$ 除以 R 内所有事件的期望数。这样就可以得到过程的概率密度分布函数 $f(x)$,如下:

$$f(x) = \frac{\lambda(x)}{E(N(R,X))} \qquad \text{(式6.5)}$$

对概率密度分布函数和强度函数进行区分十分重要。某些情况下,计算两个过程是否具有相同的概率密度函数是一种有效的方法,尽管它们可能具有不同的强度。例如,虽然侵犯人身案件的发生率要低于破坏公共财物的案件发生率,但检验这两类案件是否具有相同的相对空间分布可能也很有趣,我们可以通过比较两组数据的概率密度函数来实现。然而,如果希望验证同一地区某类案件是否比另一类案件更常见,则需要比较它们的强度函数。

我们以上讨论的是点过程的一阶性质,即 R 内与单个点(或区域)相关的期望值。然而,当涉及集群分析时,二阶性质同样非常有用。二阶性质研究的是 R 中两个独立的点(或两个独立的区域)之间的相关性或协方差。例如,如果某地发生大量的入室盗窃案,这是否意味着邻近地区同样也会发生大量盗窃案?假设 R 中有两个区域,即 A_1 和 A_2,如果这两个区域彼此邻近,同时邻近程度与集聚过程的空间维度相似,则可以预期集聚过程会使这两个区域中的点数量之间产生正相关。我们可以通过分析协方差 $\text{cov}(N(A_1, X), N(A_2, X))$ 的值来研究这一过程。与期望计数一样,该值在很大程度上取决于区域 A_1 和 A_2 的大小和形状。同样,这个问题可以通过将区域缩小至一点并求极限来解决。一个相关的二阶强度测量方法如下:

$$M_2 = E(N(A_1,X)N(A_2,X)) \qquad \text{(式6.6)}$$

M_2 是 A_1 中的事件数乘以 A_2 中事件数的期望值。让我们回到上面的盗窃案例中,假设警察巡逻区内有两个居民区,则 M_2 是第一个居民区内的案件数乘以第二个居民区内案件数的平均值。注意,在这里运算次序是很重要的,均值运算在乘法运算之后进行。换句话说,我们考虑的是乘积的均值,而不是均值的乘积。后者可表示为:

$$M_{11} = E(N(A_1,X))E(N(A_2,X)) \qquad \text{(式6.7)}$$

可以看到(Lee,1997),只有当 A_1 和 A_2 的事件数在统计上独立时,M_2 和 M_{11} 才相等。换言之,当 A_1 和 A_2 之间不存在二阶相互作用时,$M_2 = M_{11}$。问题是,用 M_2 作为二阶相互作用的度量时,它的值会受 A_1 和 A_2 面积的影响。面积越大,期望值越大,进而 M_2 的值越大。不论是否发生空间过程,大区域的相互作用会大于小区域。这一问题可通过对区域 A_1 和 A_2 的面积进行标准化处理得到解决。定义如下 M_2^*:

$$M_2^* = \frac{M_2}{|A_1||A_1|} \qquad (\text{式}\ 6.8)$$

$|A_1|$ 表示 A_1 的面积。注意,当 A_1 和 A_2 中的事件数相互独立时,通过简单的代数操作可以得到如下: 141

$$M_2^* = \frac{N(A_1)}{|A_1|} \times \frac{N(A_2)}{|A_2|} \qquad (\text{式}\ 6.9)$$

当二者间不存在二阶相互作用时,M_2^* 是 A_1 和 A_2 区域一阶平均强度(定义见式 6.3)的简单乘积。

以上结果可用来检验 A_1 和 A_2 之间事件数量的相关性。当 M_2^* 大于一阶强度乘积时,说明存在正相关;当 M_2^* 小于一阶强度乘积时,说明存在负相关;二者近似相等时,则说明不存在相关性。

表 6.3 中列出了一年内两个相邻居民区的月入室盗窃率。最后一列给出了每个月案件数的乘积。在月案件数的下方取均值,可获得每个住宅区的月案件数期望值。月案件数期望值

表 6.3　一年内两个居民区盗窃案件的二阶相互作用计算

月份	居民区 1	居民区 2	乘积
一月	19	40	760
二月	17	19	323
三月	19	37	703
四月	8	22	176
五月	21	45	945
六月	23	43	989
七月	32	55	1 760
八月	36	54	1 944
九月	28	46	1 288
十月	15	24	360
十一月	18	23	414
十二月	35	49	1 715
平均	22.58	30.08	948.08
面积(km^2)	4.1	9.3	38.13
M_1^*	5.50	3.23	
	乘积	M_2^*	
比较	17.77	24.86	

下面是每个居民区的面积,用月平均案件数除以面积可以得到平均强度 M_1^*。用月案件数乘积的均值(948.08)除以面积的乘积(38.13)得到 $M_2^* = 24.86$。最后一行对 M_2^* 和两个 M_1^* 的乘积进行了比较。可见,两个 M_1^* 的乘积为 17.77,小于 M_2^* 的估计值。这表明两个居民区的盗窃案数量存在正相关。由于这两个居民区是相邻的,这说明入室盗窃案存在某种程度上的空间聚集。

142   假设我们要研究区域内两组点集(不是两个区域)的相互作用,并称这两组点为 x_1 和 x_2。与定义一阶强度 $\lambda(x)$ 的方式一样,利用 C 符号,对二阶强度函数的定义如下:

$$\gamma(x_1, x_2) = \lim_{r_1 \to 0, r_2 \to 0} \frac{E(N(C(x_1, r_1), X) N(C(x_2, r_2), X))}{\pi^2 (r_1 r_2)^2} \qquad (式 6.10)$$

简单地说,可证明 $\gamma(x_1, x_2)$ 是以 x_1 和 x_2 为中心的两个圆形区域的 M_2^* 的极限,即半径趋向于 0 时的取值。故我们可以用 $\gamma(x_1, x_2)$ 来度量这两组点的统计相关性。然而,这是二阶空间相关性的一个抽象度量方法,在实际应用中,我们更多的用到下文将提到的 K 函数法。

在进行二阶过程建模时需要作某些假定。大致可将这些假定视为 $\gamma(x_1, x_2)$ 的函数约束。在某些情况下,只有 x_1 和 x_2 之间的位移才是最重要的。在这里,γ 仅依赖于 x_1 和 x_2 的向量差,且我们可将二阶强度函数写作 $\gamma(x_1 - x_2)$。例如,森林中树木的位置就是一个很好的示例。如果树木是从邻近老树的种子生长而成的,两棵树之间的距离将影响二阶相关性;如果该森林存在主导风向,则两棵树之间的连线方向也同样重要。然而,对整个森林而言,两棵树之间的绝对位置并不重要。这时,就可以使用 $\gamma(x_1 - x_2)$ 形式的二阶强度函数。具有这种形式的二阶强度函数的过程被称为平稳过程,或称为表现出平稳性。

这样一来,可用多种方式对集聚与分散进行建模——既可以用一阶强度函数,也可以用二阶强度函数。某过程可能具有恒定的一阶强度函数,但是由于二阶效应形成了集群。相反地,也有可能事件之间都是独立的,但是由于一阶效应形成了集群。也有可能是以上两种情况的混合:非独立且具有非恒定一阶强度。点模式分析的一个主要难点在于,对一组事件而言,很难将一阶和二阶集聚过程区分开来。

然而,有时这也不是问题。通常来说,一种基于二阶效应的方法同样可以探测到由于一阶效应引起的集聚现象,反之亦然。需要记住的是,对一组事件而言不可能完美区分这两种过程。也就是说,尽管两种方法都无法确定集聚的种类,但两种方法都可以用于检验集聚。选择

143 方法时,最好以产生数据的潜在空间机制的理论方法为指导。这样,至少分析结果可以用基本理论进行解释。本章的其余部分将讨论一阶和二阶集聚分析的统计方法,并讨论一些点模式分析中的问题。

6.4 一阶强度分析

大多数一阶强度函数方法都将研究区域以格网划分,统计每个网格内的事件数量,再将这一数量除以单位面积。红杉分析就是这样一个例子(Diggle,1983),具体见图6.7。

实质上,这里的点事件是指加拿大森林中10平方米区域中红杉的位置。其模式可能是由一阶过程或二阶过程所形成的——前节中已经讨论过的种子传播模型在这里也适用,但是土壤的肥沃程度(这里作为一阶效应)同样有可能对强度产生影响。下面,将用两种框架对数据进行研究。

应用点计数法,基于边长2米的网格进行统计,结果见表6.4。计算强度函数 $\lambda(x)$ 时,只需要确定 x 位于哪个网格内,然后使用该网格的密度值进行计算。显然,这一方法很容易受到网格大小的影响。

144

表6.4　红杉树苗数据的 2m 网格统计

2	2	2	0	6
1	0	0	8	3
3	6	3	0	4
5	2	5	0	1
1	1	6	1	0

计算强度函数后,下一个问题是集聚的检验。方法之一是计算与"非集聚"模型的偏离值,这里以完全空间随机模式(Complete Spatial Randomness,CSR)作为参考模式。CSR 是基于研究区域内的一阶恒定强度函数建立的,且假设事件之间是相互独立的。用数学公式可表示为 $\lambda(x)=\lambda$ 以及 $\mathrm{cov}(N(x,A_1),N(x,A_2))=0$,其中 A_1 和 A_2 为互不重叠的区域。本节中,一阶属性 $\lambda(x)=\lambda$ 最为重要。

如果是 CSR,则网格内计数应具有什么样的分布模式呢? 更具体地说,如果 $G=\{g_1, g_2, \cdots\}$ 是每个网格内的计数集,它们的概率分布可能是怎样的? 首先,在 CSR 中,任何网格之间都不重叠,我们可以假设计数是独立分布的。其次,由于整个研究区域内的强度是恒定的,我们可以假设计数具有相同的分布。最后,基于数学理论,可以知道每个网格都是泊松分布的,其均值为 $\lambda|A_g|$,其中 $|A_g|$ 指网格面积。讨论的核心是,出现在特定方格中的一个点可能被视为"稀有事件"。评估是否是 CSR 的简单方法是判断 G 是否符合泊松分布,可用 χ^2 拟合优度

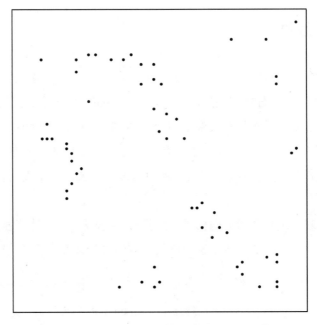

图 6.7 红杉位置

进行检验。注意,理论上我们可以进行无数次的检验,就像可以选择任何大小的网格一样。然而,某些实际问题会限制这种选择。

另外一个方法,也许具有更多信息,是基于泊松分布的一个有趣性质:任何泊松分布的均值都等于方差。也就是说,如果关于 CSR 的零假设成立,均值与方差的比值应近似为 1,于是可以得到统计量 I:

$$I = \sum_{i=1}^{n} (g_i - \bar{g})^2/(n - 1)\bar{g} \qquad (式 6.11)$$

该统计量是样本方差和均值的比率。其中,n 是研究区域内的网格总数。这一指数被称为离差指数。在 CSR 中,样本方差和样本均值是同一个量的估计值。I 的期望为 1。事实上,CSR 中 $(n-1)I$ 近似 χ_{n-1}^2 分布。这一近似性在 $n>6$ 且 $\lambda|A_g|>1$ 时适用。I 比 1 小得多时,倾向于分散分布,或者可以说点模式规则分布;I 比 1 大得多时,倾向于集聚分布。

这里以红杉树苗数据为例进行说明。将研究区域划分为 $2m \times 2m$ 的网格,可以获得 25 个计数观测,见表 6.4。计数的均值,也就是 $\lambda|A_g|$ 的估计值等于 2.48。2.48>1,$n=25$,表明 χ^2 检验是有效的。这里 $I=2.22$,将其乘以 24 并与 χ_{24}^2 分布相比较,以检验 CSR 的零假设。由于 $24 \times 2.22 = 53.28$,χ_{24}^2 分布的 99% 的点值落在 42.98 以内,故我们可以在 1% 的显著性水平上拒绝接受分布为 CSR 的零假设。由于这是一个右尾检验,在集聚趋势上拒绝零假设,可知红

杉树苗在空间上呈集聚分布。

需要注意的是,这一方法的缺陷是网格大小的选择具有随意性,即选择某一大小的网格可能导致结果偏离 CSR,而选择另一大小的网格有可能使结果符合 CSR。为了说明不同网格大小产生的不同影响,表 6.5 给出了各种不同网格情况下的离差指数。

表 6.5　不同网格大小情况下的离差指数(红杉数据)

格网大小	5.00	3.33	2.50	2.00	1.67	1.43	1.25	1.11	1.0
I	1.65	2.84	2.40	2.22	1.88	2.23	2.34	1.77	1.95
n	4	9	16	25	36	49	64	81	100
$\lambda\lvert A_g\rvert$	15.5	6.89	3.87	2.48	1.72	1.27	0.97	0.77	0.62

显然,不是所有的情况都可以通过显著性检验,用这样的表来"寻找"显著性结果也显然是有问题的。但是,从这张表中可以看到,某些网格大小表现出更为明显的集聚现象。同时,对所有尺度的网格,都存在 $I>1$,所以我们可以确定存在某种程度上的集聚。

6.4.1　核密度估计

样方法有两个明显的缺陷。第一,如前所述,网格大小的选择具有随意性。最差的情况是,人们有可能会故意"寻找"一个网格大小,以获得可满足 CSR 显著性检验的预期结果。第二个缺陷是 $\lambda(x)$ 估计的离散本质。基于观测到点的数量,每个网格都有自己的估计值,但是每次越过网格边界时,这一估计值都会发生一次"突变"。本节中将考虑 $\lambda(x)$ 的连续性估计。[146] 这本质上是 4.5 节中提到的方法的空间扩展。

对 $\lambda(x)$ 估计的基本方法是,给定点 x,以 x 为圆心画给定半径的圆,然后计算圆内的点数,点计数除以圆面积便得到强度估计值。这一方法有时被称为朴素估计,定义如下:

$$\lambda_n(x) = \frac{N(C(x, r))}{\pi r^2} \qquad (式 6.12)$$

这一方法相比于样方法的优势在于没有方向偏差,且聚焦于感兴趣的点 x。然而,一些主要问题仍然没有解决。首先,搜索半径的选择具有随意性,这与样方法中网格大小的选择相似。其次,这一方法同样具有一定的不连续性。当 x 在研究区域移动时,事件将会进出搜索圆域,$\lambda(x)$ 的估计值会发生不连续跳跃。

想要解决这一问题,就要注意到在该方法中,事件要么在圈内,要么在圈外。不存在"部分"或"加权"计数。事件计数将影响式 6.12 中的分子值。然而,如果对距离较远的点采用下调权重的方法,则可避免不连续问题。可以通过以每个事件点为中心建立一个小圆丘来实现。圆丘在 x 处的高度表示用于估计 $\lambda(x)$ 的点计数估计的贡献。对于远离 x 的点,贡献较小,靠近 x 的点则贡献较大。在数学上可将这个圆丘用二维概率密度函数表示。假定有一个一般分布 $k(x)$,在 $x=0$ 处为单一模式,若 x_p 为事件点,圆丘可用概率分布 $1/h^2 k(x-x_p/h)$ 来表示。这里,函数 $k(x)$ 的形状决定了圆丘的形状,案例见第三章。同时,参数 h(带宽)决定了圆丘的宽度,它与朴素估计值中的 r 非常相似。h 值越大,圆丘展布越广。由于这些圆丘实际上就是概率密度函数,它们已经是强度信息,并且整个研究区域的总强度为 1。如果在一个给定点对每个圆丘函数求和,则可得到该点的 $\lambda(x)$ 估计值。我们称之为 $\lambda(x)$ 的核强度估计 $\hat{\lambda}(x)$,可用下式表示:

$$\hat{\lambda}_k(x) = \sum_{i=1}^{i=n} \frac{1}{h^2} k\left(\frac{x - x_i}{h}\right) \qquad (\text{式 } 6.13)$$

[147] 如果核函数 $k(x)$ 连续,则 $\hat{\lambda}(x)_k$ 连续。核强度估计值除以 n 可以得到核概率密度估计值。

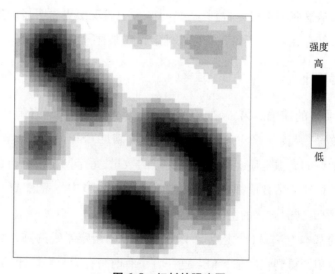

图 6.8　红杉的强度图

图 6.8 是 $h=1\text{m}$ 的红杉分布的核强度估计,颜色较深的区域强度较大,这里 h 是经验取值。然而,如前所述,h 的取值是很复杂的。通常,h 值过大则会平滑掉一些有趣的效应(如分布中的局部最大值),h 值过小则会产生"粗糙"的强度函数,尖峰集中在观测点上,因此,我们必须采用一些方法来求得 h 的最佳取值。直观上,这一取值必须使结果介于光滑和粗糙之间。已经有一些方法可供使用。现有的方法中多数是以积分均方误差(Mean Integrated Squared Error,MISE)为基础,计算核概率密度估计值 $\hat{f}$ 和真实值 f 之间的差异。

$$\text{MISE} = \text{E}\left\{\int\!\int\, [\,\hat{f}(x) - f(x)\,]^{\,2}\mathrm{d}x\right\} \qquad (式 6.14)$$

鲍曼和阿兹利尼(Bowman $et\ al.$, 1997)对此作了近似优化,

$$h_{opt} = \left[\frac{\left\{\int (k(z))^{\,2}\mathrm{d}z\right\}^{2}}{n\,[\,\mathrm{var}\,(k)\,]^{\,2}\int (\nabla^2 f(z))^{\,2}\mathrm{d}z}\right]^{1/6} \qquad (式 6.15)$$

对二元核模式而言就是两个一元核的乘积。然而,要计算这个复杂的算式,需要 f 为已知量,而 f 正是我们需要估计的量。我们可以先考虑 f 为正态分布的情况,这时有(对二维平滑而言):

$$h_{opt} = \left[\frac{2}{3n}\right]^{1/4}\sigma \qquad (式 6.16)$$

其中,σ 为 f 的标准差,可以通过样本估计。例如,可以使用标准距离(本章中早些部分已经定义)。因为正态分布是所有分布中最为光滑的分布之一。这往往会过于光滑。然而,有许多论据支持这一保守方法:强度估计或者密度曲线的最大观测值往往比人为的欠光滑的值更加符合实际情况。特雷尔(Terrell,1990)进一步完善了此方法,通过选择 h 作为方差为 σ^2 的任何分布的最大可能平滑参数。

也可选择其他形式,可参阅布伦斯登(Brunsdon,1995a)或斯科特(Scott,1992)的文章。这些方法都允许局部 h 值,故强度估计又可写作:

$$\hat{\lambda}_k(\mathrm{x}) = \sum_{i=1}^{i=n}\frac{1}{h^2}k\!\left(\frac{x - x_i}{h_i}\right) \qquad (式 6.17)$$

当样本点密度变化非常大时,这一方法非常有用。例如,研究区域内的家庭区位既包括城市也包括农村。在比较密集的区域,较小的 h 值可以合理地识别局部细节模式,但是在稀疏的区域使用同样的 h,则有可能导致样本点周围出现一系列的尖峰值。关于 h 取值更为详细的讨论可参阅西尔弗曼(Silverman,1986)和布伦斯登(Brunsdon,1995a)的文章。

6.5　二阶强度分析

本节将讨论二阶过程的校准。二阶过程可用一个二阶强度函数 $\gamma(x_1, x_2)$ 来表示 x_1 和 x_2 两点之间的依赖关系。此外,对于各向同性的平稳过程,二阶强度函数仅取决于两点之间的距离。在这种情况下,可使用另一种衡量二阶效应的方法(也许更真实),如 K 函数法(Ripley,1981)。距离 d 的 K 函数定义为:

$$K(d) = \frac{EN(C(x,d))}{\bar{\lambda}}$$

（式6.18）

其中,C 是圆域运算符,N 是点计数运算符,$\bar{\lambda}$ 是过程的平均强度,即单位面积内的平均事件数。简单地说,$K(d)$ 定义为以某一事件为中心,半径 d 范围内事件的平均数除以该过程的平均强度。平均强度 $\bar{\lambda}$ 是事件数除以总面积。值得注意的是,"事件"在这一定义中用到了两次。这里的分子并不是以区域内任意位置为圆心,半径为 d 的圆内的事件的平均数,而是以其他事件为圆心的圆中事件的平均数。以入室盗窃案件为例,它是以其他案件为圆心 d 为半径的圆域内的平均盗窃案件数。显然,这是一个二阶效应的属性,所计算的是事件对之间的距离关系。就像 γ 一样,K 函数计算的是一个已知事件附近发生其他事件的可能性。式6.18 中的分子可理解为样本大小为 n 的标准化值。显然,区域内的点越多则所绘圆域内的事件数期望值越大,但是这里我们更希望能得到与 n 无关的潜在空间过程特征。

　　K 函数的优点是计算简单。平均强度就是样本事件数 n 除以区域面积 $|A|$。对于给定的距离 d,可以计算间距小于 d 的事件对数,然后除以 n,得到 $N(C(x,d))$ 的样本均值估计。例如,图6.9 中给出了红杉树苗分布情况,以及以各个红杉为中心,半径为 0.4m 的圆。统计每

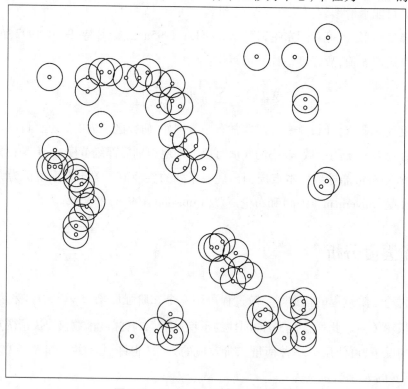

图6.9　d = 0.4m 时的 K 函数估计

个圆内的点数,再对所有圆内的点数求平均数,可以得到 $d=0.4\mathrm{m}$ 时 $E[N(C(x,d))]$ 的估计值,再除以平均强度,可以得到 $K(d)$ 的基本估计值,其中 $d=0.4\mathrm{m}$。表 6.6 给出了 62 棵树苗中每棵 0.4m 范围内的树苗数量,它们的平均值为 0.935。因此,距离另一颗树苗 0.4m 范围内的平均树苗数量不到一颗。这里的平均强度等于 62 棵红杉树苗除以样区面积 10m×10m,或者 100m^2,即可以得到每平方米内有 0.62 棵红杉树苗,用之前的结果除以 0.62,则得到:

$$\frac{0.935}{0.62} = 1.508$$

这就是 $K(0.4)$ 的估计值,距离单位为米。也就是说,距离每棵红杉树苗 0.4 米内平均能找到 0.935 棵其他红杉村苗,它是平均强度(0.62 棵/平方米)的 1.508 倍。当 d 取其他值时,可以 150 进行类似的估计。$K(d)$ 的估计记 $\hat{K}(d)$ 为:

$$\hat{K}(d) = \frac{|A|}{n^2} \sum_{i=1}^{i=n} N(C(x_i,d)) \qquad\qquad (\text{式}6.19)$$

表 6.6　每棵树苗方圆 0.4 米内其他的树苗数

0	1	2	1	0	0	1	0	0	0
2	3	2	1	1	1	1	0	0	1
0	1	1	2	2	2	0	0	1	1
0	2	0	0	1	1	2	2	1	2
2	0	1	2	1	1	0	0	1	2
0	2	1	0	1	2	1	1	0	1
1	0								

　　如果研究区域不能包含所研究的完整空间过程,那么就需要考虑边缘效应。对于接近边 151 缘的事件,存在某些位于研究区域外,但接近研究区域的事件未能参与 $\hat{K}(d)$ 的计算,从而导致 $K(d)$ 的低估。有两种简单的方法可以解决这一问题。第一种,如果 d 与研究区域相比较小,可以在式 6.19 中忽略到边缘距离小于 d 的事件不计。但是,这些点将仍然被统计在 $N(C(x_i, d))$ 中,并未低估点数。然而,如果样本量较小,或是 d 值相对较大时,使用这一方法将忽略过多的点。这时,对靠近边缘的点可以采用调整统计方法的策略。本质上说,这一调整基于以下基础:由于不是所有 $C(x_i, d)$ 中的点都位于研究区域内,统计过程中可能遗漏某些事件,导致统计结果少于实际情况。如果我们假定强度恒定,同时,n_i 个事件位于 $C(x_i, d)$ 内,包括研究区域以外的事件,如果 α_i 是 $C(x_i, d)$ 中位于研究区域内的事件比例,则样本中包含的事件数

为 $\alpha_i n_i$。由于 $0 \leqslant \alpha \leqslant 1$,因此,求得的值会低估。对真值的合理估计则可以通过除以 α_i 求得。所以,我们对 $\hat{K}$ 的定义作如下调整:

$$\hat{K}(d) = \frac{|A|}{n^2} \sum_{i=1}^{i=n} \frac{N(C(x_i, d))}{\alpha_i} \qquad (\text{式 6.20})$$

N 表示落在样本中的事件数,当 x_i 到边界的距离超过 d 时,$\alpha_i = 1$。

　　这一技术在研究集聚特征时非常有用。可以通过比较样本数据的 K 函数估计值和均匀强度过程的理论 K 函数值来实现。如果某过程具有均匀强度 λ,则对每个事件,半径为 d 的邻域内可能找到的事件数为 $\lambda \pi d^2$——即强度与圆域面积的乘积。由于平均强度是 λ,理论上 K 函数值为 πd^2。也就是说,通过比较 $\hat{K}(d)$ 和 πd^2 的值,可以判断分布模式是趋于集聚还是趋于分散。当 $\hat{K}(d)$ 大于 πd^2 时,则事件附近的其他事件比随机情况下的数量多,表明存在集聚现象;当 $\hat{K}(d)$ 小于 πd^2 时,则事件附近的其他事件比随机情况下的数量少,表明事件分散分布。

　　以红杉树苗为例,由上文已知 $K(0.4) = 1.508$,假设红杉在研究区域内均匀分布,则 K 函数的期望为 πd^2,约等于 $3.1415 \times 0.4 \times 0.4 = 0.503$,即观测到的 K 函数值约为均匀模式下的三倍。说明在这一空间尺度下事件分布呈现出一定程度的集聚特征。

152 　　通过绘制 $\hat{K}(d)$ 与 πd^2,或其他形式的表达式的差值曲线可以更简单地进行比较,即当两个函数相等时值为 0,函数不相等时,数值的符号则代表了两个函数的大小关系,示例如下:

$$\hat{L}(d) = \sqrt{\frac{\hat{K}(d)}{\pi}} - d \qquad (\text{式 6.21})$$

$$\hat{l}(d) = \frac{1}{2} \log\left(\frac{\hat{K}(d)}{\pi}\right) - \log(d) \qquad (\text{式 6.22})$$

$$\hat{\Delta}(d) = \hat{K}(d) - \pi d^2 \qquad (\text{式 6.23})$$

　　对红杉数据而言,利用式 6.20 计算得到 $\hat{K}(d)$ 以及图 6.10(a)。将其与均匀分布下的参考 K 函数进行比较。乍一看,两条曲线非常相似。仔细观察可以发现 $\hat{K}$ 普遍高于参考曲线。主要的差异在低值区,但由于图的坐标范围需要适应 K 函数的高值,所以差异表现得并不明显。在这种情况下,比较函数的图形能使我们看得更为清楚。图 6.10(b) 中绘制的是式 6.22 所定义的 $\hat{l}(d)$。这张图中 $d < 3\text{m}$ 时的差异十分明显。这表明在 $d < 3\text{m}$ 时相对于预设的均匀分布模式,红杉树苗表现出更为明显的集聚分布模式。

　　需要注意,$\hat{l}(d)$ 是一个样本函数,会受随机误差的影响。故对每个 d 值,有必要为 $\hat{l}(d)$ 建立置信区间,可使用自助法或蒙特卡罗方法(Efron, 1982),参见第 8 章。为了建立 $\hat{l}(d)$ 的理论模型,需要知道点模式的真实空间分布情况。样本分布可近似地用 n 个采样点替代所有数

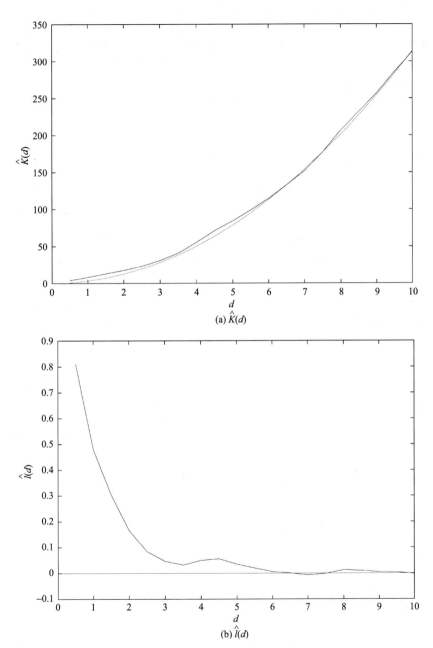

(a) $\hat{K}(d)$

(b) $\hat{l}(d)$

图 6.10 $\hat{K}(d)$ 曲线和 $\hat{l}(d)$ 曲线

注:图(a)还显示了参考曲线 πd^2(虚线)。

据进行模拟。对一个给定的 d 重复操作多次,求出多次估计的 $\hat{l}(d)$ 的均值和上下 5%分位数,得到一组 $l(d)$ 的估计值,置信限为±5%。图 6.11 是进行 1 000 次模拟后得到的 $\hat{l}(d)$ 。此图也证实了前面得出的结论。注意到置信带是逐点的,因此在置信带内的曲线,可能不属于 $l(d)$ 的曲线置信集。[①]

153

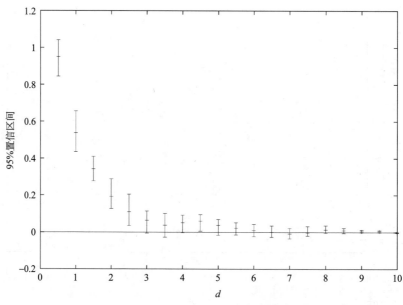

图 6.11　逐点显示上下 95%置信区间的 $\hat{l}(d)$

6.6　分布比较

在点模式分析中最后需要考虑的重要任务是点模式之间的比较。对于给定的一对点模式,它们是否服从同一个分布? 在流行病学中这是一个重要的问题。人们常常希望检验某一特定疾病的分布是否与易感人群的空间分布不同。这里可采用病例对照法。选定一组对照数据,即未感染人群,将其分布与病例分布进行比较。类似的方法也常常用于犯罪分析中。例如,对某段时间内发生入室盗窃案件的家庭与未发生案件的家庭进行比较。对照法还可用于自然地理学研究中,例如不同植物物种或喀斯特地区的落水洞分布情况。

与往常一样,此类分析同样可通过一阶或二阶效应进行。对于同一研究区域内的两组事

154

---

① 一组由随机样本生成的曲线可能包含真实曲线的概率为 95%。

件,可以比较核密度估计值(一阶),也可以比较 K 函数值(二阶)。首先我们来考虑核密度估计法。

6.6.1　核密度法比较

显然,对于两组点事件,通过计算可以得到两个核密度估计值,这里分别用 $\hat{f}(x)$ 和 $\hat{g}(x)$ 来表示。我们的目的是确定它们是否服从同一个分布,如果不是,它们的地理模式又有怎样的差异。举例来说,我们更希望知道在什么位置上病例组和对照组分布不同(以及病例组与对照组相比更为普遍还是更少),而非仅仅满足于知道两种分布模式是不同的。我们可以通过绘制函数 $\hat{f}(x)-\hat{g}(x)$ 来进行直观比较。

鉴于两者都受到抽样误差的影响,有必要建立 $\hat{f}(x)$ 和 $\hat{g}(x)$ 的置信区间(或至少是标准误差)。$\hat{f}(x)$ 的方差近似等于(Bowman *et al.*,1997)

$$\frac{1}{h^2 n} f(\mathrm{x}) \left[\int (k(x))^2 \mathrm{d}x \right]^2 \qquad (式 6.24)$$

其中,k 表示核函数(假设是两个一元核函数的乘积)。我们可以计算 $\hat{f}(x)$ 的标准误差($\hat{g}(x)$ 同理),但前提是需要知道 f(或 g)。显然,这意义不大。通过计算密度估计值的平方根可以获得更有用的结果:

$$\mathrm{var}\left\{ \sqrt{\hat{f}(x)} \right\} \approx \frac{1}{4} \frac{1}{nh^2} \left[\int (k(x))^2 \mathrm{d}x \right]^2 \qquad (式 6.25)$$

这将不再依赖于 f 或 g 的实际值。也就是说,更好的方法是比较 $\sqrt{\hat{f}(\mathrm{x})}$ 和 $\sqrt{\hat{g}(\mathrm{x})}$ 的差异。假设 $\hat{f}$ 和 $\hat{g}$ 采用的是相同的带宽,表达式为:

$$\sqrt{\hat{f}(\mathrm{x})} - \sqrt{\hat{g}(\mathrm{x})} \qquad (式 6.26)$$

在 f 和 g 相同时均值为零。当 f 和 g 函数的样本相互独立时,对于 x,该式具有恒定的方差。如果 f 和 g 相同,将式 6.26 除以方差的平方根,得到的量对研究区域内的所有 x,均值为 0 且方差为 1。因此,函数 $\delta(x)$ 定义如下:

$$\delta(x) = \frac{\sqrt{\hat{f}(x)} - \sqrt{\hat{g}(x)}}{\sqrt{\left[\int (k(x))^d \mathrm{d}x \right]^2 / [2(n_f^{-1} + n_g^{-1})h^2]}} \qquad (式 6.27)$$

其中,n_f 和 n_g 是两组数据的样本数,通过绘制 $\delta(x)$ 曲线图可对 f 和 g 进行比较。如图 6.12 所示,绘制 $\delta(x)=2$ 和 $\delta(x)=-2$ 的等值线是判断 f 和 g 在哪些区域显著不同的有效方法。

虽然这是比较分布的一种有效方法,但不应将其视为显著性检验。首先,我们进行了无数次的检验实验(对研究区域中的每一个 x 值都进行了一次实验);其次,在 x 取值接近时,$\delta(x)$

是非独立的;第三,可参阅第 8 章中关于显著性检验的评述。

　　举例来说,我们仍采用本章前面提到的盗窃案件。除了每例盗窃案件的发生地点,作案手段也同样被记录下来。特别地,对"是否有撬锁行为"[①]也进行了记录。因此,盗窃案件可以分为两组,一组为"有撬锁行为",另一组为"无撬锁行为"。研究这两组事件的分布模式是否存在差异是很有意义的。

　　采用高斯核函数,取带宽为 1.5km,对 f(有撬锁行为)和 g(无撬锁行为)进行估计,绘制 $\delta(x) = \pm 2$ 的等值线,如图 6.12 所示。从图中可以看出,有两个主要的标记区。西部的是有撬

图 6.12　空间分布比较

注:浅色块表示"无撬锁行为"盗窃案件,深色块表示"有撬锁行为"盗窃案件。图中绘出了 $\delta(x) = \pm 2$ 的等值线。

---

　　① 　使用电钻钻劣质锁,经常会使锁碎裂,从而在不破坏门窗的情况下进入房间。

锁行为的盗窃案件高发区,东部的是无撬锁行为的盗窃案件高发区。北部也有一个小区域属于有撬锁行为盗窃案件高发区。考虑到最后一个区域面积较小,这有可能是一个假性的结果,尤其是该地靠近研究区域边缘且只有少量的观测事件。对于前两个较大的区域,我们发现一个有趣的现象,西部区域是社会经济比较落后的区域,东部则比较富裕,也许前一个地区的锁更加容易被撬开。

6. 6. 2　*K* 函数比较

在进行空间点模式比较时也可利用二阶性质。特别地,可以运用 6. 5 节中所提到的技术来估计一对事件集的 *K* 函数,并进行比较。这一方法与利用 *K* 函数进行集聚的简单测试非常相似。在这里,不再将 *K* 函数的估计值与理论值进行比较,而是比较两个估计的 *K* 函数。可以修改式 6. 22 和式 6. 23 的比较函数,来比较两个 *K* 函数估计:

$$\tilde{l}(d) = \log(\hat{K}_1(d)) - \log(\hat{K}_2(d)) \qquad (\text{式 6. 28})$$

$$\tilde{\Delta}(d) = \hat{K}_1(d) - \hat{K}_2(d) \qquad (\text{式 6. 29})$$

虽然这两个函数都是有效的分析方法,为了获得有意义的解释,我们需要知道当两个真实的 *K* 函数相等时, $\tilde{l}(d)$ 或 $\tilde{\Delta}(d)$ 的期望样本分布。遗憾的是,这些分布的解析式是不可能得到的,但我们可以采用基于模拟的方法。将两组点数据合在一起,用一个二值标记变量进行标记。假定二者的空间分布之间不存在差异,则事件点标记的任意排列都有同样的可能性。通过绘制标记的随机排列并计算 $\tilde{l}(d)$ 或 $\tilde{\Delta}(d)$,可得到两个函数的分布的近似。另一种基于模拟的方法是运用第 8 章中的自助法,计算 $l(d)$ 或 $\Delta(d)$ 的近似置信限。

图 6. 13 所示的是有无撬锁行为的盗窃案件的 $l(d)$ 自助法估计(包括置信限)。由图可知,这两个过程在二阶属性上没有明显差别。虽然集聚发生在不同的区域,但集聚的地理尺度是相似的。

其他分析方法同样可行,例如 *cross-K* 函数。根据 *cross-K* 函数,$K_{12}(d)$ 可定义为第一组事件半径为 d 的领域内的第二组事件的期望值,若再除以 λ_1(第一组事件的平均强度)。显然,K_{21} 是与 K_{12} 对称定义的。注意,这一函数测度的是某事件在另一事件周围集聚或被排斥的趋势。以盗窃案件为例,一种形式的盗窃案件(如有撬锁行为)如果倾向于与另一种形式的盗窃案件(如无撬锁行为)发生在不同的街区,则可以观测到相斥的趋势。有人指出(Bailey *et al.*,1995),如果两组事件都产生于同一个空间过程,*cross-K* 函数的值将等于 πd^2。可以使用与 *K* 函数估计相同的方法对 *cross-K* 函数进行估计。利用比较函数 $\tilde{l}(d)$、$\hat{L}(d)$ 或 $\hat{\Delta}(d)$,可以比较

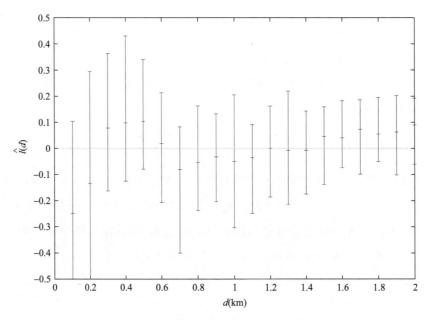

图 6.13　基于 $l(d)$ 的空间分布比较

注:误差条所示为上下 95% 置信区间。

cross-K 函数与 πd^2 的差异。

6.6.3　点模式与"易感人群"的比较

除了以上提到的比较点模式方法,还有一些其他的方法。一个具体的问题是将病例分布模式与潜在易感人口分布进行比较。这里要用到著名的地理分析机(Openshaw *et al.*,1987)。本质上,这一方法是通过在研究区域内生成规则网格点,并比较以这些点为圆心的圆形域内的罕见疾病发病率水平与基于圆形区域中易感人口的参考泊松分布。当出现过多病例时(通常根据局部显著性检验定义),在地图上标注该圆,这样就可以识别局部集聚的情况。

虽然这种方法最初是在形式推理框架中提出的,但由于非独立显著性检验的问题,现在这一方法已被广泛归于探索性方法(Fotheringham *et al.*,1996)。[1] 已有学者试图对这一方法进行改进,使其更为严谨(Besag *et al.*,1991)。

另一种方法是使用病例对照法,即对一组易感人群(并没有得罕见疾病)与一组病例进行比较(Diggle *et al.*,1990),尝试发现两个样本在空间分布上的差异。这种比较可采用 6.6.1 节

---

[1]　参考第 8 章关于此内容的讨论。

中提到的方法。

6.7　小结

本章主要讨论了一些地理点过程的概率模型。这些模型可按照一阶和二阶属性进行分类。一阶模型假定事件之间是独立的,但强度非均质;二阶模型假定强度均质,但事件之间是非独立的。由于对单个数据集来说,这两种过程仅凭数据无法区分,故需要基于研究的背景决定使用何种模型。但是,如果只是进行"集聚性"分析的话,这两种方法通常会得到相似的结果。

在进行分布比较时,情况会比较复杂。正如盗窃案件的例子中提到的那样,两种具有不同一阶属性的分布有可能具有相似的二阶属性。仅通过查看数据很难分辨出两种盗窃案("有撬锁行为"和"无撬锁行为")是源于同一个二阶过程,还是来自两个不同的一阶过程。如前所述,我们需要考虑建立模型的背景以确定哪种解释更加可信。

最后,值得注意的是,在任何情况下,可视化和空间数据探索都非常重要。无论是估计 K 函数、核密度曲面,还是仅对原始点模式进行观察,分析的结果都是用图示表达。实际上,点模式分析的方法之一,便是通过可视化方法增强原始数据,使其空间模式更为明显。

第 7 章　空间回归和地统计模型

7.1　引言

线性回归是地理学计量革命的关键技术之一。其实,在计量革命之前线性回归方法就被用于各种领域——在自然科学领域已经应用了 30 年(Rose,1936),人文地理学领域应用了至少 10 年(McCarty,1956)。然而,线性回归经常受到批评,因为它本质上并不是空间方法,不足以实现地理过程的建模。古尔德(Gould,1970)认为:

> 在某些情况下,传统的推断统计分析可以作为研究的辅助手段。这些情况可能是简单的、非空间的情况。这种情况下,可以通过推断的方式研究一些有根据的猜测,但很少会出现这种情况。

为什么地理学家认为传统的回归方法不足以满足他们的需求。赫普尔(Hepple,1974)给我们做出了进一步的解释:

> 只要浏览过关于地理现象的任意一组地图,人们一定会非常不赞成使用经典的瓮模型来生成模式(以及经典统计推断的依据)。

早期学者试图提出更加纯正的地理数据分析方法来回应类似的批评,如奥德(Ord,1975),克利夫(Cliff *et al.*,1973)及霍迪克(Hordijk,1974)。这些方法一般被称为空间回归模型。尽管现在看来这些方法相对较为陈旧,但它们是现代空间数据分析产生的转折点,因此很值得在这里进行讨论。这类技术曾被广泛应用于各研究领域。如氡气的空间分布(Vincent *et al.*,1991),水文学(Bras *et al.*,1985),流行病学(Cook *et al.*,1983),失业率的地理模式(Molho,1995)和国际贸易(Aten,1997)等。上述所列文献的时间表明这类模型持续广泛地影响了多个学科。

162

为了了解普通线性回归的缺陷及空间回归模型的理论贡献,我们来看下述实例。图 7.1 所示为泰恩-威尔郡各区自用型住房的百分比(引自 1991 年英国人口普查)。可以很清楚地看出,郡外围的自用型住房比例较高,而中心区域却最低。

同样来自 1991 年英国人口普查数据,图 7.2 为泰恩-威尔郡各区男性失业率。其分布模

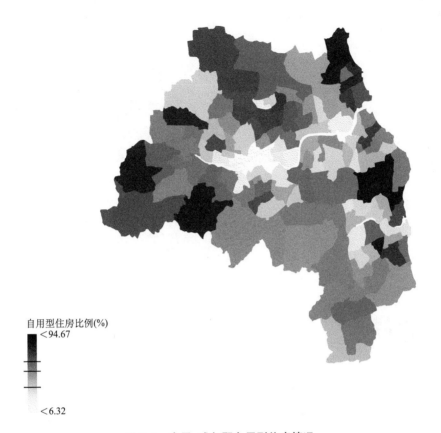

自用型住房比例(%)

<94.67

<6.32

图 7.1　泰恩-威尔郡自用型住房情况

163

式恰恰与上一个例子相反。郡的中心地区具有最高的失业率。假设我们要研究失业率与自用型住房比率的关系,尤其是男性失业率能否成为自用型住房比率的一个预测指标。

　　首先,对变量进行变换,对男性失业率的平方根及自用型住房比率做散点分析(图 7.3),由图可知,至少多数取值范围上,两个变量存在着线性关系。也就是说,对男性失业率求平方根后,可利用线性回归建立起两变量间的关系模型。模型公式如下:

$$自有住房率 \sim N(\beta_0 + \beta_1 \sqrt{男性失业率}, \ \sigma)(独立地) \qquad (式 7.1)$$

$\beta_0 \setminus \beta_1$ 可由普通最小二乘法求得。结果如表 7.1 所示。尽管就该数据集的解释变量的取值范围来说,$\beta_0 > 100$ 有些奇怪,但预测出来自用型房比率值仍介于 0 到 100% 之间。这说明在数据值范围内,线性近似是合理的。模型拟合后,对残差进行制图。在这里,残差被定义为自用型住房比率的真实值与拟合值的差值。结果如图 7.4 所示。

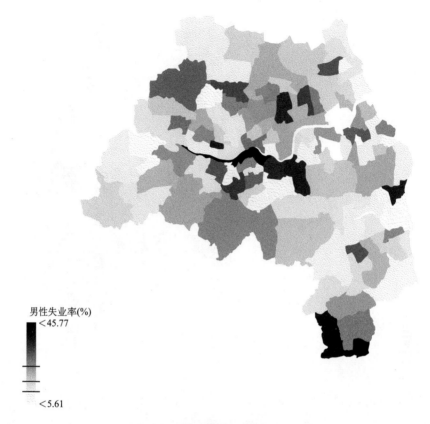

男性失业率(%)

<45.77

<5.61

图7.2　泰恩-威尔郡男性失业情况

表7.1　自用型住房数据标准回归模型估计结果

参数	β_0	β_1
估计值	131.60	−18.80
标准误差	3.34	0.768

　　这种方法的问题出在哪里? 从残差地图中就可以很明显地看出。如图7.4所示,残差在空间上并非是随机分布的。残差高值(地图中深色区域)相对接近,残差低值也是同样的情况,且最高值向最低值变化相当突然。这不符合式7.1观测值相互独立的假设这一现象与本164 况,且最高值向最低值变化相当突然。这不符合式7.1观测值相互独立的假设这一现象与本章前面部分提到的古尔德(Gould,1970)和赫普尔(Hepple,1974)的观点是一致的。如果独立假设为真,回归模型的误差项应该可以看做不相关的随机高斯变量,但事实上在空间上邻近的误差项其取值的正负符号也更可能相同。如果误差项独立的假设不成立,那么β_0和β_1的最

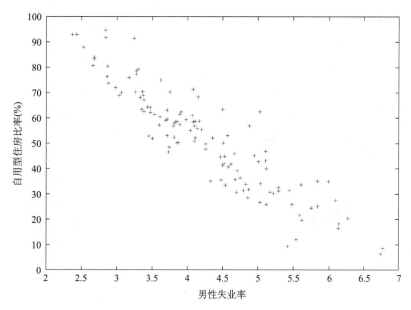

图 7.3　泰恩-威尔郡男性失业率平方根与自用型住房比率

小二乘校准就不再适用。本章接下来的部分主要讨论解决该问题的方法。主要分为三种类型,见表 7.2。这里使用"常用数据类型"一词,是因为可以将基于点数据的技术应用于面状数据,如用中心位置的点代替整个区域;同样也可以将面状数据处理技术应用于点状数据,如通过计算点集的泰森多边形。需要注意的是,对非独立误差项建模,可以考虑误差项的相关性或者模拟误差项的空间趋势,而不能假设误差值的期望值为零。

165

表 7.2　本章中涉及到的技术

方法类型	常用数据类型	建模形式
自回归模型	面数据	误差项相关
克里金	点数据	误差项相关
平滑法	点数据	空间趋势

7.2　自回归模型

用向量 y 表示因变量的 n 个观测值,则 $n \times m$ 的矩阵 X 表示 m 个自变量的 n 个观测值,则模型(式 7.1)的普通回归模型形式为:

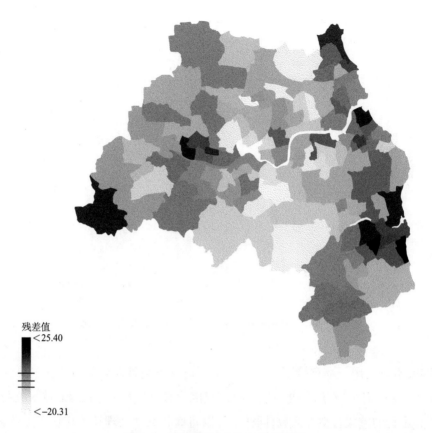

残差值
<25.40

<−20.31

图 7.4 回归模型(式 7.1)的残差图

$$y = X\beta + \epsilon \qquad\qquad (式 7.2)$$

其中,β 为回归系数向量;ϵ 为随机误差向量。这里,ϵ 中的元素独立分布且均值为 0。因此,对于普通模型,误差项可写为:

$$\epsilon \sim MVN(\mathbf{0},\, \sigma^2 I) \qquad\qquad (式 7.3)$$

其中,I 为单位矩阵;$\mathbf{0}$ 为零向量;$MVN(M,S)$ 表示多元正态分布函数,M 为均值向量,S 为方差-协方差矩阵。该模型的问题在于它的前提假设为误差 ϵ 的方差值为 $\sigma^2 I$。更广义的方法是支持更广泛的方差-协方差矩阵,这些方差-协方差矩阵允许残差的非独立性。最普遍的模型公式如下:

$$\epsilon \sim MVN(\mathbf{0},\, C) \qquad\qquad (式 7.4)$$

其中,C 为任何有效的方差-协方差矩阵。这样虽然可以解决独立假设的问题,但却又产生了两个新的问题。第一,图 7.4 所示的残差间存在的空间依赖性。而广义协方差矩阵 C 并不能反映这种依赖相关性。第二,尽管在 C 已知的情况下很容易求得 β,$\hat{\beta} = (X'CX)^{-1}X'Cy$

（Mardia *et al.*，1979），但一般情况下并非如此，我们需要利用样本数据同时求得 C 和 $\boldsymbol{\beta}$。

7.2.1　空间自回归模型

首先考虑如何在模型中反映空间依赖性。一种思路是假定对于分区数据，模型中的随机部分在空间邻近的分区位置上有可能是互相关联的。以自用型住房比率为例，一个分区内的值一定程度上与周围分区的值相近。尤其当各分区在地理位置上紧凑分布时，如相邻的一个或两个街区。回归模型的解决方法是，将相邻分区的因变量的均值作为一个附加的解释变量，包含到回归模型中去。因此，住房的例子中，针对每个分区我们可以计算其相邻分区上比率的均值，并作为一个解释变量。在代数表达上，我们设 y 为因变量，则需要将其转换为相邻分区的均值向量。这是一个线性操作，可记作 Wy，当区域 i 与 j 不相邻，$w_{ij}=0$；如果区域 i 与 j 相邻，则 $w_{ij}=1/a_i$，a_i 是与分区 i 相邻的分区的个数。事实上，W 是分区的相邻矩阵，对行求和结果为 1。假设各分区并不与自身相邻，因此对于任意区域 i，$w_{ii}=0$。将相邻均值变量引入回归模型，修正后的模型如下：

$$y = X\boldsymbol{\beta} + \rho Wy + \epsilon \qquad （式 7.5）$$

其中，ρ 为相邻均值变量的回归系数。该模型称为自回归模型。式 7.5 两边同时减去 ρWy，得：

$$y - \rho Wy = X\boldsymbol{\beta} + \epsilon \qquad （式 7.6）$$

因式分解等式左边得：

$$(I - \rho W)y = X\boldsymbol{\beta} + \epsilon \qquad （式 7.7）$$

设 $(I-\rho W)$ 可逆，等式两边同时左乘 $(I-\rho W)^{-1}$ 得：

$$y = (I - \rho W)^{-1}X\boldsymbol{\beta} + (I - \rho W)^{-1}\epsilon \qquad （式 7.8）$$

对 X 矩阵转换之后，模型的形式与式 7.2 相似，但还需要对原始的、非独立的误差项向量 ϵ 进行线性变换。变换后的新误差项的方差-协方差矩阵如下：

$$C = \sigma^2\left[(I - \rho W)^{-1}\right]'(I - \rho W)^{-1} \qquad （式 7.9）$$

如上式，将 C 定义为关于 ρ 的函数，这样它就可以描述误差依赖的空间结构。因此，如果 ρ 是已知的，可以分别计算出 C 和 $\boldsymbol{\beta}$ 值。现在的问题在于如何根据样本数据估算出 ρ。

ρ 的估算可分为两步。首先，找出 ρ 的有效区间；其次，根据最大似然法则找到 ρ 的最优估计。第一步相当重要，因为我们首先需要保证方差-协方差矩阵 C 是有效的，并不是所有的 $n\times n$ 实数矩阵都可以满足这一条件。有效性约束条件如下：

$$\sum_i \sum_j \alpha_i \alpha_j c_{ij} \geq 0 \qquad （式 7.10）$$

其中，α_i 与 α_j 为任意实数，这是 y 中元素的所有线性组合获得正值（或者零）方差的基本条件。

168 对于自回归模型,当且仅当$|\rho| \leqslant 1$时上述条件成立(见 Griffith,1988)。

为解决第二个问题,我们考虑写出给定$\boldsymbol{\beta}$、ρ时y的似然表达。如下式所示:

$$\sum_i \left(1 - \rho \sum_j w_{ij} y_j - \sum_j \beta_j x_{ij}\right)^2 \qquad (\text{式 7.11})$$

寻找使得上述表达式值最小的$\boldsymbol{\beta}$和ρ,等价于寻找极大似然估计的过程。同样,优化过程也分为两步:

1. 计算最优ρ。

2. 将ρ估计值代入标准方程,计算$\boldsymbol{\beta}$估计值。

第一步计算中,可以应用很多"技巧"以提高计算效率,可参见奥德(Ord,1975)对此进行的相关讨论。利用最小二乘法估算$\boldsymbol{\beta}$和ρ值也是可行的,但是这种方法并不可靠,它不是真正的最大似然。最小二乘法计算的结果往往是有偏的。

采用最大似然方法对住房数据计算的结果如表 7.3 所示。该结果不同于标准回归结果。首先,β_0值有一点降低。其次,β_1值则有一点升高,表明线性回归负的斜率变小。ρ的估计值表明存在一定程度的自相关,说明给定分区的观测值一定程度上受到了相邻分区值的影响。最后,估计值的标准误差略大于普通回归模型,出现这种情况是因为在模型中引入了附加的变量。在本例中,模型中引入了变量ρ。

表 7.3　住房拥有类型数据自回归结果

参数	β_0	β_1	ρ
估计值	123.31	−18.11	0.10
标准误差	6.85	0.96	0.07

7.2.2　空间滑动平均模型

滑动平均模型是自回归模型的变体。在空间滑动平均模型中,被看作自回归项的是误差
169 项,而不是前面提到的因变量。因此,回归模型写作:

$$y = X\boldsymbol{\beta} + u$$
$$\text{其中},u = \rho W u + \epsilon \qquad (\text{式 7.12})$$

该模型的灵感来源于时间序列分析,自回归和滑动平均模型都可以对一定时间间隔的观测变量进行建模,见肯德尔和奥德(Kendall *et al.*,1973)的例子。在很多的实例中,很难说滑动平均和自回归方法哪一个能更准确地反映空间过程。两种模型理论上的区别在于在自回归模型中所有的误差项都是自相关的(尽管自相关性随距离衰减),而在滑动平均模型中误差项只和

直接相邻的区域自相关,这表现在 W 的定义上。用专业术语表达,即对于滑动平均过程来讲,如果 W 是基于分区间的邻接关系产生,则 C 是一个稀疏矩阵。

滑动平均模型的校准难于自回归模型。最简单的方法就是对式 7.12 进行变换(类似式 7.5—7.8):

$$(I - \rho W)y = (I - \rho W)X\beta + \epsilon \qquad (式7.13)$$

因此,如果已知 ρ,对 y 和 X 矩阵线性变换后,可由一般最小二乘法估算 β 值。当然,ρ 是未知的,但可以对一般最小二乘模型残差进行自回归模型校准以获得 ρ 的估计值,即计算出使得式 7.12 中 $\epsilon'\epsilon$ 最小的 ρ。一旦求出 ρ,就可以获得 β 新的估计值,进而可以重新估计残差,再重复上述过程,最终可得 β 和 ρ 的收敛序列。整个计算过程如下:

1. 利用一般最小二乘法求得初始的 β 估计值:

$$\hat{\beta} = (X'X)^{-1}X'y \qquad (式7.14)$$

2. 利用第一步的结果估算一组残差。利用自回归模型校准技术,根据残差计算 ρ 的估计值,记作 $\hat{\rho}$。

3. 根据式 $(I-\hat{\rho}W)y = (I-\hat{\rho}W)X\beta+\epsilon$,利用得到的 ρ 重新估计 β。

4. 利用求得的 β 估计新的残差,再计算 ρ,转到第三步,如此重复直到 $\hat{\rho}$ 和 $\hat{\beta}$ 收敛。

170

基于这个过程计算住房数据,结果如表 7.4 所示。ρ 值明显增大,表明误差项中存在很强的自相关。另外,尽管标准误差仍大于标准模型(表 7.1),但却小于表 7.3 中的值。这说明误差项中的相关性比因变量间的显著。这进一步表明看似全局的偏差实际上是在局部上发生的。正如残差分布图显示的那样。

表 7.4　住房拥有类型数据滑动平均模型计算结果

参数	β_0	β_1	ρ
估计值	137.2	−20.08	0.65
标准误差	3.94	0.79	0.10

7.3　克里金

7.3.1　统计技术

上一节主要讨论了分区数据的空间建模方法,邻近关系用邻接矩阵 W 来表达。然而,对于点数据,邻接的概念并不是很明确。一种很直接的想法就是利用点之间的距离矩阵 D 来表达,d_{ij} 为 i 点到 j 点的距离。这种方法在地统计领域扮演了很重要的角色。假设有一个包含 n 个点的点集,及按上述定义计算距离矩阵,还包含了因变量向量 y 和自变量矩阵 X,该数据被用于校准回归模型 $y=\beta X+\epsilon$,其中向量 ϵ 服从 $MVN(0,C)$ 分布,C 为误差项的方差-协方差矩阵。它需要反映数据的空间结构。

一个可能的实现方法是设 c_{ij} 为关于 d_{ij} 的函数,即 $c_{ij}=f(d_{ij})$。这意味着一对误差项的协方差将取决于所对应的点的空间距离。显然,f 是一个递减函数,因此误差项间的关系随着距离增大而减弱。矩阵 C 的正值约束条件又变得相当重要了,对任意 α_i 和 α_j 仍需要满足:

$$\sum_i \sum_j \alpha_i \alpha_j c_{ij} \geq 0 \qquad (式7.15)$$

在本方法中,不等式为:

$$\sum_i \sum_j \alpha_i \alpha_j f(d_{ij}) \geq 0 \qquad (式7.16)$$

令人遗憾的是,这同时也意味着不能任意选择函数 f,因为大多数函数都不满足上述条件。但某些函数形式满足该要求,比如指数形式:

$$c_{ij} = \sigma^2 \exp(-d_{ij}/h) \qquad (式7.17)$$

幂函数形式:

$$c_{ij} = \sigma^2 \exp(-d_{ij}^2/h)^2 \qquad (式7.18)$$

球面函数形式:

$$c_{ij} = \begin{cases} \sigma^2\left(1 - \dfrac{3d_{ij}}{h} + \dfrac{d_{ij}^3}{h^3}\right) & 如果 \quad d_{ij} < h \\ 0 & 如果 \quad d_{ij} \geq h \end{cases} \qquad (式7.19)$$

其中,h 与 kernel 密度估计(见第 4 章和第 6 章)中的带宽作用相似,决定了观测点的邻域范围。范围内的其他观测值与距离相关。变量 h 的单位通常与点之间的距离 d_{ij} 单位相同。上述公式中均有两个未知变量 σ 和 h。σ 用于描述误差项的变化,h 用于反映误差项的空间影响。将式 7.17—7.19 任意一式除以 σ^2 可得 ϵ_i 和 ϵ_j 相关性的表达式。如对式 7.18 则有:

$$\text{corr}(\epsilon_i, \epsilon_j) = \exp(-d_{ij}^2/h)^2 \qquad (式7.20)$$

三种函数形式下相关性与距离的关系如图 7.5 所示。对所有曲线,$h=1$。注意,尽管更宽的带宽意味着相关性半径更大,但不同函数的带宽值相同,并不意味着两个函数的影响半径完全相同。对于所有函数,当 d_{ij} 趋向于零时,协方差趋向于 σ^2。然而,有些情况下并非如此。因为可能存在由于测量或采样误差造成的异常点。当 d_{ij} 趋向于零时极限协方差值为 τ^2,τ^2 不等于 σ^2。因此,协方差函数在 $d_{ij}=0$ 时,有一个大小为 $\sigma^2-\tau^2$ 的跳跃,这常被称为块金效应。如,式 7.17 可扩展为以下形式:

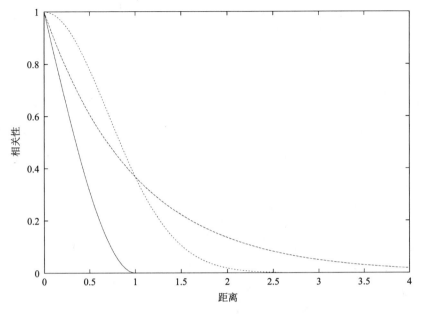

图7.5 相关函数图。

注:浅色虚线为式7.17模型;深色虚线为式7.18模型;实线为7.19模型;对于各模型 $h=1$。

$$c_{ij} = \begin{cases} \tau^2 \exp(-d_{ij}/h) & \text{如果} \quad d_{ij} > 0 \\ \sigma^2 & \text{如果} \quad d_{ij} = 0 \end{cases} \quad (\text{式}7.21)$$

对该函数绘制曲线,曲线变化与图7.5中模型(式7.17)的表示的曲线图相似,但在 $d_{ij}=0$ 时有一个不连续点。

克里金方法(Krige,1966)用于计算回归系数 $\boldsymbol{\beta}$、σ、τ 和 h 的估计值。但其计算过程比最小二乘法复杂,因为需要知道 σ、τ 和 h 值才能计算 $\boldsymbol{\beta}$;或者知道了 $\boldsymbol{\beta}$ 值才能估计 σ、τ、h 值。一种折中的办法就是首先给定 $\boldsymbol{\beta}$ 值,估计 σ、τ 和 h 值之后再重新估计 $\boldsymbol{\beta}$ 值。另外一种可行的方法是利用普通最小二乘法估计 $\boldsymbol{\beta}$ 初始值。

基于上述结果,可以获得观察值 y_i 的一组残差,记作 e_i,它们是真实残差 ϵ_i 的估计值。据此,我们需要通过考虑点 i 和 j 的残差(e_i 和 e_j)间的空间关系以及两点间的距离 d_{ij} 来估计 σ、τ、h 值。可用 $(e_i - e_j)^2$ 来衡量 e_i 和 e_j 的差异,设其期望值表达式为 $E[(e_i - e_j)^2]$。将其展开可得:

$$E[(e_i - e_j)^2] = E(e_i^2) - 2E(e_i e_j) + E(e_j^2) \quad (\text{式}7.22)$$

但由于 e_i 和 e_j 的期望值为零,可得 $E(e_i^2) = E(e_j^2) = \sigma^2$ 及 $E(e_i e_j) = \mathrm{cov}(e_i, e_j) = c_{ij}$,因此:

$$E[(e_i - e_j)^2] = 2\sigma^2 - 2c_{ij} \quad (\text{式}7.23)$$

因此,$(e_i - e_j)^2$ 的期望值与协方差函数间呈简单的相关关系,可以用关于 d_{ij} 的函数表示:

$$E\left[(e_i - e_j)^2\right] = 2\sigma^2 - 2f(d_{ij}) = g(d_{ij}) \tag{式 7.24}$$

$g(d_{ij})$ 也可被写作一个关于 σ、τ 和 h 的函数。如应用(7.17)的协方差模型,则 $g(d_{ij}) = \sigma^2[2 - 2\exp(-d_{ij}/h)]$。若考虑块金效应,得

$$g(d_{ij}) = \begin{cases} (\sigma^2 - \tau^2)2 - [2\exp(-d_{ij}/h)] + \tau^2 & \text{如果} \quad d_{ij} > 0 \\ \sigma^2 & \text{如果} \quad d_{ij} = 0 \end{cases} \tag{式 7.25}$$

因此,拟合 $(e_i - e_j)^2$ 关于 d_{ij} 的非线性曲线函数,便可以估计出 σ、τ 和 h 值。为保证函数右边的整齐性,有时会将函数 g 除以 2。由于 $E[(e_i - e_j)^2] = \mathrm{var}(e_i - e_j)$,除以 2 后的 g 函数被称作半方差函数,g 的曲线图称作半方差函数图。如果出现块金效应,该技术将十分有用,因为当 d_{ij} 趋向于无穷大,σ^2 估计值可由半方差函数的渐近值估计。

估计半变异函数是一项复杂的工作。尽管有些情况下 ϵ_i 是独立的,但 e_i 却不是(Dobson,1990),因此还是不能得到 $(e_i - e_j)^2$。然而,一般使用克里金方法的时候都忽略这个问题。h 和 σ 值通常使用非线性最小二乘法估算得到。也就是说,寻找使得下式最小的 h 和 σ 值:

$$\sum_{ij} \left[(e_i - e_j)^2 - g(d_{ij} \mid h, \sigma, \tau)\right]^2 \tag{式 7.26}$$

其中,$g(d_{ij} \mid h, \sigma, \tau)$ 代表 g 对于三个变量的依赖。找到 h 和 σ 合理的近似之后,便可获得 c_{ij} 的估计值,进而重新计算模型的 $\boldsymbol{\beta}$ 值。假设同前,我们设整个协方差矩阵为 $\boldsymbol{C}$,则:

$$\hat{\boldsymbol{\beta}} = (\boldsymbol{X}'\boldsymbol{C}\boldsymbol{X})^{-1}\boldsymbol{X}'\boldsymbol{C}\boldsymbol{y} \tag{式 7.27}$$

在本章节前面的部分,曾讨论过误差项存在相关性时应如何估计 $\boldsymbol{\beta}$ 值,这里的方法是一样的。整个过程归纳如下:

1.利用普通最小二乘法估算 $\boldsymbol{\beta}$ 值。

2.利用 $\boldsymbol{\beta}$ 估计值估算残差。

3.利用残差校准半方差函数图。

4.利用校准后的半方差函数图估计 $\boldsymbol{C}$。

5.利用 $(\boldsymbol{X}'\boldsymbol{C}\boldsymbol{X})^{-1}\boldsymbol{X}'\boldsymbol{C}\boldsymbol{y}$ 重新估计 $\boldsymbol{\beta}$。

7.3.2　实例

下面的一个例子很好地解释了克里金方法。这里还是使用前面提到的数据。虽然这里使用的不是点数据而是面数据,我们可以将点数据的属性值分配到调查区的中心点上。这样便可以和前面章节中提到的方法进行比较。和前面一样,解释变量仍然是失业率的平方根,因为它似乎与自用型住房比率呈线性相关关系。

利用普通最小二乘法估算 $\boldsymbol{\beta}$ 值得 $\boldsymbol{\beta}_0 = 13.16$,$\boldsymbol{\beta}_1 = -18.8$。据此计算残差,如图 7.1 中所

示。获得一组用于估算 h 和 σ 的残差。在本例中，共有 120 个调查区，因此有 120 个中心点。因此对应有 7 140 个 d_{ij} 和 $(e_i-e_j)^2$。对于非线性回归来说计算量较大。因此，克里金中使用的一个简化的方法就是，将距离划分为若干个区间，并将每个区间的平均 $(e_i-e_j)^2$ 值看作该区间中心距离值的函数。在有些例子中距离区间可能交叉（**Bailey et al.**，1995）。以带宽为 2km，分别以 d_{ij} 为 1km，2km，$\cdots$，16km 作为中心，利用式 7.25 的半方差函数曲线拟合观测到的 $(e_i-e_j)^2$ 均值。计算结果如图 7.6 所示，拟合变量值分别为 $h=5.6$km，$\sigma^2=160.8$，$\tau^2=46.75$。[175]由此，可以构造矩阵 C，并重新估计 β_0 和 β_1。重新估计的结果如表 7.5。计算得到的 β_0 和 β_1 值与空间滑动平均模型的结果相似。

表 7.5　利用克里金模型计算住房拥有类型数据结果

参数	β_0	β_1
估计值	138.2	−20.06

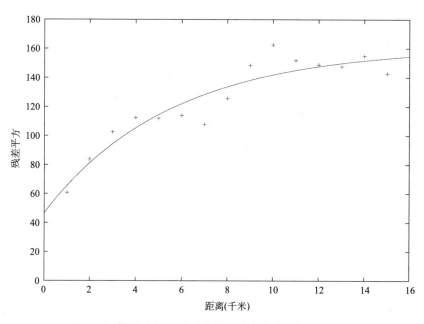

图 7.6　模型式（7.25）形式的理论半方差函数拟合结果

7.3.3　克里金残差趋势面

克里金方法的一大优势在于可以预测非观测点的残差。设在数据集中添加一个位于（u，

v)的新点。如果没有其他信息,则该位置上的点的误差项期望值为零。如果误差项之间存在有空间自相关,并且邻近于新点的其他点误差已知,那么这种情况就会改变。举个例子,如果邻近点的误差项为正,则(u,v)上点的误差项也很有可能为正。实质上,我们现在正在讨论的是已知其他点上的误差,(u,v)点误差项的条件概率分布。在给定自变量的前提下,利用这个分布可以预测(u,v)的误差项,进而用于纠正基于普通最小二乘法求得的(u,v)点的预测值 y。

176

实际计算时我们并不知道每个点的误差项,但知道克里金计算后回归模型拟合的残差。后者可作为前者的近似。接下来,我们将讨论通过已知 n 维误差向量$\{\epsilon_i\}$或残差向量$\{e_i\}$如何预测(u,v)点的误差。一种方法就是在预测误差项时考虑期望均方误差。设(u,v)点的真实误差为 $\epsilon(u,v)$,估计值为 $\hat{\epsilon}(u,v)$,试图让下式达到最小值:

$$E\{[\epsilon(u,v) - \hat{\epsilon}(u,v)]^2\} \qquad (式7.28)$$

假设估计值为 e_i 的线性组合,则:

$$\hat{\epsilon}(u,v) = \sum_i \gamma_i e_i \qquad (式7.29)$$

设 γ 为式 7.29 中 γ_i 的向量,下式使得式 7.28 达到最小值(Bailey *et al.*,1995):

$$\gamma = C^{-1}c(u,v) \qquad (式7.30)$$

其中,C 为 n 个观测点误差之间的 $n×n$ 的协方差矩阵,$c(u,v)$是(u,v)点与 n 个观测点误差间的 $n×1$ 的协方差向量。回顾之前在克里金过程中我们校验了误差项对的协方差和对应点之间距离的函数关系。这样,基于(u,v)点和 n 个观察点的距离,我们不仅可以像前面那样估计 C,还可以估计 $c(u,v)$。因此,如果设 e 为残差$\{e_i\}$的向量,则有:

$$\hat{\epsilon}(u,v) = (C^{-1}c(u,v))'e \qquad (式7.31)$$

因此,我们可以预测研究区域(u,v)点的误差项(或者至少可以计算其条件均值),也可以看出误差项的空间趋势。通过绘制 $\hat{\epsilon}(u,v)$图还可以看出在哪些区域克里金回归模型的计算值可

177 能高估或低估。对于上面提到的住房研究的例子,$\hat{\epsilon}(u,v)$分布图如图 7.7 所示。其中一个值得注意的特征就是图中的东南部存在一个正残差区域,大致位于森德兰。还有一些其他区域也具有这一明显的特征,如南希尔兹沿海地区,泰恩河口以南。

7.4 半参数平滑法

对简单回归模型的空间偏差进行建模的最后一种方法是半参数模型(Hastie *et al.*,1990)。这个模型与其他模型不同,它没有误差项自相关假设,模型形式如下:

$$y_i = f(u_i,v_i) + \sum_j \beta_j x_{ij} + \epsilon_j \qquad (式7.32)$$

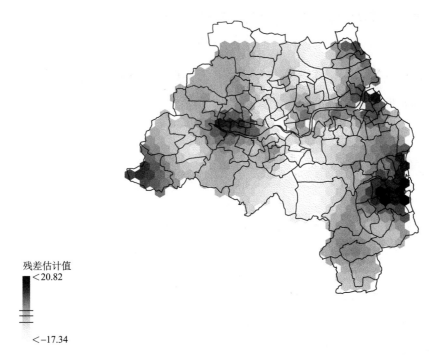

残差估计值

<20.82

<-17.34

图 7.7　章节 7.3.2 中住房例子的 $\hat{\epsilon}(u,v)$ 分布

该模型被称作半参数模型是因为 f 函数无任何假设前提。事实上,f 主要用于模拟简单非空间回归模型的空间偏差。绘制研究区域 $f(u,v)$ 曲面的目的与图 7.6 相似。它可以显示出简单回归模型预测值的高估量及低估量的空间趋势。

178

　　此类模型的估计方法与前面的模型截然不同。首先,假设空间误差项 $\{\epsilon_i\}$ 已知,可利用空间平滑方法估算 f。点 (u,v) 的 f 通过计算 ϵ_i 的加权平均获得,最大的权重值被赋予离 (u,v) 最近的观测点。以高斯加权方案为例,其定义如下:

$$w_i(u,v) = k\exp\big[-d_i^2(u,v)/h^2\big] \qquad (式 7.33)$$

其中,$w_i(u,v)$ 为用于估计 $f(u,v)$ 的第 i 个残差的权重,$d_i(u,v)$ 为第 i 个观察点到点 (u,v) 的距离。如第 2,4,5,6 章提到的,h 为控制平滑程度的带宽,k 为令 $\sum_i w_i(u,v) = 1$ 的归一化常数。利用这些权重,可以利用下式估算点 (u,v) 的 f 函数:

$$\hat{f}(u,v) = \sum_i w_i(u,v)\epsilon_i \qquad (式 7.34)$$

该方法与第 5 章介绍的地理加权回归(GWR)具有一定的相似性(Brunsdon *et al.*,1996)。与克里金相似,ϵ_i 的观测值是未知的。然而,如果已知 $\boldsymbol{\beta}$,我们可以利用残差项 $\{e_i\}$ 估计 f 函数:

$$\hat{f}(u,v) = \sum_i w_i(u,v)e_i \qquad (式 7.35)$$

问题是我们并不知道 $\boldsymbol{\beta}$ 的值。然而,整理(式7.32)并用 $\hat{f}$ 代替 f 可得:

$$y_i - \hat{f}(u_i, v_i) = \sum_j \beta_j x_{ij} + \epsilon_i \qquad (式7.36)$$

因此,对 $y_i - \hat{f}(u_i, v_i)$ 做关于解释变量的回归运算可得 $\boldsymbol{\beta}$ 的估计值。显然, $\boldsymbol{\beta}$ 的估计值 $\hat{\boldsymbol{\beta}}$ 可用于式7.35。 $\hat{f}$ 和 $\hat{\boldsymbol{\beta}}$ 的关系可用如下矩阵形式的联立方程表示:

$$\hat{f} = W(y - X\hat{\boldsymbol{\beta}})$$
$$\hat{\boldsymbol{\beta}} = (X'X) - 1X'(y - \hat{f}) \qquad (式7.37)$$

其中, W 是第 ij 个元素为 $w_i(u_i, v_j)$ 的矩阵; $\hat{f}$ 为一列向量,第 i 个元素为 $\hat{f}(u_i, v_i)$ 。经过一系列的代数运算得到 $\hat{\boldsymbol{\beta}}$ 和 $\hat{f}$:

$$\hat{\boldsymbol{\beta}} = (X'(I - W)X)^{-1}X'(I - W)y \qquad (式7.38)$$

并且

$$\hat{f} = W(y - X\hat{\boldsymbol{\beta}}) \qquad (式7.39)$$

这样就可以用显性的表达式校准整个模型。值得注意的是半参数方法(式7.38)和克里金方法(式7.27)的相似性。平滑方法和克里金方法对 $\boldsymbol{\beta}$ 的估计十分相似。事实上,如果 $I-W=C$,则两种方法的估计值完全相同。

最后一个问题是平滑带宽 h 的选择。当 h 值非常小时,残差计算结果会相当不平滑,其结果会与误差项的随机变化十分接近。然而,当 h 非常大的时候,则会出现过度平滑, $f(u,v)$ 真正的特征会被平滑掉,并且无法在 $\hat{f}(u,v)$ 显现。此外, h 的选择与模型参数估计的方法不大一样。估算参数即估算 f 函数和向量 $\boldsymbol{\beta}$ 。而任何一组特定数据集都有其自身最为合适的 h 值。观察点的密度 f 函数的形状都是影响 h 值的因素。选择 h 的一个方法就是计算 y 预测值的期望均方误差。该方法与克里金预测残差的方式一样。在半参数方法中,没有关于 h 的使期望均方误差最小的简单数学表达式。但我们可以根据数据估算最小的均方误差,从而找到期望均方误差最小值对应的 h 值。估算期望均方误差的方法有很多。其中一种方法就是计算广义交叉验证得分(Generalized Cross-Validation,GCV)(Hastie $et\ al.$,1990)。定义如下:

$$GCV = \frac{1}{n} \sum_i \left\{ \frac{y_i - \hat{y}_i}{1 - tr(S)/n} \right\}^2 \qquad (式7.40)$$

其中 $\hat{y}_i$ 为 y_i 的拟合值, $tr(X)$ 为矩阵 X 的主对角线之和, S 为满足 $\hat{y}=Sy$ 的矩阵,其中 $\hat{y}$ 为 y 的预测值。对于这里的半参数模型, S 可写作:

$$S = X(X'(I - W)X)^{-1}X'(I - W) + I - W \qquad (式7.41)$$

h 的变化会引起相应的 S 和 GCV 的变化。为选取 h ,可以绘制对应的 GCV 曲线,在图上寻找最小值。由于 S 由 n^2 个元素组成,因此若观测点过多,则计算 S 会变得困难。通常,这里需要用到稀疏矩阵算法。

我们再以住房拥有类型数据为例,模型形式如下:

$$\text{自有住房率} = \beta_1 \sqrt{\text{失业率}} + f(u, v) + \epsilon \qquad (\text{式 7.42})$$

注意上式不包含 β_0,因为 $f(u, v)$ 的函数形式可以任意指定,也可以包含 β_0。对于住房拥有类型数据,GCV 随 h 变化的曲线如图 7.8 所示。虽然在 0.75—1.0 千米这个区域曲线变化不大,但还是可以看出当 h 位于 0.75 千米附近时,均方误差最小,而在这一区域预测出的 y 值也较为相似。利用最优的 h 计算得到的 β_1 估计值为 -18.26。对应的 $f(u, v)$ 估计值如图 7.9 所示。181 需要注意的是图 7.9 与图 7.6 具有相似之处。另外一件比较有趣的事情在于该模型可以进一步扩展,允许所有系数随空间位置的变化而变化。此种方法与 GWR 方法有异曲同工之妙。最终,还可以将模型扩展为支持自回归效应及空间变化,并且可以让 ρ 也随空间变化而变化 (Brunsdon *et al.*, 1998a)。

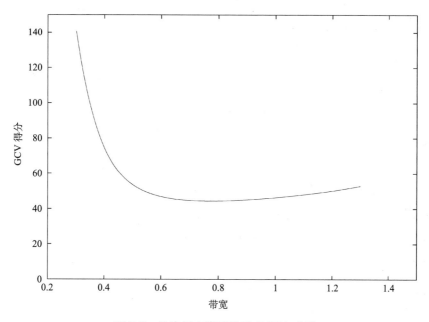

图 7.8　住房拥有类型模型 GCV-h 曲线

7.5　小结

本章讨论了一些考虑观测点间空间依赖性的回归方法。前两种方法,自回归模型和滑动平均法,均是基于区域的。误差项的协方差根据区域的邻接性或者区域中心点之间的距离来定义。显然,这很大程度上依赖于面积单元的选择。一旦获得这些信息,对同组数据以多种方

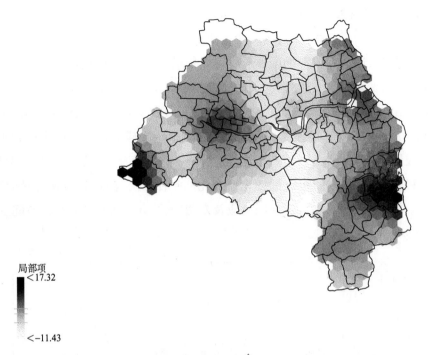

图 7.9　住房拥有类型模型中 $\hat{f}(u,v)$ 的分布图

式聚合来进行自回归和滑动平均分析可能会有所帮助。这样就可以知道模型对不同面积单元选择的敏感度。事实上,对于同一数据集,如果定义邻域的方式不同,获得的结果也可能不同。如表 7.6 所示,首先利用本章前面使用的邻接矩阵校准滑动平均模型,其次利用一阶或二阶邻接关系进行计算。这可以看作是可塑性面积单元问题的新表现形式(Openshaw,1984)。统计分析的结果不仅会受到分区的尺度和位置的影响,还会受到拓扑结构的影响。值得一提的是尽管我们可以计算出模型参数的置信区间,但这并不代表可以允许邻接定义存在不确定性。事实上,这些置信区间总是很小。

表 7.6　邻接矩阵定义的变化对滑动平均模型造成的影响

邻接类型	β_0	β_1
仅用一阶邻接	137.2	−20.08
一阶或二阶邻接	125.2	−18.52

克里金方法与后面方法的不同之处在于,克里金方法尝试使用观测得到的数据去校准误差项的相关程度。利用点之间的距离校准相关函数,而不是根据区域是否直接邻接判断空间依赖。一旦求出误差项的相关程度,便可以用误差项相关模型校准回归模型。然而,和前面一样,校准的假设前提是相关函数为确定的,而不是基于残差数据的估计曲线。这样便造成了与自回归和滑动平均模型相似的问题。尽管可以计算回归系数的置信区间,但这有些过于乐观,因为相关函数存在不确定性。迪格尔等(Diggle *et al.*, 1998)用贝叶斯框架(Besag *et al.*, 1993)解决了这个问题。

半参数模型和克里金模型的相似性也很有趣。尽管这两种方法对于观测数据生成的假设不同,预测的结果却十分相似。事实上,只要合理选择克里金方法的相关函数及半参数方法的平滑函数,便可得到一致的预测结果。这也揭示出空间回归的一个普遍问题,推测数据生成的潜在过程有时的确是个很复杂的问题。然而,有一点好处就是,就算选择了错误的过程进行建模,预测误差也不会很大。基于这种情况,选择计算最为简单的模型是比较明智的。这个例子中可能就是半参数方法。尽管这些方法都存在一些计算困难,但对于地理学家来说这些方法比简单的回归技术都有了进步,因为在分析的过程中考虑了空间特性。

183

第8章 空间数据的统计推断

8.1 引言

对于部分读者来说,本章题目看起来可能会令人望而生畏。统计推断可能看起来是个复杂的课题,事实上有时的确如此。对于计量地理学者来说,深入了解统计推断的潜在问题十分重要,原因如下:首先,在任何定量分析中推断都非常重要。在任何研究中,数据被搜集来就是为了对某个潜在过程或形势进行推断。就算是不对任何前提假设进行验证的探索性研究,也需要从经验证据中推断出一些初步想法。其次,在统计界对待推断的态度也在逐渐改变。在十几年前很少使用的方法如今已经司空见惯,对于某些既定观点的重要性和实用性的争论更多。显然,这些争论的内容也将适用于使用推断方法的计量地理学者的相关工作。

因此,本章主要是向计量地理学者介绍一些与统计推断相关的问题,让他们对当前的热点问题的背景和内容有所了解。统计推断有多种分类方法,本章分类方法见表 8.1,虽然不是包含了所有的方法,但还是涉及了目前的一些主要方法。

推断方法大致可分为形式和非形式两类。形式方法用于检验数据搜集之前提出的理论假设。这些假设用数学公式来表示,使用形式方法可以用来量化假设应用于观测数据的合理性。

表 8.1 本书中推断的分类

推断				
非形式			形式	
探索性数据分析	可视化	数据挖掘	贝叶斯	经典(理论和实验)

众所周知,非形式方法并不严格。但该方法的目的是,用图形方法或用其他方式表达结构,以便更加清晰地显示数据的模式。在此基础上,分析者可以进一步用主观的方式探寻其理论内涵。和前面提到的一样,解决问题的第一步是先提出假设,非形式方法其实就是非常好的产生假设的技术。基于观测数据来识别模式常常可以发现新的研究问题。

表 8.1 可作为本章的结构图。首先讨论非形式推断技术,其次是形式推断技术。表 8.1 最后一行所列举的两大类技术的具体方法将被依次讨论。紧接着,将对形式推断的两种方法进行对比研究,尤其针对模型选择和模型校准两方面。接下来将讨论实验的显著性检验。上述方法符合一般的经典框架,当分析时遇到特别棘手的问题时,我们将采用蒙特卡罗模拟。本章最后一部分主要是介绍前面提到的统计界的一些争论。

8.2　非形式推断

本节所提到的所有方法有一个共性,即它们对计算能力有很强的依赖性。例如,可视化需要利用到当前所有计算机都能提供的交互式图形功能。在最近发表的一篇文章中,布伦斯登(Brunsdon,1995a)认为微型计算机的出现使多数研究者都能使用图形技术进行研究,并展示了它们在 1991 年的英国人口普查数据分析中的应用。这种情况与 1981 年人口普查的情况形成了对比。当时虽然有个人计算机,但其图形能力并不能完成如此繁重的可视化任务。类似地,具有较大计算量的方法(比如数据挖掘)需要利用当前计算机硬件速度方面的优势。

8.2.1　探索性数据分析(EDA)与可视化

由于本书中有专门章节讨论前两种方法,因此这里只作简要介绍,而且这两种方法的内容也有一定的交叉,故这里一并对它们进行介绍。可以确定的是,散点图和柱状图是一种探索性数据分析方法。除此之外,描述性统计方法也在探索性数据分析中发挥着重要作用。例如,第 4 章所提到的五数概括法就为单变量数据的分布特征提供了一种直观的表达。另外,对表格的深入分析也是探索性数据分析方法的重要组成部分。

对地理学者来说,地图技术显得尤为重要。因为对于任何空间数据集,识别空间模式都非常重要。分析者可能会提出以下几个具有代表性的问题:

- 一组地理点是否呈现集聚模式?
- 一组地理点是否呈现分散模式?(换句话说,这些点间的距离是否比随机模式更加远?)
- 一组面数据的分布是否存在自相关?
- 存在空间异常值吗?
- 是否存在某种空间趋势?

前两类问题与点模式有关。当存在某种排斥力的时候,会发生第二问题提到的分散分布现象。例如,有些动物表现出占域行为,不会在和同一物种的其他动物距离太近的地方繁殖。

有些情况下,前两个问题需要参考一个基本集聚水平才能回答。例如,我们可能会遇到这样的问题,即"入室盗窃案件在空间上的集聚程度是否比家庭住户更为明显?"。最后一类问题可以用统计图的方法解释(Tobler,1973a;Dorling,1991)。

第三类问题与面数据或分区数据有关。如果邻近分区的取值相似,则呈正的自相关。例如,人口普查区的平均房价就呈现这种模式,极少有呈负自相关的。负自相关这一术语用于描述一种情况,即与随机分布相比,越是邻近的分区取值越是不同。例如将棋盘上的格子视为一系列的区域,白格子代表 0,黑格子代表 1。注意前面两个关于点模式的问题,可以通过计算点数量或单位面积的比率把点数据转换成面数据。然而,必须注意的是,集聚的点模式既可以被转换为正自相关的面模式,也可以被转化为负相关的面模式(图 8.1)。这是一个可塑性面积单元问题(Openshaw,1984;Fotheringham *et al.*,1991)。这个问题对可视化和形式分析的效果都可能产生影响。

第四类问题也是分析的重要部分。在社会科学中可能会出现异常观测值(偶尔也会出现在自然科学中)。其产生原因可分为两大类,一类是记录错误,另一类是存在真实的异常观测值。遗憾的是,仅仅依靠数据分析不能找出异常值产生的真正原因,而是需要更加仔细地检查原始数据及其采集过程。然而,探索性数据分析和可视化可以较好的帮助判别异常观测产生的原因。

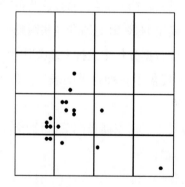 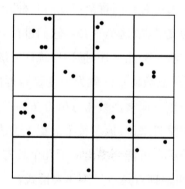

图 8.1 集聚的聚合效应

注:左图中点状数据的集聚显示出正的自相关;而右图则显示出负的自相关。两种点模式均呈集聚状。

最后,探索性数据分析和可视化可能会被用来识别数据的趋势。从地理学角度看,趋势可以是国际性的、国家的、区域的或者地方性的。例如,英国的北部房价是否通常比较低?城市中心区域是否比周边偏远的地区更容易发生家庭入室盗窃?这类趋势通常可以直接从地图上识别出来,或通过与平滑技术相关的制图方法观察出来,例如,GWR(Brunsdon *et al.*,1996)或概率密度估计(Brunsdon,1995a)。

总之,以上任何一种方式的探索性数据分析或可视化均可视为推断过程。在各种情况下,我们所做的就是选用适当的方法推断出上述五类问题的答案。显然,这些都是非形式的推断方法(表8.1)。在某些情况下,可以采用更加严谨的形式推断方法来解决这些问题,但需要在检验前对形式模型进行设定。这时,往往需要通过初步的探索性检查来确定模型设定的策略。另外一些探索性数据分析或可视化方法,比如那些可识别异常值的方法,尚没有形式推断方法拥有与其对应的功能,但这些方法无疑也是空间数据分析的重要组成部分。

8.2.2　数据挖掘

大多数的可视化和空间数据分析一次仅能应用于少量变量。然而,在多数案例中数据集会包含大量的变量。如果数据集拥有 m 个(或 m 维)变量,则变量间可能存在 $m(m-1)/2$ 种两两相互作用关系,$m(m-1)(m-2)/6$ 种三向相互作用关系,或者更加广义的 $m!/k!(m-k)!$ 种 k 向相互作用关系。尽管有些可视化技术(如散点图矩阵)可用于表示两两关系,我们通常还需要其他方法去实现更高维的关系表达。在书中的其他部分就讨论了这样一类方法,即将 m 维空间映射到 2 或 3 维空间上,之后就可以应用标准的可视化技术。再将计算结果映射回原来的 m 维空间就可以识别原始数据的模式。

此外,还可以利用计算机算法寻找数据内部的模式和结构。这种方法称为数据挖掘。数据挖掘方法包含很多种技术。这些技术利用了不同的基本思想与 EDA 和标准可视化技术相比,这些方法的共同特征在于需要进行大量的计算。另外,数据挖掘过程中没有形式化的统计模型。这里将重点讨论两种技术,第一种是聚类分析。本章将对它的介绍最为详细,因为这种方法相对简单,同时该方法中用到的推断方式与大多数其他的数据挖掘方法是相关的。本章的这些例子并非详尽无遗,但尽量让大家对不同的方法都有所了解。

8.2.2.1　聚类分析

这也许是数据挖掘最古老的方法了。在这种方法中,依据特定的算法,数据集将被划分为若干个类。数据挖掘的一个典型特点在于拥有大量的变量和大量的观测数据。聚类分析大致可分为两种方法,即层次方法和优化方法。当然一些新型的方法不属于其中的任何一类。层次方法中,首先分别赋予每个观测值不同的类别,再根据相似性法则对类别进行不断的融合。例如,最小距离算法如下:

1.每个观测点各自为一类,共 n 类。

2.寻找属于不同类中最接近的一对观测值。如果有 m 个变量,接近程度通常用 m 维空间的欧几里得距离来定义。当然也可以使用其他方法。

3.将第二步中的两类合并为一大类。

4.如果剩下类别的不止一个,再回到第二步。

算法结束时,只剩下一组。同时,通过查看类形成的历史信息以及每次划分类别时采用的最小距离,可以获得很多的有用信息。我们也可以改变第四步中运算的停止规则。例如,当类的个数减少到大于 1 的某个值或者第二步中的最小距离超过某个限度时终止运算。

最小距离方法并不是层次聚类的唯一方法。通过改变第二个步骤可以转变为其他的方法。例如,类融合的最近邻法则可由类成员的平均距离代替。显然,不同的层次方法可以产生具有不同属性的类别集合,甚至同一种方法的不同终止规则计算出的结果也不一样。

另一种较常用的聚类方法为优化方法。和前面一样,在这种方法中,数据被划分为若干的类,但使用的不是层次聚类中的序列融合方法。在这里,要预先设定好类的个数,各观测值会依照最优化准则被分配到各种类中。这种准则通常用各类间的紧密程度衡量。例如,k 均值法的规则是使数据集的类内平方和最小。类内平方和具体求法是将类的中心定义在 m 维空间中,并计算类中各个成员与中心距离的平方之和。

优化问题有时相当的复杂。举个例子,如果数据集中包含 100 个观测值,想利用 k 均值法将其分为 4 类,则存在着 $4^{100} \approx 1.6 \times 10^{60}$ 种可能的分类方式。穷举各种分类显然不够明智,因此通常需要应用一些启发式的搜索方法。一般先对观测值进行初始分配,其次通过对观测值进行组间调整的方式优化准则,直到无法进一步优化为止。遗憾的是,这种方法很难保证全局最优,最终的分类结果很大程度上依赖于初始分类。因此,优化聚类算法的结果依赖于初始的类分配、优化准则以及设定类的个数。

因此,层次和优化聚类算法都依赖于我们主观设定的一系列参数值。如前所述,还有许多其他的聚类分析方法,当我们试图从聚类分析的结果得出结论时,就产生了问题。在没有理论指导的情况下,为应对方法和参数的多样性,我们不得不采纳贝利和加特雷尔的建议(Bailey *et al.*, 1995):

> 鉴于有众多的聚类方法可供选择,对于某个专门应用使用多种方法不失为一个好的主意。如果采用多种分类方法计算出来的分类结果类似,则说明分类结果具有较强的稳健性,并非选用特定方法算出的人为结果。聚类方法总能产生类别,而分析人员的职责是判定分析结果是否具有实际意义。

事实上,这一有价值的建议普遍适用于各种数据挖掘方法。本质上,数据挖掘是为了研究数据的模式,但是很难辨别出计算出的结果是否符合数据真正的模式,或者只是数据挖掘过程中某些人为因素造成的结果。不幸的是,一些方法属于"黑箱"操作,研究者无法得知计算的内部机制,很难解决上述问题。因此,在我们看来,最好避免使用黑箱技术。如果我们能够确定某些情况下数据挖掘方法非常适用,那么知晓方法的内部机制对于判断其是否真正反映出数据的模式来说相当重要。下文即将讨论的另一种数据挖掘技术在计算和使用时就需要考虑这一问题。

8.2.2.2　神经网络

数据挖掘的最新进展是神经网络的使用(McCulloch *et al.*,1943)。很多文章都对神经网络的内在机制进行了详细讨论,如赫兹等(Hertz *et al.*,1991)和格尔尼(Gurney,1995)。本质上,神经网络属于"机器学习"范畴,是对大脑"真实"神经的不精确地模拟。简要地说,一个(人工)神经元可被视为一种通信装置对输入信号进行组合而产生输出信号。在一个基本的网络中,如果输入的加权和超过某个阈值则输出值会由 0 变为 1,基于这个最初的模型可外推出许多其他方法。例如,可用连续的罗杰斯特函数代替上述的二进制阶梯函数。在神经网络中,许多神经元被连接在一起。图 8.2 就是一种具有代表性的分层连接模式。

向第一层传入输入值后会产生一组输出值(在本例中第一层有 5 个输出)。输出的结果依赖于输入组合时的权重。这些输出又将作为下一层的输入,这又将产生新的输出传输到下一层,直到得到最终的输出(在这个例子中有两个输出)。如果权重选择恰当,每个神经元就相当于 1 个特征探测器,当输入满足某种特定的模式时,便得到较高的输出值。[①] 因此,包含 5 个神经元的层可以对 5 个不同的特征做出响应。多个层次可以用来探测特征的特征。例如,当第一层中的两个特定特征同时出现时,进行逻辑与运算操作,第二层上的神经元便能探测到。如果网络有 m 个输入,每个输入都对应于数据集的一个变量,通过读取最终输出层的输出值,就能得到网络对每个观测值产生的"响应"。

在典型的神经网络计算应用中,往往神经元个数相当多,数据量很大,需要探测的特征也很多。从这个意义上讲,这种方法可看作是一种数据挖掘操作。人们希望利用网络中的层来探测出数据的特征(或模式)。困难在于每个神经元权重和阈值的选择。权重和阈值都可被看作网络的参数,对于一个给定的数据集,我们需要寻找到合适的参数才能使网络产生好的响应。一个常用的方式,被称为监督学习,即为观测提供一个训练数据集和一组期望响应。寻找合适的权重和阈值是一个优化问题;权重的选择要使网络输出值尽可能地接近期望输出值。寻优的过程通常被称为网络训练。它在性质上与统计回归以及判别分析相类似。

遗憾的是,寻优的过程十分复杂。例如,假设每个神经元均有一个输入权重和一个阈值。图 8.2 中的神经网络则拥有 56 个参数,然而这个网络远比实际中使用到的网络要小。优化方法有很多种,但计算量都很大。也有人对这些方法进行了改进。例如,利用某种算法改变神经

190

[①]　如果神经元使用输入的加权和,则只能探测到线性特征(如平面中位于直线上的一个二维输入)。

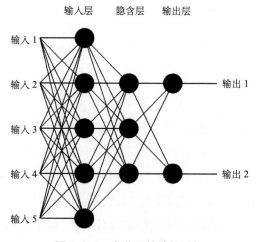

图 8.2　一个分层的神经网络

注:神经元为实心圆;线表示输出与输入的链接;输出值向右传输。该网络包含 5 个输入和 2 个输出。

网络的结构,并在训练过程中动态地添加或删除神经元(Reed,1993)。还有人利用其他的函数代替逻辑斯蒂函数和阈值响应方式,如径向基函数(Broomhead et al.,1988)。

权重的选择还可以使用非监督学习方法。如果说监督学习与判别分析及回归相似,那么非监督学习则类似于聚类分析。训练非监督网络时不需要提供期望响应,网络在探测数据特191 征时也不需要用到监督网络中的最优化引导。权重选择可以采用的一种方式是竞争学习方法。在这种方法中,如果神经元对于某个特定输入产生最强的响应(也就是输出值最高),则通过调整权重会使得该神经元对这一输入以及相似输入的响应增强。自适应共振理论(A-daptive Resonance Theory,ART)就是这样的一个例子(Carpenter et al.,1988)。若不考虑与神经计算相关的部分,这种方法与前面章节中提到的 k-均值聚类极其相似。在非监督学习中,神经元的结构通常不同于监督学习中常用的层次型结构。如,科荷伦(Kohonen,1989)将神经元排列在点阵中,并对响应最强的神经元及其邻近神经元应用类似 ART 的竞争学习法。一般情况下,非监督学习的神经网络规模很大,其训练耗时也久。特征识别是一个关键的概念,这再次说明了神经网络是一种数据挖掘工具。

神经网络方法也有很多有趣的问题。首先,监督和非监督网络所做的工作略有不同,因此需要以不同的方式使用两种方法进行推断。监督学习本质上是个预测工具,首先训练网络使其能产生期望输出,然后用一组新数据去预测(没有观测到的)响应。需要再次说明的是,回归分析和判别分析也是这种原理。然而,进行预测推断的时候,需要思考预测机制和机制产生的预测结果的合理性。这就出现了一个问题,探测到的数据特征也许是真实的,而且会提供有用的预测信息,而有些探测到的数据特征可能是虚假的,是未来数据集中不会出现的巧合现象。这些虚假特征也许会引起误导,也有可能导致错误的预测。在神经网络中,需要添加足够的神经元去探测"真实"的特征,但也不需要过多的神经元以至于探测出虚假的特征。我们很难确保神经元的数量和真实特征的数量一致,也不能确保每个神经元都能成功探测到真实特征。传统的统计方法也面临同样的问题,一个神经网络神经元过多就像回归模型变量太多一样。在回归模型中,虚假变量会对预测造成不利影响。不幸的是,目前神经网络中针对该问题的理论指导远比统计分析中少的多。

尽管理论上有困难,但对神经网络的一个说法是,它在预测方面的能力要强于"统计模型",原因是它为非形式预测推断提供了额外的置信度。然而也有人持不同的观点:

> 加州大学洛杉矶分校的怀特(White)曾发表了一篇文章。他利用神经网络预测 IBM 的股票收盘价格。这篇文章和其他一些文章的结果都表明,神经网络在这些计算中的准确性并不比传统统计方法高。(阿哈罗未南(G. Aharonian)摘自 comp. ai. neural-net 新闻网站,首次转载于巴恩多夫·尼尔森等(Barndorff-Nielsen *et al.*, 1997)的论著中。)此中"怀特"可能是加州圣地亚哥大学的赫伯特·怀特(Halbert White),参见 White,1988。)

192

另外也有文献认为,那些过分夸大监督神经网络优势的人实际上并不是该方法的发明者(Watt,1991)。

非监督神经网络的前景或许更为乐观。该方法一般不用于预测。正如前面提到的,非监督神经网络的思想与聚类分析技术十分相似。事实上,对于特定的数据集,可将该方法与传统的聚类分析方法结合使用,任何关于聚类分析非形式推理的陈述也同样适用于非监督神经网络。科荷伦(Kohonen)方法的另一个优势在于,它具有对神经网络结构进行可视化的功能(Kohonen,1989;Gurney,1995)。

8.3 形式推断

这里首次提及了概率这个概念。推断问题可被理解为基于可观测到的相关信息对未观测的信息所作的陈述。例如,我们可能希望知道一组被测点集是否服从均匀分布(非集聚)。这里的不可观测信息是数据是否服从均匀分布,而可观测信息是一系列的点坐标。在上一章节中,对于不可观测信息的推断是建立在非形式的基础上的。然而,在很多情况下,如果能够给出对不可观测信息相关陈述的可靠性的定量测度,是有助于我们的推断的。通常情况下用概率来测度,常用的两种方法是贝叶斯推断和经典推断,这里我们将一一介绍。

8.3.1　贝叶斯推断

贝叶斯推断是基于贝叶斯定理(Bayes,1763)的,与条件概率有关。假设 $p(X)$ 是 X 为真的概率,$p(A|B)$ 为 B 为真的前提下 A 为真的概率。则贝叶斯定理最简单的形式如下:

$$p(B \mid A) = \frac{p(A \mid B)p(B)}{p(A)} \qquad (式 8.1)$$

该式的推导过程相当简单。(具体可见 Gelman *et al.*,1995)。简言之,贝叶斯定理表述了条件 B 下的 A 概率与条件 A 下的 B 概率之间的关系。从推断的角度看十分有用,假设 A 是一个可观测的现象,而 B 是一个不可观测的现象。如果已知条件 B 下可观测 A 的概率,那么便可利用贝叶斯定理对不可观测现象 B 作概率陈述。当然,$p(A)$ 与 $p(B)$ 需要为已知值,称 A 和 B 的边缘概率。$p(A)$ 为不考虑 B 的真假 A 为真的概率,显然 $p(B)$ 也被可看作相应的 B 为真的概率。$p(A)$ 也可被表述为 B 为真时,A 出现的概率与 B 不为真时 A 出现的概率之和。

$$p(A) = p(A \mid B)p(B) + p(A \mid \tilde{B})[1 - p(B)] \qquad (式 8.2)$$

贝叶斯定理的另一种表述形式可写为:

$$p(B \mid A) = \frac{p(A \mid B)p(B)}{p(A \mid B)p(B) + p(A \mid \tilde{B})[1 - p(B)]} \qquad (式 8.3)$$

这种表述有时非常有用。符号 $\tilde{X}$ 表示 X 的逻辑非,也即非 X。要计算 $p(B|A)$,需要知道 B 为真时可观测值 A 的概率,B 为假时可观测值 A 的概率,和 $p(B)$。$p(B)$ 为不考虑 A 的情况下,不可观测值 B 为真的边缘概率。在贝叶斯范式中,这可以看成是在观测到 A 之前 B 为真的概率。下面为解释上述公式的实例:

假如你在一家商店工作,商店的顾客不是来自村庄 X 就是来自村庄 Y。村庄 X 有 100 个居民,其中 30 个人有红色的小汽车,70 个有非红色的小汽车。村庄 Y 有 80 个居民,其中 20 个人有红色小汽车,60 个有非红色的小汽车。一辆红色小汽车停在你的商店门口,但你看不到司机。根据小汽车颜色,司机来自村庄 X 的概率是多大?

这里,不可观测的信息为顾客是来自村庄 X 还是村庄 Y,而可观测的信息是顾客开的是红色小汽车。因此,陈述 A 和 B 的定义如下:

- A:顾客有一辆红色小汽车。
- B:顾客住在村庄 X。

我们来看贝叶斯定理计算所需的概率。$p(A|B)$ 是已知顾客来自村庄 X,该顾客有一辆红色小汽车的概率。答案为 30%。相似的,$p(A|\tilde{B})$ 是已知顾客不是来自村庄 X,该顾客有一辆红色

小汽车的概率。因为顾客不是来自村庄 X 就是村庄 Y，所以 $p(A|\tilde{B})$ 也即来自村庄 Y 的顾客拥有红色小汽车的概率。答案为 25%。最后，$p(B)$ 是不考虑此汽车的颜色，顾客来自村庄 X 的概率。答案为 55.6%（5/9），或 5/9。接下来便可计算最初的问题 $p(B|A)$：

$$p(B \mid A) = \frac{p(A \mid B)p(B)}{p(A \mid B)p(B) + p(A \mid \tilde{B})\left[1 - p(B)\right]} = \frac{\dfrac{3}{10} \times \dfrac{5}{9}}{\dfrac{3}{10} \times \dfrac{5}{9} + \dfrac{1}{4} \times \dfrac{4}{9}} = \frac{6}{10}$$

（式 8.4）

因此，已知汽车颜色，顾客来自村庄 X 的概率为 60%。注意这个问题还有其他的计算方法，可以直接计算 $p(A)$。$p(A)$ 是一个顾客，不考虑居住的村庄，拥有红色小汽车的概率。因为两个村庄共有 180 个人，拥有红色小汽车的总人数为 20+30=50。则概率为 27.8%（5/18）。那么，根据贝叶斯定理的最初的公式可以得到：

$$p(B \mid A) = \frac{p(A \mid B)p(B)}{p(A)} = \frac{\dfrac{3}{10} \times \dfrac{5}{9}}{\dfrac{5}{18}} = \frac{6}{10}$$

（式 8.5）

显然，这和前一种方式的计算结果相同。

虽然这是我们虚构出来的例子，但却包含了贝叶斯分析的所有构成要素。顾客来自村庄 X 的概率 $p(B)$，可被看作 B 的先验概率。这是在小汽车到达商店之前，司机来自村庄 X 的概率。看到红色小汽车后司机来自村庄 X 的概率被修正为 $p(B|A)$。这个条件概率常被称为 B 的后验概率。

在与实际更加相符的贝叶斯分析中，A 并不是一个单一的观测值，而是一组观测值，也就是一个完整的数据集。同时，不可观测值 B 也不总是简单的二值假设。例如，前面的村庄往往不止两个，而是有 m 个。假设这些村庄为 $1, 2, \cdots, m$，顾客来自各村庄的概率分别为 $B_1, B_2, \cdots, B_m$，则在这个例子中，贝叶斯定理形式如下：

$$p(B_k \mid A) = \frac{p(A \mid B_k)p(B_k)}{p(A \mid B_1)p(B_1) + p(A \mid B_2)p(B_2) + \cdots + p(A \mid B_m)p(B_m)} \quad \text{（式 8.6）}$$

其中，k 可为任意村庄，目的是在已观测到的汽车颜色的基础上推断出不可观测的参数 k。因为贝叶斯是一种形式化推断方法，所以推断的结果是以概率分布的形式表示的。

对于贝叶斯进行更进一步的扩展，可以对连续参数作推断。在本例中，用不可观测的向量参数 θ 代替 B，并用观测到的向量 x 代替 A。这与常见的统计问题联系更为密切。如在回归模型中 x 代表观测数据，θ 代表不可观测的回归系数。在这种情况下，可将离散公式 8.6 的求和

形式用积分代替得:

$$p(\theta \mid \boldsymbol{x}) = \frac{p(\theta)p(\boldsymbol{x} \mid \theta)}{\int p(\theta)p(\boldsymbol{x} \mid \theta)\mathrm{d}\theta} \qquad \text{(式 8.7)}$$

上式可谓是贝叶斯推断最常用的形式了。如,θ 可能是正态分布的均值和标准差,记作(μ, σ),$\boldsymbol{x}$ 为一组观测值。$p(\boldsymbol{x}|\theta)$ 为多元正态分布的概率密度函数,x 的每个元素的均值为 μ,方差 - 协方差矩阵为 $\sigma^2\boldsymbol{I}$。因此,

$$p(\mu, \sigma \mid \boldsymbol{x}) = \frac{1}{(2\pi\sigma^2)^{n/2}} \prod_{i=1}^{i=n} \exp\left[-(x_i - \mu)^2/2\sigma^2\right] \qquad \text{(式 8.8)}$$

这里,$p(\mu, \sigma)$ 的计算较为困难。在简单的例子中,先验概率可由经验知识计算得到。然而,却没有明确的计算先验概率函数的方法。在贝叶斯框架中可通过声明 $p(\theta)$ 解决这个问题。$p(\theta)$ 为 θ 的先验概率。如果没有 θ 的先验概率,可将 $p(\theta)$ 设置为均匀分布,则 $p(\theta)$ 为无信息先验分布。

　　遗憾的是,当 θ 取无穷值时,会遇到一些问题。在正态分布的例子中,μ 的取值可以是 $-\infty$ 至 ∞。对于这个例子来说,无信息先验分布不是一个合适的概率分布,因为一个常数不能明确的用 $-\infty$ 到 ∞ 的积分定义。然而,若能给出后验分布定义,也无须把它当作问题。在上述的例子中,如果对 μ 使用无信息先验分布,则 $p(\mu)=1$,假设已知 σ,则后验分布为:

$$p(\mu \mid \boldsymbol{x}) = \frac{(2\pi\sigma^2)^{-n/2} \prod_{i=1}^{i=n} \exp\left[-(x_i - \mu)^2/2\sigma^2\right]}{(2\pi\sigma^2)^{-n/2} \int_{-\infty}^{\infty} \prod_{i=1}^{i=n} \exp\left[-(x_i - \mu)^2/2\sigma^2\right]\mathrm{d}\mu} \qquad \text{(式 8.9)}$$

可以证明,$p(\mu|\boldsymbol{x})$ 是一个均值为 $\bar{x}$,方差为 σ^2/n 的正态分布,$\bar{x}$ 为 $\boldsymbol{x}$ 的样本均值。一般情况下,σ 未知,可以考虑使用 μ 和 σ 的联合后验分布(Gelman et al.,1995)。

　　贝叶斯方法还可以应用到更为复杂的空间模型中。例如,迪格尔等(Diggle et al.,1988)讨论了克里金的贝叶斯分析(Isaaks et al.,1998)。这是一种空间回归技术。本书的其他部分也对其进行了讨论。在克里金的贝叶斯分析例子中,观测数据为 (x,y,z) 的点集,未知参数为克里金系数及回归系数。这是贝叶斯分析应用于真实世界中的例子,同时,它也产生了一些现实问题。最明显的问题是贝叶斯定理中分母的积分很难计算。在更实际的情况下,贝叶斯定理只能被写作:

$$p(\theta \mid \boldsymbol{x}) \propto p(\theta)p(\boldsymbol{x} \mid \theta) \qquad \text{(式 8.10)}$$

上式中比例常量通常是未知的,所知道的仅是式 8.10 的右手边积分为 1。如果不能获得数据的分布信息又怎么知道其后验分布的属性呢? 模拟的方法一定程度上可以解决这一问题。如果可以模拟 $p(\theta|\boldsymbol{x})$ 中的 θ 值则可以产生大量 θ 值的样本,并且通过样本来计算 θ 的后验概率

属性。更进一步地,利用梅特罗波利斯算法(Metropolis *et al.*,1949;Metropolis *et al.*,1949)还可以在不知道比例常量的情况下模拟 $p(\theta|\mathbf{x})$ 值。基于上述两种方法,加之大量强大的个人电脑,使模拟过程得以快速完成,这也是贝叶斯方法在近几年得以广泛应用的原因。

因此,利用贝叶斯推断,我们就可以使用概率分布对不可观测参数进行解释或说明。在一些例子中还可以用来比较模型,其中一个方法就是考虑贝叶斯因子。假设 H_1 和 H_2 是两个比较的模型。例如,H_1 为普通回归模型,H_2 为含有空间相关误差的回归模型。其后验似然的比值可以表述为:

$$\frac{p(H_1 \mid \mathbf{x})}{p(H_2 \mid \mathbf{x})} = \frac{p(H_1)}{p(H_2)} \times 贝叶斯因子(H_2,\ H_1) \qquad (式8.11)$$

首先求 H_1 对于 H_2 的先验优势比,再乘以贝叶斯因子,可以得到后验优势比。贝叶斯因子就是一个优势比率,用以表示一个模型相对于另一个模型的比值是如何根据数据 $\mathbf{x}$ 而改变的。因此,根据计算结果我们可以得到这样的结论:"基于收集到的数据,空间回归模型与一般回归模型的优势比大于 4"。注意上述的公式指的是模型而非参数。通常,模型可能拥有很多共同的参数,但不是必需的。例如,用此方法可以比较空间回归模型和贝叶斯 GWR 模型。

然而,这种方法也存在争议。贝叶斯推断需要一组观测值、一个关联观测值与未观测参数的概率模型,以及不可观测参数的先验分布。最后一项便是争议的源头。正如前面说到的,在缺少先验信念的情况下可用无信息先验分布来代替。然而,很多实例表明这种先验知识不能满足实际的需求。例如,在过去的研究中,如果有学者已经估算了 θ,且使用的方法支持贝叶斯分析,则它的后验分布可作为新的研究的先验分布。另一些人却认为,基于相关的定性知识,人们可以知道关于 θ 的主观先验分布。

例如,我们要估算在英国上班出行的平均距离,也即估算 θ 值。如果我们将 θ 的无信息先验分布范围设置为 0 到∞,则会引起一定争议。这意味着 θ 为 10 英里或 1000 万英里的可能性是等同的。主观上讲,这似乎毫无意义。更明智的做法是将先验值设置为 0—200 英里的均匀分布,或者选择非均匀先验分布,值越大 θ 概率越小,但并非不可能。在这里选择指数分布可能更为合适。

也有人提出上述方法很难使人接受,因为从本质上讲,这种概率的使用带有一定的主观性,甚至被认为是没有意义和价值的。其争议主要在于,如果不加任何限制条件的使用先验信息,则我们可以从实验数据中得出我们想要的任何结论。这一争议也很难解决,但是统计推断的经典方法也存在相同的问题(见第 9 章),尽管它们更隐蔽。从乐观角度来看,如果先验分布服从非极端正则条件,$\mathbf{x}$ 的样本数据量(比如,n)越接近∞,后验分布则会越接近 θ 的真实值,具体可参考格尔曼等(Gelman *et al.*, 1995)的例子。也就是说,不考虑先验的选择,[①]只要有足够多的数据,后验分布会更加接近 θ 的真实值。因此,要是有足够的数据,即使先验假设不佳也不会对结果造成太大的影响。

8.3.2 经典推断

经典推断可能是地理学者最熟悉的统计推断了。推断框架主要包含显著性检验和置信区间等概念。许多空间统计分析都使用了这些概念。尽管如此,仍有人认为许多学生会对经典推断产生误解(Berry,1997)。本节中,我们会列出一些基本的概念并将其与 8.3.1 中的贝叶斯概念进行比较。

令人吃惊的是,贝里(Berry,1997)发现仅学习过经典推断的学生常常将其与贝叶斯推断的定义混淆! 然而就假设检验来说,贝叶斯方法与经典方法的区别相当清楚。无论概率的选择是客观的还是主观的,贝叶斯得出结论的形式为"假设 X 为真的概率为 γ"。而在经典推断中,假设 X(零假设)不是一个概率项,它用于表达非真即假的状态。这里,仅仅数据被视为是概率项。经典推断的问题往往表述为"给定特定的假设,获得特定数据集的可能性",通过数值函数(常被称作检验统计量)的应用便可判断出零假设的真假。数值函数本身是一个随机函数,因此经典的检验就可以转化为如下问题:"在给定的假设条件下,获得一个至少和观测到的检验统计量一样极端的可能性有多大?"。检验统计量是否超过某一特定的值决定了结果的真或假。当然结果可能为假。那么我们可以继续考虑结果为假的概率。表 8.2 列出了四种可能的结果。

表 8.2 经典推断使用的概率

		检验结果	
		真	假
零假设	真	$1-\alpha$	α
	假	$1-\beta$	β

注:α 为当零假设为真时,假设检验结果为"假"的概率;β 为当零假设为假时,假设检验结果为"假"的概率。

这里需要关注的概率主要有两个,一个是 α,即零假设为真时,检验为假的概率;另一个是 $1-\beta$,即零假设为假时,检验为假的概率。α 代表检验的显著性水平,β 为检验效能。因此,经典推断并不是指零假设为真的概率,而是指检验过程成功的概率。这些都是检验的操作特征。

---

① 需要记住"弱正则条件"。

假设我们可以根据零假设来确定检测结果的概率，那么检验的显著性水平也就很容易确定了。在许多标准统计文章中有大量这类检验的例子，通常是用来检验某个特定的模型参数是否等于 0。

检验效能的设定往往较难。通常，零假设是简单的数学表达。如一个特定的回归系数为 0。然而，这就会存在无限种选择：也就是说，除了 0 以外的任意回归系数值。显然，检验的效能取决于回归系数与 0 的差距。因此计算检验的效能经常需要绘制系数真实值与效能的关系图。然而，这样可能有些片面。一个假设可能会因为模型的错误设定而变成是错的，而不仅仅是由于几乎相同的模型中系数与 0 的偏差导致的。

这种经典方法也可以应用于参数估计。举个例子，给定参数 θ 的上下限，也即数值假设检验被应用于观测数据 x 的两个函数代替。在本例中，我们关注的是 α，即 θ 将被包含在置信区间的概率。需要再次提醒的是，α 是估计过程的操作特征，不是 θ 位于置信区间的概率。假设 θ 有一个固定的值，推断是针对置信区间将包含 θ 的概率而进行的。一个很典型的例子是给定一个样本向量 x，求正态分布均值的 $p\%$ 置信区间：

$$\bar{x} \pm t_{n-2,\ p/200} \frac{s}{\sqrt{n}} \qquad\qquad (\text{式 }8.12)$$

其中，n 为样本大小，$\bar{x}$ 为样本均值，s 为样本标准差，$t_{a,\ b/100}$ 为自由度为 a 的 t 分布第 b 个百分位。

最大似然估计在经典推理中也扮演了重要的角色。条件 θ 下 x 的似然为 $p(x|\theta)$。接着，考虑 x 为定值，似然是 θ 的一个函数，记作 $l(\theta)$。θ 的最大似然估计常写作 $\hat{\theta}$，是使得 $l(\theta)$ 最大的 θ 值。进一步，如果 $L(\theta) = \log(l(\theta))$，当样本大小趋向于无穷大时，$\hat{\theta}$ 的样本分布趋向于均值为 θ、方差为 $-1/L''(\theta)$ 的正态分布（DeGroot，1988）。和贝叶斯的渐近一致性证明一样，$l(\theta)$ 需要满足弱正则条件。再次说明一下，如果 n 值相当大，则 $\hat{\theta}$ 是 θ 一个很好的近似，近似的置信区间为：

$$\hat{\theta} \mp \frac{N_{p/200}}{L''(\hat{\theta})} \qquad\qquad (\text{式 }8.13)$$

其中，$N_{a/100}$ 代表正态分布的第 a 个百分点。这可以被扩展为多维 θ 值。

因此，经典方法提供了假设检验和参数估计的形式推断框架。然而，仍有人对这种方法持有异议，而且多数是针对假设检验的。主要问题在于，对于模型的一些参数 θ 的零假设大多可用 $\theta=0$ 的形式来表述。然而，真实的 θ 并不为 0，但是某些值十分接近 0，如 0.000 01。如果 n 足够的大，一个经典假设检验将会拒绝 $\theta=0$ 的零假设。然而，尽管这是经典框架下的显著结果，但是它是否具有实际意义？问题在于，零假设声明 θ 为实数线上的零值点。任何极小的偏

离都可能会与假设矛盾,如果数据量足够大,零假设很有可能被拒绝,早在1957年,就有学者提出了这一问题:

　　　　数据收集前,无差别的零假设①通常被认为是假的……数据收集完成后,拒绝和接受仅仅反映了样本的多少和检验效能,对科学并无贡献。(Savage,1957)

将近40年之后,仍有人对经典方法提出强烈的反对意见:

　　　　继续研究假设检验不是我们最需要关注的。如果统计学家们还想在即将到来的第75周年,百年或三百年的假设检验庆典中为此大出风头,那将会很不明智的(Nester,1996)。

问题在于,对于"θ是否严格为0"这样的问题似乎是没有意义的。我们更需要关注的是,"如果θ与0的偏差非常大,会造成多大的影响?"。这里,我们将对后一个问题进行解答。例如,在回归模型$E(y)=a+bx$中,b也许不严格为0,但我们想知道的是,随着x的变化b是否会引起$E(y)$的实质性变化。内斯特(Nester,1996)认为将经典推断的重点从假设检验转移到基于置信区间的参数估计上可以一定程度上避免上述问题。这种方法似乎有一定的道理,即我们并不是要检验某个参数是否等于某个特定值,而是试图获取参数的区间估计值。区间的大小一定程度上可以反映出关于参数取值陈述的确定性,根据区间的上下限幅度又可以判断参数是否足够大以至于会对结果造成实质性的影响。

8.3.3　实验及计算推断

8.3.3.1　经典统计推断与空间自相关

经典推断的基本步骤如下。首先提出零假设,如"样本所在的总体具有值为0的参数",并将基于样本数据集计算得到的统计量(如t统计量或z值)与已知概率属性的理论分布进行比较(如正态分布)。在比较的基础上,可以根据先验或指定的临界点来确定是拒绝还是接受零假设,并且可以得出如果接受零假设,结论为假的概率。另一个更好的选择是,我们也可以推导出由范围值构成的参数的置信区间,在该区间内,未知总体参数具有指定的置信度。无论我们采用哪一种方式来运用经典推断方法,都必须事先假定检验统计量的理论分布形式。对于某些统计量,如样本均值和最小二乘法估计,其理论分布是众所周知的,而且多数情况下,当满足有关分布的假设时,便可放心使用。然而,对于另一些统计量,要么没有已知的可以与观测值相符的理论分布,要么分布已知,但使用该分布所隐含的假设条件不满足。上述情况普遍

---

　　①　如果θ代表参数的差别,则本质上这与$\theta=0$的零假设等价。

存在于空间数据分析中,因此,构造合适的实验分布就显得尤为重要(Diaconis *et al.*,1983;Mooney *et al.*,1993;Efron *et al.*,1983;Efron *et al.*,1986)。

在统计推断中应用实验分布的核心思想在于,相对于对总体做不切实际的假设,基于样本数据可以更好地对统计量的潜在分布进行估计。通过对样本数据进行重采样可以得到一组新的样本数据,而对每组样本数据进行估计都可以得到一个特定的统计量。多次重复上述操作,就可以得到这些统计量的分布频率,也即实验分布,并可以将原始样本的计算值与实验分布进行比较分析。因此,即使是在理论分布未知的条件下,我们也可以构造任意统计量的实验分布。例如,不规则研究区域的平均最邻近距离等统计量。

作为构造空间数据实验分布的一个例子,我们考虑空间自相关系数莫兰指数的计算,第 1 章曾提及,公式如下:

$$I = \left(\frac{n}{\sum_i \sum_j w_{ij}} \right) \left(\frac{\sum_i \sum_j w_{ij}(x_i - \bar{x})(x_j - \bar{x})}{\sum_i (x_i - \bar{x})^2} \right) \tag{式 8.14}$$

其中,i 和 j 是空间单元的索引,共 n 个单元,$\bar{x}$ 为 x 的均值,w_{ij} 是区域 i 和 j 的权重(邻近程度)。权重可以用连续的反距离测度,也可用二进制来定义两个区域是否邻近。下面例子的中,我们假设权重用反距离来测度。莫兰指数的期望值(如果数据没有呈现出空间模式则将得到该值)为:

$$E(I) = -\frac{1}{n-1} \tag{式 8.15}$$

I 值大于该指数则表示存在正空间自相关(相似的值在空间上趋于集聚分布),小于该指数则表明存在负空间自相关(相似的值在空间上趋于分散分布)。

正如第 1 章提到的,若权重被定义为连续变量,则有两个理论公式可被用来计算 I 的方差。第一种是假设 x 属性的观测值是从正态分布中独立提取的,则 I 的方差为:

$$\text{var}(I) = \frac{n^2 S_1 + n S_2 + 3 \left(\sum_i \sum_j w_{ij} \right)^2}{\left(\sum_i \sum_j w_{ij} \right)^2 (n^2 - 1)} \tag{式 8.16}$$

其中,

$$S_1 = \frac{\sum_i \sum_j (w_{ij} + w_{ji})^2}{2} \tag{式 8.17}$$

并且,

$$S_2 = \sum_i \left(\sum_j w_{ij} + \sum_j w_{ji} \right)^2 \tag{式 8.18}$$

另一种方法是,假设观测数据产生的过程是随机的,观测值仅仅是 n 个空间单元中的 n 个数据

值许多可能排列中的一种。在这种假设下,I 的方差为:

$$\text{var}(I) = \frac{nS_4 - S_3 S_5}{(n-1)(n-2)(n-3)\left(\sum_i \sum_j w_{ij}\right)^2} \qquad (\text{式}8.19)$$

其中,

$$S_3 = \frac{n^{-1} \sum_i (x_i - \bar{x})^4}{\left(n^{-1} \sum_i (x_i - \bar{x})^2\right)^2} \qquad (\text{式}8.20)$$

并且,

$$S_4 = (n^2 - 3n + 3)S_1 - nS_2 + 3\left(\sum_i \sum_j w_{ij}\right)^2 \qquad (\text{式}8.21)$$

最后,

$$S_5 = S_1 - 2nS_1 + 6\left(\sum_i \sum_j w_{ij}\right)^2 \qquad (\text{式}8.22)$$

在两种假设下(正态的和随机的),I 的分布是渐近正态的;换句话说,只要 n 足够大,标准化统计量可以这样计算:

$$Z = \frac{I - E(I)}{\text{var}(I)} \qquad (\text{式}8.23)$$

并且可以参考正态概率表。这种方法的问题在于 n 必须达到多大? 以及若 n 很大,渐进正态的假设的情况如何? 这里,我们将比较经典统计推断与 I 的实验分布所得的结论。

8.3.3.2 实验分布和空间自相关

假设我们有某个属性的 n 个值,这些值分布在 n 个空间单元上,并且,基于给定的空间权重定义,已经计算出该分布的莫兰指数。就统计推断而言,我们需要回答的一个基本问题是:"我们观测到的某一种极端空间模式偶然出现的概率有多大?"。采用如下实验方法可以回答这一问题,即反复地将 n 个属性值分配到 n 个空间单元上,并且每次都计算莫兰指数值,直至得到 I 的实验分布。步骤如下:

1.计算属性 x 的观测分布的 I 指数,称 I^*;

2.随机地将 n 个数据值分配至 n 个空间单元;

3.在新的空间分布下,重新计算属性 x 的 I 指数并存储;

4.重复步骤 2 和 3(至少要重复 99 次,最好能达到 999 次)。

这样便获得了 I 的实验分布,并可以得到 I^*。实验分布中大于等于 I^* 的值所占的比例表明了莫兰指数为 I^* 是偶然出现的概率。

实验分布可以用来生成 I^* 附近 I 的置信区间。一般情况下,I 的 α 水平的置信区间被定义为包含真实值的概率为 $(1-\alpha)$ 的取值范围。该区间通常是以观测数据莫兰指数估计值 I^*

作为中心的变化区间。显然,为了获得这个区间,需要假设被检验分布的可变性。例如,在经典统计推断中,常常假设分布是正态的,则 I 的 $\alpha\%$ 置信区间为:

$$I^* - z_{\alpha/2}\sigma_I < I < I^* + z_{\alpha/2}\sigma_I \qquad \text{(式 8.24)}$$

其中,$z_{\alpha/2}$ 代表第一类错误发生概率为 α 时所对应的正态概率表中的 z 值。σ_I 可根据式 8.16 或式 8.19 估算得到。利用实验分布也可以得到 σ_I 的估计,尽管还有很多方式(Mooney $et\ al.$,1993),我们这里主要讨论其中的两种。

一种与上面提到的方法相似,利用实验分布估计 σ_I 的公式为:

$$\hat{\sigma}_I = \left(\frac{\sum_{k=1,\ m} (I_k - \bar{I})^2}{m - 1} \right)^{1/2} \qquad \text{(式 8.25)}$$

其中,k 为利用随机分配到 n 个空间单元的数据计算得到的 I 的序号,$\bar{I}$ 是 I 的均值,m 为 I_k 被计算的次数。σ_I 的估计值以及概率为 $\alpha/2$ 和 $1-\alpha/2$ 的 z-分布的点又被带入式 8.24 中。

式 8.24 设定的置信区间假设 I 的分布为以 I^* 为中心的正态分布,实际上是以 I 的期望值为中心,见式 8.15。因此弗里德曼和布里克尔(Brickel $et\ al.$,1981),埃夫隆(Efron,1981)给出了另一种方法,即百分位 t 方法。在这种方法中,实验分布的每个值 I_k,都被转换为标准化的变量 t_k:

$$t_k = \frac{I_k - \bar{I}}{\sigma_I} \qquad \text{(式 8.26)}$$

其中,σ_I 可由式 8.16 或式 8.19 估算或者利用式 8.25 的实验分布计算得到。对于所有 I 的计算,标准误差都是常数,因为标准误差仅依赖于数据分区的空间排布(见式 8.16 和式 8.19)。这就方便地免去了为估计单个标准误差而构造经验分布的需求,相关内容在穆尼和杜瓦尔文章(Mooney $et\ al.$,1993)的 41 页上曾提到过。

将 I 的实验值代入式 8.26,就可以得到 t_k 的实验分布,从中可以得到 $\alpha/2$ 和 $1-\alpha/2$ 百分位值,从而建立以 I 为中心的置信区间:

$$prob\left[\bar{I} - t_{\alpha/2}\sigma_I < I < \bar{I} + t_{1-\alpha/2} \right] = 1 - \alpha \qquad \text{(式 8.27)}$$

有证据表明百分位-t 的方法更加准确(Hall,1988;Hinckley,1988;Loh $et\ al.$,1987),但最终方法的选择取决于分析者,而且在很多情况下方法的选择可能并不重要。下面,我们将对计算 I 的置信区间的两种实验方法与利用式 8.16 和式 8.19 计算标准误差的经典方法进行对比分析。

8.3.3.3　经典推断与实验推断的实证比较

为了说明经典推断和实验推断技术在计量地理中的作用,我们将给出一个基于莫兰指数统计量的例子。本例中,研究区域(一个中心城市及其邻接的郊区)包括 26 个空间单元,每个空间单元中的经济活动人口(即有工作能力的人)数量及正在寻找工作的人口数量都是已知的。通过计算每个单元中后者相对于前者的比率,就可以得到如图 8.3 所示的失业率。

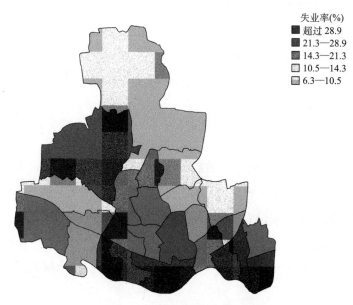

图 8.3　失业率的空间分布

　　反映空间自相关的莫兰指数表明了具有高失业率和低失业率的空间单元在空间上的集聚程度。为了计算该系数,我们需要定义一个空间关系矩阵,即 W。在本例中,W 是一个 26×26 的描述每一对区域邻近关系的矩阵。在此,我们设 $w_{ij} = \exp(-d_{ij})$,其中 d_{ij} 为区域 i 和区域 j 中心点之间的距离,单位为千米。利用式 8.14,可以计算得到失业率的莫兰指数,这里 $I = 0.266$,为正值,表明具有相似失业率的单元在空间上表现出一定程度的集聚趋势[①]。

　　然而,这一计算过程有两个问题:

　　1. I 值是否与不具有空间自相关性的样本的 $E(I)$ 值显著不同?

　　2. I 的估计值的可信度有多大?

　　通过计算 I 的置信区间可以回答上述两个问题。第一,可以检查 I 的 α 置信区间的上下限是否都大于 0。这相当于在 $I = 0$ 假设下的 α 水平显著性检验。第二,可以检查 α 水平置信区间的宽度,可以得到有关 I 估计准确度的信息。本章前面的论述提到了针对显著性检验的一些反对意见,因此,后面的做法更有价值。

---

　　①　莫兰指数最有可能值为 1。

这里,我们将利用四种方法计算 I 的 5% 的置信区间,其中两种是经典方法,另外两种利用了计算机模拟方法。经典方法中,我们分别以失业率呈独立正态分布(式 8.16)和呈随机分布(式 8.19)为零假设,估计 I 的样本方差。主要困难在于,每个例子都要对失业率的分布进行假设,并对 I 的渐进性进行估计。因为我们不能确定分布假设是否正确,也不能确定分析只有 26 个观测数据的数据集时,使用渐近分布性质是否合理。基于以上原因,我们还将利用实验技术分析数据,用计算机模拟精确分布来代替经典近似。

两种实验技术都考虑了 I 的随机分布,也就是说基于失业率在不同的区域间的随机分布获得 I 的分布。这里的零假设为,在空间模式未知的前提下,26 个失业率与 26 个区域的任何一种匹配方式都具有同等的可能性。这里,我们通过 9 999 次随机分配计算得到的 9 999 个 I 值来估计 I 的实验样本分布。这样,我们就有两种方法来计算实验置信区间,第一种方法是假设 I 的样本分布仍然是正态的[①],但需要利用实验分布(式 8.24)来计算样本方差。第二种方法是直接利用标准实验分布的百分位计算来获得置信区间,即所谓的百分点 t 方法。 207

利用四种方法构造的置信区间结果如表 8.3 所示。从表 8.3 中我们可以看出,经典方法计算出的置信区间比实验方法的区间更宽。经典方法计算出的 I 的标准误差大于模拟方法。在这个例子中,实验方法给出了一组较经典方法更窄的 95% 置信区间,尽管结果并非总是如此。

表 8.3　经典和实验方法计算的 I 的 5% 置信区间

		I	$E(I)$	$SE(I)$	$I_{0.025}$	$I_{0.975}$
理论	正态分布	0.266	−0.038	0.118	0.034	0.497
	随机	0.266	−0.038	0.121	0.028	0.504
实验	正态分布	0.266	−0.036	0.095	0.079	0.453
	百分位 t	0.266	−0.036	0.095	0.107	0.483

注: $I_{0.025}$ 和 $I_{0.975}$ 分别表示 I 的 2.5 百分位和 97.5 百分位。

利用第 4 章描述的概率密度估计方法,可以基于实验分布绘制 I 的抽样分布概率密度曲线,如图 8.4 所示。从图可以清楚地看出,该分布向右有轻微的倾斜,这表明渐进正态的近似估计在这里并不合适。因此,采用基于百分位 t 的实验方法对置信区间进行估计更为合适。应注意的是,与其他三种方法相比,这种方法计算得出的 95% 置信区间下限估计值要大得多。

值得注意的是,尽管四种方法的置信限都不包括 0,表明失业率的空间模式存在自相关,

---

① 除非 $n = 26$ 是一个足够大的样本,以保证近似渐近性质,否则结果值得怀疑。

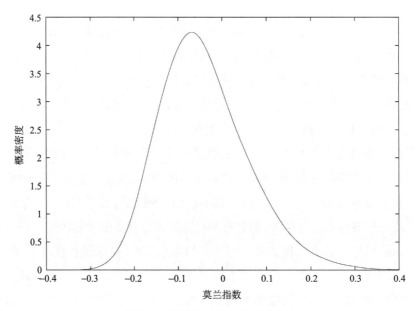

图 8.4　基于实验的 I 的抽样密度

但四种方法的置信区间都相当宽。对此的解释是,仅使用 26 个观测数据很难获得可信的莫兰指数估计值。简言之,尽管我们能够确信 I 大于 0,却不知道它准确的数值。

　　上述例子显示了如何通过实验方法进一步了解某些统计量的抽样分布特征。考虑需要进行多少次模拟才能获得 I 值抽样分布的可信估计值是非常必要的。这里使用了 9 999 次模拟来获取抽样分布,如图 8.4 所示。此外,图 8.5 中分别列出了 19、99、499 和 999 次模拟得到的分布估计结果。

208

　　由图 8.5 可见, $n=19$ 和 $n=99$ 的模拟抽样分布结果非常不稳定,而 499 次实验模拟结果则与 9 999 次的模拟结果十分相似。这表明,在本例中,499 次的模拟已经足够。

209

8.3.4　模型建立与检验

　　贝叶斯和经典方法这两种推断的重要目的都是进行模型设定。本质上,我们是利用观测数据确定哪一种理论模型最合适的。这里的两种形式方法提供了两种完全不同的方式。在经典推断中,最为典型的方法是考虑许多参数,并逐个进行显著性检验。尤其是在多元回归分析中,需要测试多个回归系数是否显著不等于零。这里需要解决几个问题。抛开上一节提到的对假设检验方法的反对意见外,一次性检验多个假设也会产生新的问题,尤其是当有大量假设需要检验时。假设需要对回归系数进行 40 个显著性水平为 5% 的 $\theta=0$ 的检验。假设所有的

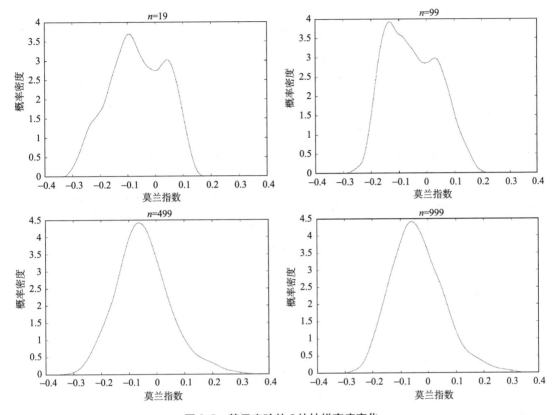

图 8.5　基于实验的 I 的抽样密度变化

检验都是独立的,平均来说,即使实际上可能所有系数都为零,被拒绝的假设个数期望值仍为 2。假如检验的结果表明有 4 个系数不为零,那么,如何确定这四个检验中哪些(如果有)才与真正不为零的系数相对应?

　　如果我们不能假设检验是相互独立的,问题将十分复杂。事实上,很多统计学著作将这个问题看作回归模型的共线性问题,即一种变量间存在相关性的现象。相关性的存在将导致系数假设检验的非独立性,也就是说,对于一个系数零假设的假拒绝很有可能会引起对与它相关的系数的零假设的假拒绝。此外,如果删除模型中的一个变量(或添加一个)也会影响其他系数的检验结果。这就使得大型模型中的多元显著性检验很难解释。

　　学者们考虑了很多种解决方法。奥尼尔和韦瑟里尔(O' Neill *et al.*, 1971)对这些方法进行了总结,尽管有人认为这些技术概念上是错误的:

　　　　多元比较方法在数据解释中毫无用处

（Nelder,1971）。

　　一个可能有效的方法是同时考虑所有感兴趣的参数。假设有 m 个参数,不考虑每个单独参数的置信区间,而是考虑 m 维空间的置信域。与之前一样,该区域包含 m 维点的真实值的概率为 α。例如,在二维空间中可能获得置信圆或椭圆。该方法十分有用:通过设定多维区域,我们可以表达参数估计的相互依赖性。在贝叶斯推断中,一个相似的方法便是利用多变量后验分布。这里,计算的是估计值,位于给定区域的概率。有趣的是,这种利用参数估计的方法可以回避假设检验问题,这也恰好呼应了前面章节的观点。这些方法还可以应用于更加普适的模型中。这些模型中需要建模的是函数而非系数(Hastie *et al.*,1990)。后一种方法类似于神经网络的功能,但它属于形式推断的范畴。

　　需要注意的是,无论贝叶斯推断还是经典推断,都有很多种其他的模型检验和模型设定的方法,但大多数的方法仍存在争议。具体实例可以参考马洛斯(Mallows,1973)关于经典方法和盖尔曼等(Gelman *et al.*,1995)关于贝叶斯方法的论述。

8.4　小结

　　本章的主要目的在于,一是介绍了基于观测数据进行推断的各种方法,二是探讨了当前关于这些方法优缺点的争论。表面上,这些方法和争论主要与统计学者相关,和地理学者没有任何关系,然而,地理学者常常会使用到这些有争议的方法。也许一个地理学者在他的某个研究阶段会使用显著性检验,他最好知道这并非一种被人们广为接受且无可非议的方法。不仅计量方法的批评者持这种观点,就连计量方法的使用者也这么认为。

　　那么,我们可以从中吸取哪些经验教训呢? 首先,根本就没有通用的统计方法。对于特定的数据集和特定的研究假设,总有几种不同的定量方法可以选择。"统计量"和"统计推断"实际上是越来越多不同方法的集合以及围绕它们展开的争论的综合体。一个实际的问题是,"我们应该选用哪一种方法?"。我们的建议是不能过于教条。本书中介绍的每一个推断系统都是基于经验数据的推断模型,并且,特定情境下,某些模型要优于另外一些模型。例如,当依据相关理论已经很清楚地作出了假设,那么形式化的方法则是首选。如果理论的数学计算相当复杂,我们可以选用实验方法。然而,如果是不能明确的问题,则探索性方法更为合适。一个实际的观点就是根据给定的问题选择最合适的方法,但同时不要忽略了关于这个方法的争论。

第9章 空间建模和空间理论的演化

9.1 引言

第 1 章主要介绍了计量地理学近年来已经成熟,它不再单纯地从其他学科汲取思想和技术,而开始成为思想和技术的输出者,特别是在空间统计和地理信息科学领域。从其他学科汲取思想本身是值得鼓励的,这样的学科交叉会带来很多好处。然而,自从二十世纪五十年代末六十年代初起源到现在,计量地理学就过度依赖于非空间学科,诸如经济学和物理学中发展起来的统计方法和数学模型。举例来说,计量地理学者引入了熵、投资组合分析、傅立叶分析、神经网络和新城市经济学方法等,而这些方法都被认为在与人类决策有关的空间过程分析方面具有局限性。

由于技术过分依赖于其他学科,导致了旨在解释纯粹空间过程的统计方法和数学模型的相对缺乏。因此,出现了大量针对建模技术的批评,其中大部分是合理的,有些则不是。批评主要是针对应用于人类空间行为的建模技术。这些技术主要是以个体同质性、空间非平稳性、全知性、理性、平衡性和行为优化为特征。这样的批评有时非常有力并极具影响力(Sayer, 1976;1992),因此导致了空间建模研究的减少。即使经典的空间模式,如中心地理论(Christaller, 1933)和韦伯的区位理论(Weber, 1909),也因为一些前提条件的不合理性,而被许多地理学家所遗弃。

对计量地理学某些方面的批评不一定是件坏事。事后看来,某些研究领域无疑会被视为发展的死胡同。放弃某些方法或课题是一门学科或子学科在演变和成熟的过程中不可避免的。谁知道现在流行的地理调查的某些部分,在 20 年甚至 10 年后不会变成历史? 然而,有时候针对空间建模的批评也产生了一些不必要的负面影响。例如,一些框架,如空间相互作用模型,仍然受到批评。这些批评有些是源于其最初的缺陷,而忽视了其最新的发展和改进。有时批评尽管合理,却会导致某一专题研究的彻底终止,而不是进行更多的研究以纠正其可能很容易改正的缺点。

不幸的是,这种批评在人文地理学中似乎特别普遍。主流学者似乎认为,大多数类型的空间建模都存在致命缺陷。它们无法解释人类的复杂态度、偏好和口味。这些属性不仅受个人情况和特点的影响,而且也与人类决策所处的文化、社会和政治环境有关。这种批评的一个典型例子是针对空间运动的数学建模,通常称为空间相互作用模型或空间选择模型(Fotheringham *et al.*,1989;Fotheringham 1991a;Sen *et al.*,1995)。这种模型通常用在零售店选址、影响评估、住房需求预测、区域人口预测、城市出行需求预测和其他众多领域。因此,本章我们将描述空间相互作用模型的演变及其理论依据,以说明以下三个问题:

1. 空间建模的研究者意识到必须使模型更加真实,与人类行为更为接近,而空间相互作用模型提供了这种演变的一个典型例子。

2. 空间相互作用模型的研究前沿进展远远超出了那些仍然抱有过时的社会物理学思想、把空间相互作用模型等同于重力模型的人们的观点。空间相互作用/空间选择模型给那些想要我们在人文地理学研究中放弃此类方法的人上了一课,告诉他们空间建模方法如何在其理论基础上发生演变,进而为人类空间行为提供深入的见解。

3. 这一领域的研究前沿如何随着建模方法的理论基础的深刻转变而动态变化。空间相互作用模型很好地证明了计量地理已经从引进其他学科思想的阶段,发展到了新空间理论的萌芽阶段。

214 空间相互作用模型经历了四个不同的阶段,每个阶段都是我们对空间运动理解的一个飞跃。按时间顺序排列,这些阶段分别是:(a)社会物理学为基础的空间相互作用;(b)统计力学为基础的空间相互作用;(c)非空间信息处理为基础的空间相互作用;(d)空间信息处理为基础的空间相互作用。图 9.1 描述了空间相互作用每个阶段的理论基础。

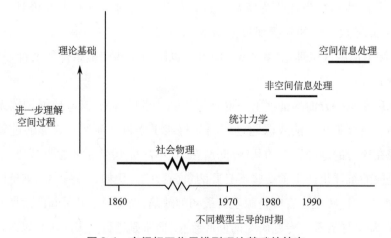

图 9.1　空间相互作用模型理论基础的转变

针对空间相互作用模型的主要批评源于前三个阶段。当时地理学从其他学科借用了大量的概念。事实上,基于局部参数估计的空间模式的经验证据,人们一直怀疑空间相互作用模型的基本公式对现实的描述具有严重错误。只有从空间信息处理的角度理解空间相互作用模型的基础,我们才能发现并纠正这一错误。识别传统空间相互作用模型中的误设偏差与第 5 章谈到的局部分析有紧密的关联。只有通过对局部空间相互作用模型的校准,才能使模型的误设变得明显:它们完全隐藏在全局模型的结果中。我们将在 9.5 节阐述局部空间相互作用模型证据的性质,更为具体地讨论请读者参阅福瑟林汉姆(Fotheringham,1981 ; 1983b ; 1984;1991b)的文章。

9.2　社会物理学阶段(1860—1970)

早在 19 世纪中叶,人们就开始尝试理解空间流动模式的规律,例如,凯里(Carey,1858)和拉文斯坦(Ravenstein,1885)认为城市之间的人口流动类似于固体间的引力。也就是说,大城 215 市间的迁移人口多于小城市。近距离城市之间的迁移人口多于相距较远的城市。因此,出现了基于牛顿重力模型来预测人口迁移的简单数学模型,模型的公式如下:

$$T_{ij} = k \frac{P_i P_j}{d_{ij}}$$ (式 9.1)

其中,T_{ij} 代表出发地 i 和目的地 j 之间的行程次数,P_i 和 P_j 分别代表出发地 i 和目的地 j 的规模(如,可以用人口规模测算),d_{ij} 代表出发地 i 和目的地 j 之间的距离,k 是一个尺度参数,与 T_{ij} 的大小和 $P_i P_j / d_{ij}$ 的比值有关。如果 i 地和 j 地之间的距离以英里为单位,行程数由 i 和 j 之间的流动人数测算,则参数 k 的单位是英里/人。

后来,人们认识到,简单的空间相互作用模型(如式 9.1)中所包含的关系可能会随着调查的流动类型以及其所处的经济社会环境的不同而发生变化。例如,距离对人口流动的制约作用可能在经济欠发达的交通设施相对落后的地区比在经济较发达的交通条件较好的地区更大。同样,人们购买奢侈品(如珠宝或古董)比购买基本商品(如面包和土豆)所受的距离影响要小。因此,为适应这些行为的变化,对式 9.1 进行了改进:

$$T_{ij} = k \frac{P_i^\alpha P_j^\lambda}{d_{ij}^\beta}$$ (式 9.2)

其中 α, λ, β 是待估计的反映空间流动及其解释变量之间关系的参数。

由于认识到出发地和目的地之间除了规模,还有其他很多因素也可能影响流动模式,所以简单重力模型公式得到了进一步完善,模型公式为:

$$T_{ij} = k \frac{V_{i1}^{\alpha 1} V_{i2}^{\alpha 2} \cdots V_{if}^{\alpha f} V_{j1}^{\lambda 1} V_{j2}^{\lambda 2} \cdots V_{jg}^{\lambda g}}{d_{ij}^{\beta}} \qquad (式9.3)$$

这里有 f 个出发地属性,V_i 影响离开 i 地的人流;g 个目的地属性,V_j 影响进入 j 地的人流(Haynes et al., 1984)。式9.2和式9.3所示的模型可以很容易地通过等式两边取对数的方法进行线性化,然后按照福瑟林汉姆和奥凯利(Fotheringham et al., 1989)所述利用最小二乘回归进行校准。

不管哪个式,式9.1,式9.2,式9.3,都是用来分析空间流动的。模型基础框架基本相同,都是物理学中的重力模型在社会学中的一个类比,用所谓的"社会物理学方法"建立模型。因此,由于它缺乏人们行为方式的理论基础而受到批评。不过,即使这个模型推导缺乏行为方式方面的理论,但模型本身可以产生合理准确的空间流动估计。因此,大量的努力都花费在试图为引力模型建立一个可以接受的理论框架上。[①]

9.3   统计力学阶段(1970—1980)

正当一些学者试图用各种框架来论证重力模型的数学形式的合理性时(案例见 Dodd,1950;Zipf,1949;Huff,1959;1963;Nierdercorn et al.,1969),另一个理论基础的重大进展来源于威尔逊(Wilson,1967;1975)的工作。威尔逊在他的物理学背景之上,取得了开创性的成果,即所谓的"空间相互作用模型家族",每个成员均来自于统计力学(Fotheringham et al.,1989)。

威尔逊建立了一个流矩阵,它描述了每组出发地和目的地之间流动人口的数量,称为系统的"宏观态"。这里宏观态是许多微观态的组合。微观态定义为出发地和目的地之间流动人口个体的描述。例如,宏观态可以描述5个人从 A 移动到 B 的情况,或者两个人从 A 移至 C 的情况;而微观态描述的则是个体。显然,许多不同的微观态可以构成一个宏观态。如果 N 个人被分组,并且 i 组的人数为 N_i,那么与任何特定宏观态相关的微观态的个数为:

$$R = N! \, / \prod_i N_i! \qquad (式9.4)$$

例如,我们安排5个人从 A 移动到 B,2个人从 A 移动至 C,那么有 7! /(5! ×2!)= 21 种可能。不同的宏观态可以有不同数量的微观态与它们关联。例如,如果我们指定7个人都从 A 到 B,没有人从 A 至 C,微观态只有一个。如果我们指定6个人从 A 到 B,1个人从 A 至 C,那么微观态就有7个。如果我们指定4个人从 A 到 B,3个人从 A 至 C,那么微观态的数目是

[①]   另外,收集出行模型数据的尝试引起了其他的结果。如,在英国,第一个将邮政编码和栅格参考关联的文件就是在政府号召的出行建模的尝试下产生的(Raper et al.,1992)

35。表 9.1 详细说明了各种可能性。

表 **9.1** 微观态与宏观态实例:在两股人流中(A→B;B→C) 分配 7 个个体

宏观态		微观态个数
A→B	A→C	
7	0	1
6	1	7
5	2	21
4	3	35
3	4	35
2	5	21
1	6	7
0	7	1

威尔逊将推导空间流动数学模型的问题归结为选择可以从最大数量的微观态构造的特定宏观态。这是在没有任何其他信息的情况下最有可能发生的。在上面的问题中,可能是 4 个人从 A 到 B 和 3 个人从 A 到 C,或者是 3 个人从 A 到 B 和 4 个人从 A 到 C。在空间流动的问题中,需要选择能够使式 9.4 中的 R 最大的 T_{ij}。等效地,可以最大化 R 的自然对数与 T 的比值,其中 T 为系统的行程总数(这不会改变优化结果,但数学上更容易计算),可以表示为下式:

找到使下式最大化的 T_{ij}

$$H \equiv (1/T)\ln R = (1/T)(\ln T! - \sum_{ij} \ln T_{ij}!) \qquad (式 9.5)$$

这里 ln 代表自然对数。如果所有的 T_{ij} 值都很大的话,可以使用斯特林近似

$$\ln T! = T\ln T - T \qquad (式 9.6)$$

和

$$\ln T_{ij}! = T_{ij}\ln T_{ij} - T_{ij} \qquad (式 9.7)$$

来获得

$$H = (1/T)(T \ln T - T - \sum_{ij} T_{ij}\ln T_{ij} + T) \qquad (式 9.8)$$

经整理,可以表示成下式:

$$H = -\sum_{ij} (T_{ij}/T)\ln(T_{ij}/T) \qquad (式 9.9)$$

或者可以等效地,定义 p_{ij} 为从 i 到 j 的行程与所有行程的比例,即 T_{ij}/T,

218

$$H = -\sum_{ij} p_{ij}\ln p_{ij} \qquad\qquad (式 9.10)$$

这是计算一个分布的熵的公式(Shannon, 1948; Jaynes, 1957; Georgescu-Roegen,1971),可以解释为对宏观态实际由哪种微观态组成的不确定性的测度。

然而,从表 9.1 列出的结果可以明显地看出,寻找使得公式 9.9 或式 9.10 中的熵最大化的行程集的方法其实很简单。当 T_{ij} 的值相等(或者尽可能接近)时,H 将取得最大值。威尔逊对空间相互作用模型理论推导的进一步贡献是给最大化过程添加了约束,如下

$$\sum_{ij} T_{ij}^* \ln P_i = P_1 \qquad\qquad (式 9.11)$$

这里 T_{ij}^* 代表了 T_{ij} 的模型预测,P_i 是出发地 i 的人口。

$$\sum_{ij} T_{ij}^* \ln P_j = P_2 \qquad\qquad (式 9.12)$$

$$\sum_{ij} T_{ij}^* \ln d_{ij} = D \qquad\qquad (式 9.13)$$

其中 D 是出行行程的总距离。

$$\sum_{ij} T_{ij}^* = K \qquad\qquad (式 9.14)$$

其中 K 是已知的所有的相互作用;

$$\sum_{j} T_{ij}^* = O_i \quad 对于所有的 i \qquad\qquad (式 9.15)$$

$$\sum_{i} T_{ij}^* = D_j \quad 对于所有的 j \qquad\qquad (式 9.16)$$

这里,O_i 是已知的各出发地的总流出量,D_j 是已知的各目的地的总流入量。

对式 9.9 的最大化施加约束的不同组合,会产生不同类型的空间相互作用模型,即所谓的空间相互作用模型"家族"(Wilson, 1974; Fotheringham et al., 1989)。举例来说,最大化式 9.9 在式 9.11 和式 9.14 的约束下,会产生式 9.2 所示的重力模型公式。利用式 9.12、式 9.13、式 9.15 约束最大化式 9.9,会产生所谓的产出约束空间相互作用模型:

$$T_{ij} = O_i P_j^\lambda d_{ij}^\beta \Big/ \sum_{j} P_j^\lambda d_{ij}^\beta \qquad\qquad (式 9.17)$$

利用式 9.11、式 9.13、式 9.16 约束最大化式 9.9,会产生所谓的吸引约束模型:

$$T_{ij} = D_j P_i^\alpha d_{ij}^\beta \Big/ \sum_{i} P_i^\alpha d_{ij}^\beta \qquad\qquad (式 9.18)$$

利用公式 9.13、式 9.15、式 9.16 约束最大化式 9.9,就可以产生所谓的产出—吸引或双约束模型:

$$T_{ij} = A_i O_i B_j D_j d_{ij}^\beta \qquad\qquad (式 9.19)$$

其中

$$A_i = \sum_{j} \left(B_j D_j d_{ij}^\beta \right)^{-1} \qquad\qquad (式 9.20)$$

$$B_j = \sum_i (A_i O_i d_{ij}^{\beta})^{-1} \qquad\qquad (\text{式 9.21})$$

福瑟林汉姆和奥凯利(Fotheringham *et al.*, 1989)介绍了这些模型应用的例子以及如何校准这些模型的细节。使用阿隆索(Alonso, 1978)首次提出的框架,福瑟林汉姆和迪格南(Fotheringham *et al.*, 1984)展示了如何将这四种空间相互作用模型视作重力模型连续体上的极值点。而这些重力模型是通过施加不同程度的约束方程来定义的。

威尔逊推导的关于空间相互作用模型家族的熵最大化理论的重要性在于,它提供了一个理论上的解释,而在此之前还仅仅停留在经验观察层面。然而,也有一些针对此推导的批评。首先,他只是简单地用统计力学的物理类比代替了地球引力的物理类比。这种推导对于个体的空间决策过程仍然是无效的;其次,虽然一些约束方程具有行为模式的解释,但其他约束方程(如人口约束方程),只是可以得出一个特定的模型,但很难证明其合理性;第三,使用斯特林近似推导熵的公式在大多数情况下都是值得怀疑的,因为它假设所有的 T_{ij} 值都很大。当 T_{ij} 的值很小时,近似得出的结果与真实值相差很远。

韦伯(Webber, 1975;1977),特里布斯(Tribus, 1969),道森和雷格(Dowson *et al.*, 1973)等学者在这个框架内讨论了最后一种批评。他们认为在微观态和宏观态的讨论中,没有必要推导熵的计算公式。他们认为,熵公式满足统计不确定性度量的某些合理需求,因此他们仅仅将此作为数学模型推导的开始。理由是我们应该最大化约束结果的不确定性,否则模型的构建过程将会引入偏差。但是把熵最大化作为人类空间行为模型发展的框架仍然相当困难。因此,尽管威尔逊的框架促进了空间相互作用模型的大量研究,但该方法很大程度上还是被摒弃了,由更注重行为建模的方法所取代。

221

9.4　非空间信息处理阶段(1980—1990)

空间相互作用模型的主要进展在于它的理论是以人类行为为基础的,同时,信息处理时认识到诸如式 9.17 和式 9.18 的模型是"共享"模型并且具有逻辑斯蒂形式。例如,式 9.17 是目前使用的最普遍的空间相互作用模型的形式,它根据目的地的属性在目的地之间分配离开出发地 O_i 的人数份额。这个模型为后来麦克法登(McFadden, 1974;1978;1980)提出的离散选择模型奠定了基础。

假设一个人在出发地 i,要从一组可能的目的地中选择一个目的地 j。假设这个人评估了每个目的地,然后选择了对他有最大好处或效用的那一个。位于出发地 i 选择目的地 j 的效用记为 U_{ij},它可以被看作是由两部分组成,可测量的组成部分 V_{ij} 和不可测的组成部分 μ_{ij},即,

$$U_{ij} = V_{ij} + \mu_{ij} \tag{式9.22}$$

如果我们知道每个选择的 U_{ij} 值,那么我们就可以肯定地说应该选择哪个目的地。也就是说,

$$p_{ik} = \begin{cases} 1 & \text{如果 } U_{ik} > U_{ij} \quad (\forall j \in N, j \neq k) \\ 0 & \text{其他} \end{cases} \tag{式9.23}$$

其中 k 是 N 个目的地中的一个特定目的地。但是,由于每个目的地的效用都有一个不可测的组成部分,所以我们不能确定应该选择哪个。我们只能基于可测量部分来评估每个选择方案,然后根据效用函数的可观测部分得出目的地被选择的概率,即,

$$p_{ik} = prob\left[U_{ik} > U_{ij}(\forall j \in N, j \neq k) \right] \tag{式9.24}$$

代入式9.22并整理可得:

$$p_{ik} = prob\left[\mu_{ij} < V_{ik} - V_{ij} + \mu_{ik}(\forall j \in N, j \neq k) \right] \tag{式9.25}$$

因为 μ_{ik} 和 μ_{ij} 是 $-\infty$ 到 $+\infty$ 连续分布范围内的随机值,所以式9.25可以写成如下形式:

$$p_{ik} = \int_{x=-\infty}^{+\infty} g(\mu_{ik} = x) \prod_{j=(j\neq k)}^{n} \int_{y=-\infty}^{V_{ik}-V_{ij}+x} g(\mu_{ij} = y) \, dy dx \tag{式9.26}$$

其中 $g(\ )$ 代表了某个概率密度函数。麦克法登(McFadden,1974)表明,如果 μ 符合极值 I 型极值分布(Fisher et al.,,1928),则该模型结果为:

$$p_{ik} = \exp(V_{ik}) / \sum_{j} \exp(V_{ij}) \tag{式9.27}$$

即包含了选择特定选项的概率与其观测效用之间的逻辑响应率(Fotheringham et al.,1989)。

式9.27与式9.17、式9.18所示的空间相互作用模型具有相同的基本形式。为了更清楚地看到这种关系,可以把每个目的地的可观测效用定义为其属性的函数。例如,考虑零售选择的问题,一个人从市区的一组超市中选择一个超市。这个人选择大型商店可能比选择小型商店受益更多,因为大型商店产品种类更加多样,价格也可能更便宜。同样,从节约成本和时间的角度考虑,选择近距离比远距离的商店更加有益。显然,还有很多其他的属性可以添加到个人的效用函数中,但是眼下这两个属性就可以达到在模型推导中引入行为关系的目的。

首先考虑 V_{ik} 和商店规模 S_k 之间的关系。图9.2显示了两种可能性:线性关系和对数关系。线性关系乍看似乎更合理,但经过思考会发现它代表的行为方式是相当不合情理的,这意味着不管原有商店规模有多大,在现有商店基础上再扩大1 000平方米的零售空间,将产生相同的增益。也就是说,不管商店原有规模是2 000平方米还是10 000平方米,利用扩大规模增加的效用都是相同的。另一种更合理的行为关系是对数函数关系,这意味着大商店比小商店因增大规模给消费者带来的利益要小。当商店已经很大时,再扩大规模消费者也不可能获得更大的受益。因此,V_{ik} 和 S_k 之间的关系可以表示为:

$$V_{ik} \propto \alpha \ln S_k \qquad\qquad （式 9.28）$$

其中 α 代表对数关系的特定形状。

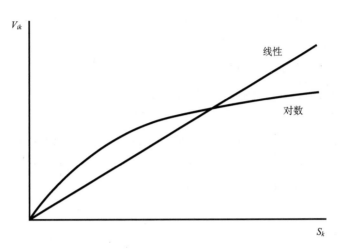

图 9.2　观测效用与规模之间的关系

　　类似地，V_{ik} 和 d_{ik} 之间的关系也可能如图 9.3 所描绘的对数关系，d_{ik} 是位于 i 的个体到备选目的地 k 的距离。相对于在 500 千米行程的基础上增加 10 千米，在 5 千米行程的基础上增加 10 千米对行程的评估影响更大。因此，合适的关系是：

$$V_{ik} \propto \beta \ln d_{ik} \qquad\qquad （式 9.29） \text{224}$$

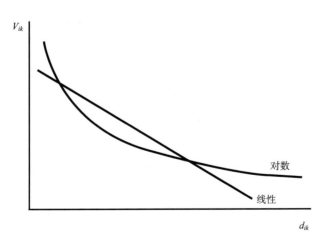

图 9.3　观测效用与距离之间的关系

　　其中 β 是待估计的距离衰减参数。将式 9.28、式 9.29 带入式 9.27 中得到：

$$p_{ik} = S_k^\alpha d_{ik}^\beta \Big/ \sum_j S_j^\alpha d_{ij}^\beta \qquad\qquad （式 9.30）$$

这是式 9.17 所示的产出—约束空间相互作用模型的形式。

应该指出的是,这种形式的模型有两个众所周知的属性,在空间选择的语境下,是不太符合事实的。首先是无关选择独立性假设(IIA),简单来讲就是个体选中两个备选项的概率之比并不受增加的第三个选项的影响。不难看出,在式 9.30 中考虑了两个备选方案,j 和 k。式 9.30 的分母是一个常数,选择 k 的概率与选择 j 的概率的比率是:

$$p_{ik}/p_{ij} = S_k^\alpha d_{ik}^\beta / S_j^\alpha d_{ij}^\beta \qquad\qquad （式 9.31）$$

这确实是独立于任何其他选择。在空间选择中此属性意味着,该模型对任何目的地流量的预测不受其他备选目的地位置的影响。也就是说,一个商店周边可能有很多其他与其竞争的商店,而另一个商店却相对孤立,但选择这两家商店概率的比率不受其周边环境的影响。这似乎是不现实的,因为在大多数空间选择中,目的地及它的竞争对手的位置似乎是很重要的(Fotheringham, 1989)。

另一个不合理属性是胡贝尔等(Huber *et al.*, 1982)所谓的"规律性"。就是说,这个模型不能预测新增加目的地对现有目的地流量的影响。同样,在许多空间选择的情况下,这是不必要的限制,而且也是不现实的。例如,服装商店的集聚效应(这也是购物中心存在的原因之一),增加一个新商店能够提升其附近商店的销售额。

空间相互作用模型的最新进展是引入了空间选择原理,避免了上述两个问题。我们将讨论这些进展和由此产生的模型。

9.5　空间信息处理阶段(1990 年起)

225　　上述在离散选择框架下的空间相互作用模型较引力和熵的物理类比有所改进。然而,这是一个从经济学"借来"的框架,而经济学又是一个非空间学科。离散选择框架是在非空间的环境下发展起来的,如品牌的选择和运输方式的选择。它包含了一个假设,虽然在非空间选择的背景下站得住脚,但是应用到大多数的空间选择问题的时候就站不住脚了。式 9.24 以及后面的式子中的假设是一个人能够评估所有的备选方案。也就是说,备选方案 K 要和选择集 N 中的所有备选方案作比较。从本质上说,人被假定为无所不知,并能够处理大量的信息。在 N 比较小的简单情况下,如在大多数品牌和模式的选择中,假设人可以处理所有选择的信息是合理的。然而,众所周知,人处理信息的能力是有限的(Simon, 1969; Lindsay *et al.*, 1972; Newell *et al.*, 1972; Norman *et al.*, 1975),实际上很快就有可能达到极限。例如,贝特曼(Bettman, 1979)认为当选择达到 6 到 7 个时,人们处理信息的能力就会达到极限。因此,在大多数空间选择的情况下,选择的数量是非常庞大的,以至于难以假设人们可以评估所有的选择。例如,考虑在一个大都市购买一套房子,那里可能存在成千上万的待售房产,或者一个移民选择一个想去的城市,甚至是一个消费者在市区选择一家商店。在这种情况下,可供选择的数量通常是非常大的,远远大于我们评估所有选择的能力。

这些不合理的假设的表现,即传统空间相互作用模型的误设,只有在校准局部形式的空间相互作用模型时才能显现出来(见第 5 章)。通常情况下,局部空间相互作用模型是根据系统中的每个出发地分别进行校准的(尽管它们也可以根据目的地进行计算)。这样,就有一组参数,分别与每个出发地对应,描述了空间移动和目的地的属性之间的关系。特定出发地的一组参数估计取代了全局模型校准获得的单个参数估计。当将特定出发地的距离衰减参数估计值绘成地图时,经典空间相互作用模型的问题就立刻显露出来。地图显示出连续而令人费解的空间模式,外围的出发地相比中央的出发地,具有更多的负距离衰减参数估计值(Fotheringham,1981)。

特定出发地的距离衰减参数估计的常见趋势示例见图 9.4。该图说明了特定出发地的距离衰减参数估计和每个出发地的中心性度量值之间的关系。参数来自于产出约束模型(式 9.17 所示的模型被应用于 1970—1980 年美国 48 个邻近州之间的迁移人口分析)。模型中目 ^{226} 的地的属性有:人口规模、距每个出发地的距离、人均收入、平均温度、失业率和房屋价格中位数。这个模式表现出中心州距离衰减率的负向的绝对值要小于周边州,这是相当引人注意的。[1] 而对图 9.4 所示的这些模式的行为学解释,诸如靠近中心出发地的人们的空间流动性更强,则很难令人信服(Fotheringham,1981),因此,需要寻求这个难题的理论解释。理解空间选择中常常会出现信息处理的一种类型,才能找到问题的答案。这里,我们会对其进行描述。

一般的空间选择问题可以表述为:"位于 i 的个体如何从 N 个空间位置中做出选择?"这种类型的空间选择,必然发生在大多数空间相互作用之前,无论是购物、移民、决定通勤模式的房屋选择、度假,还是任何其他类型的空间移动。图 9.5 显示了空间选择过程的三个属性(Haynes et al., 1990)。

1. 这是一个离散的过程,而不是一个连续的过程。也就是说,目的地只有被选择和不被选择两种状态,并且选择是有限的。

2. 可供选择的选项数量一般很大,在某些情况下非常大。

3. 备选项都具有固定的空间位置,从而限制了它们之间互相替代的程度。这也意味着,

---

[1]　中心性使用总人口进行测度。在这个美国的例子中,具有最高的中心性指数的是那些位于东北部的州,而具有最低中心性指数的是那些位于西部的州。

227　除非备选项的空间分布非常规则,否则每个选择将面临竞争选项的独特空间分布。

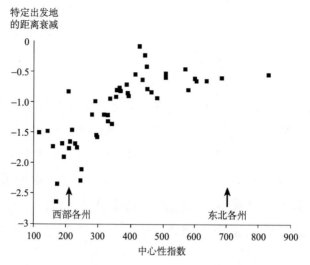

图9.4　距离衰减估计与出发地中心性关系图

注:结果包含了一个误设偏差。

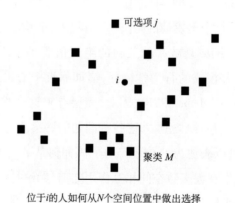

位于i的人如何从N个空间位置中做出选择

图9.5　空间选择问题

第一个属性表明,从非空间选择引入的离散选择框架,如9.4节的介绍,为理解空间选择提供了基础。第二个和第三个属性表明这个框架需要一些修正,因为非空间选择通常不具有这两个属性。

以空间选择框架为基础,同时意识到人们处理信息能力的有限性,福瑟林汉姆(Fotheringham,1983a,1983b, 1984, 1986,1991b)开发了空间相互作用模型的一种新形式,称为竞争目的地模型。该模型考虑了个体如何处理空间信息,并且它的推导过程并没有建立在人类能够评估所有选择的假设基础上。

竞争目的地模型的提出与上文所述的逻辑斯蒂离散选择模型密切相关,同时还增加了选择的灵活性,允许从选择集的子集里选择,而不是一定要从整个选择集里选择。用下式代替式9.24 即可

$$p_{ik} = prob\left[U_{ik} > U_{ij} + \ln p_i(j \in M)\right] (\forall j \in N, j \neq k) p_i(k \in M) \qquad (式9.32)$$

这里 M 是限定选择集,它是位置 i 处个人可评估的所有备选方案,N 是整个选择集。M 之外的选择不被评估,因此也不可能被选择。例如,假设一个人在一个城市寻找住房,只考虑东南边的。那么,其他地方的住房即使属性符合要求,也不会被考虑和评估,所以也不会被选中。要了解式 9.32 如何表示这类行为,需要考虑两种情况。第一种情况,如果 k 不在限定选择集 M 里,无论 U_{ik} 多大,$p_i(k \in M)$ 将为 0,因此 p_{ik} 也将为 0。另外一种情况是,如果 j 不在限定选择集里,$p_i(j \in M) = 0$,且 $\ln p_i(j \in M) = -\infty$,因此 $U_{ij} + \ln p_i(j \in M) = -\infty$,这时无论 j 具有怎样的属性,k 都将被优先选择。因此,式 9.31 允许做出次优选择:由于无法评估每个方案,故有时候选出的方案并不是具有最大效益的。

用式 9.32 代替 9.4 节所述框架中的式 9.24,就得到如下空间选择模型(Fotheringham,1988):

$$p_{ik} = p_i(k \in M) \int_{x=-\infty}^{+\infty} g(\mu_{ik} = x) \prod_{j(j \neq k)}^{n} \int_{y=-\infty}^{V_{ik} - V_{ij} + x - \ln P_i(j \in M)} g(\mu_{ij} = y) \, dy \, dx \qquad (式9.33)$$

假设 μ 独立同分布且服从极值 I 型分布,则空间选择模型为:

$$p_{ik} = \exp(V_{ik}) \times p_i(k \in M) \Big/ \sum_j \exp(V_{ij}) \times p_i(j \in M) \qquad (式9.34)$$

本质上,这是一个逻辑斯蒂模型,每个选项的可观测效用的权重是该选项的评估概率。根据 $p_i(j \in M)$ 的定义,可以从这个一般形式推导出三个具体模型。

1. 如果对于所有的 j 值,$p_i(j \in M) = 1$,则式 9.34 等价于式 9.27。也就是说,如果对所有的选择都进行评估,那么式 9.34 就退化为经典逻辑斯蒂模型。

2. 如果对于所有 $j \in M$,$p_i(j \in M) = 1$,同时其他情况下 $p_i(j \in M) = 0$,则该模型等价于仅应用于限定选择集中选项的逻辑斯蒂模型。显然,这种模式必须事先知道个人的限定选择集的范围。这种资料预先一般是不知道的。此外,不同的地点的人对空间有不同的感知,对空间选项的聚类也有不同的认知,这使情况变得更为复杂(Gould et al., 1974)。

3. 如果 $p_i(j \in M)$ 是位置 j 关于其他选项的函数。那么,式 9.34 成立,并且任务是确定如何定义 $p_i(j \in M)$。现在,我们继续探究这些问题以推导出竞争目的地空间相互作用模型(Fotheringham,1983b;1986)。

通过将似然值定义为概率除以常数,式 9.34 模型可以改写为:

$$p_{ik} = \exp(V_{ik}) \times l_i(k \in M) / \sum_j \exp(V_{ij}) \times l_i(j \in M) \qquad (\text{式} 9.35)$$

其中,$l_i(j \in M)$ 代表 j 存在于被位置 i 处的个人评估的限定选择集的似然值。大量研究正在探讨如何界定这个似然函数或其等效函数。

可以说,式 9.35 包括两个不同的过程:一个是如何对选项进行评估,另一个是如何对选项进行评估(见图9.6)。有三种类型的属性与这两个过程有关:

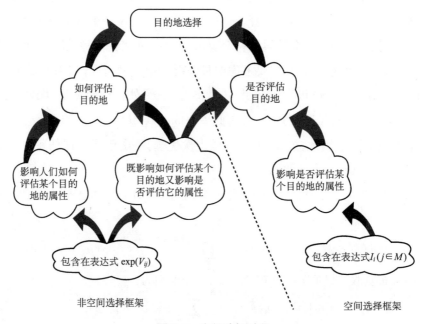

图 9.6　空间选择过程

1. 第一种是影响人们如何评估某个选项的属性。这些属性已经通过表达式 $\exp(V_{ij})$ 纳入了模型,即可观测效用的指数。

2. 第二种是既影响如何评估某个选项又影响是否评估它的属性。同样,这种属性也已经通过表达式 $\exp(V_{ij})$ 包含在空间选择框架中。

3. 最后一种是只影响选项是否被评估的属性。正是这些属性,需要通过被评估选项的似然值 $l_i(j \in M)$ 的定义纳入建模框架中。这些属性的定义将导致新的和改进的空间选择/空间相互作用模型形式的出现。我们现在描述其中一个属性的定义背后的基本原理,该属性描述了一个选项相对于其他备选选项的位置,并由此产生了竞争目的地模型(Fotheringham,1983b;1986)。

由于我们处理信息的能力有限,假定在典型的空间选择语境下人们不会评估所有的选项。相反,他们处理空间信息和进行空间选择的方式是,首先选择一类备选选项,然后只评估选中类别中的特定选项。举例来说,移民可能先确定他们想居住的地区,然后评估位于该地区的选项。类似地,人们在城市寻找住房,可能对希望居住的地区以及应该避免居住的地区有明确的想法。支持该层次信息处理假设的有麦克拉马拉(McNamara,1986;1992),沃克和卡尔佐内蒂(Walker *et al.*,1989),希尔特尔和乔尼德斯(Hirtle *et al.*, 1985),史蒂文斯和库普(Stevens *et al.*, 1978),柯蒂斯和福瑟林汉姆(Curtis *et al.*, 1995),福瑟林汉姆和柯蒂斯(Fotheringham *et al.*,1992;1999)。

不幸的是,对于建模者来说,了解人们心理上如何对选项进行空间分类,即便不是不可能,也是非常困难的。他们自己可能都无法告诉你他们是如何处理空间信息的,他们的分类可能会很模糊,不是非此即彼的。当然,也有证据表明,分类结果会因人的空间位置不同而不同。然而,福瑟林汉姆(Fotheringham,1991b,1999)指出,没有必要界定个人评估的选项类,只需假设层次空间信息处理是存在的。即首先确定选项类,然后只评估选定类别中的选项。之后,任务转变成识别与层次空间信息处理相关的目的地属性,该属性会影响被评估选项的似然值。

福瑟林汉姆(Fotheringham,1983b,1986)定义了这样一个变量,用于计算一个选项与其他选项的近似程度。测度该变量有许多种方法,但常用的是选项 k 对其他选项的可达程度 A_k,定义为:

$$A_k = \sum_{j \neq k} P_j^\alpha / d_{jk}^\beta \qquad (式 9.36)$$

这里 P_j 代表 j 地的人口,d_{ik} 代表 j 与 k 之间的距离。该公式衡量了 k 面临的其他选项的竞争:当 231 一个选择地周围附近有其他许多选择地时,A_k 的值就会很大;当它相对孤立时,A_k 将会很小。在实践中,α 和 β 的值通常分别设定为 1 和 -1,尽管它们可以在模型校准过程中或在外部进行估计。

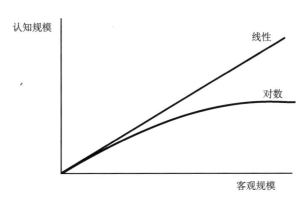

图 9.7 空间类认知规模与客观规模之间的关系

　　纳入这个竞争变量的理由是基于"心理物理定律",即人们倾向于低估大型物体的规模(Stevens,1957,1975)。假如一个人评估空间选项类,例如一个国家的所有城市。影响评估的因素之一很可能是城市的规模,因为规模可能影响其提供的就业机会。然而,心理物理定律反映了,人们感知的一个大选项类的规模往往小于其实际规模,而且这种低估随着选项类规模的增大而增大,从而导致了如图9.7所示的对数关系。只有当人们没有低估大选项类规模的时候,认知规模和实际规模之间才会呈线性关系。在对数关系下,人们选择大型选项类,并对其中的备选选项进行评估的可能性明显比线性关系下要小。因此,一个选项被评估的可能性定义为这个选项相对于其他选项的位置的函数。其他条件不变的前提下,位于大选项类的选项比小选项类里的选项被评估的可能性要小。我们不必确定人们认知的选项类的确切性质,需要的只是目的地竞争力的度量 $I_i(j \in M)$,如式9.36

$$l_i(j \in M) = A_j^\delta \qquad (\text{式}9.37)$$

其中 δ 是待估参数。如果 δ 等于 0,所有目的地都可能被评估(非空间逻辑斯蒂假设)。鉴于以上推理,δ 在大多数空间选择的情况下应该是负值。一个选择的位置距离中心越近,被人们认定为大选项类的可能性就越大,被评估的可能性越小。然而,对某些类型的空间选择,如非日常必需品的购买很可能具有实质性的聚集效应,人们会被吸引到大型选项类,以最小化比较购物的成本。这种情况下 δ 就是正值。

　　把式9.37代入到式9.35得到空间选择模型:

$$p_{ik} = \exp(V_{ik}) \times A_k^\delta / \sum_j \exp(V_{ij}) \times A_j^\delta \qquad (\text{式}9.38)$$

　　福瑟林汉姆(Fotheringham,1983,1986)称之为"竞争目的地模型"。大量的实证研究表明了该模型在空间选择建模中优于非空间逻辑斯蒂模型。通常情况下,它的参数估计偏差显著减小,模型拟合优度明显改善。

　　考虑图9.4所示的特定出发地距离衰减参数的模式,这种模式被称为是该模型存在误设问题的证据,因为距离对空间相互作用的影响,似乎存在着空间上的规则变化,而这种变化很难用行为学来解释。当使用与图9.4完全相同的目的地属性校准(式9.38)模型时,特定出发地距离衰减参数的空间模式消失了(图9.8)。这显然说明,逻辑斯蒂形式的空间相互作用模型产生的距离衰减参数含有严重的误设偏差问题,而在竞争目的地模型中消除了这个问题。Fotheringham(1986)从理论上证明了当式9.38中的关系成立时非空间逻辑斯蒂模型参数估计中误设偏差的本质。

　　通过给可观测效用函数增加适当的空间权重,可以在竞争目的地模型中消除前面谈到的非空间罗杰斯特模型的两个缺点,即无关选择独立性假设和正则性。第一个缺点的消除可以通过从(式9.38)模型中获得选择选项 j 和选项 k 的概率比,如下:

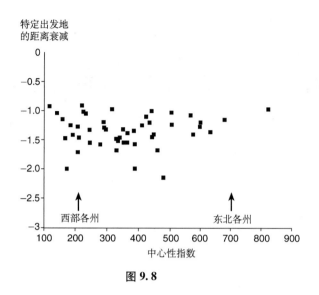

图 **9.8**

$$p_{ik}/p_{ij} = \exp(V_{ik}) \times A_k^{\delta}/\exp(V_{ij} \times A_j^{\delta}) \qquad （式 9.39） \quad 233$$

而在引入了新的选项的情况下，系统不太可能保持不变。新的空间选择的增加对 A_k 和 A_j 的不同影响取决于其相对 k 和 j 的位置。同样的，第二个缺点的消除，是因为在竞争目的地框架中，增加一个选项会使现有选项被选中的可能性增加。例如，在 δ 为正值的购物问题中，在现有商店附近增加一个新的商店会导致现有商店销售额增加。

9.6　小结

空间相互作用模型的发展展现了过去几十年计量地理学领域取得的进展。我们见证了模型从最初基于经验规律和对引力模型的类比，到从其他非行为学科或非空间学科中借鉴、引进模型，最后发展成为以空间信息处理、次优化、层次决策和空间认知为基础的模型。目前的研究主要是巩固和提高这一最新框架。

然而，尽管在增强空间相互作用模型的行为描述方面已经取得了较大进展，但很多地理学家依然把空间相互作用模型与其早期的社会物理学背景相联系（这表现在长期使用"重力模型"一词上）。这是不幸的。原因有两个。第一，尽管空间相互作用模型在现实生活中应用非常广泛， 234 但是这些地理学者忽视甚至忽略了它，不是因为它现在是什么，而是因为它 20 年或 30 年前的情况。第二，更重要的是，空间相互作用模型提供了理解空间模式和发展空间理论的框架。这是一个典型的地理学领域，也本应该是地理学家向其他学科输出地理学思想的领域。 235

第 10 章　空间数据分析面临的挑战

10.1　回顾

1963 年,伯顿(Burton)将 20 世纪 50 年代地理"思想和目标"的转变描述为"计量革命",并且认为在他写作这篇论文的时候,"革命本身已经结束"。在同一篇论文的后面部分,伯顿评论说"当公认的思想被推翻或者经修改后包含了新思想时,一场知识革命就宣告结束了。"然而,其他人认为,摒弃量化的开始是计量革命的"结束"。本章首先讨论"计量革命"之后的几年里空间分析专家所关注的问题,这些问题是否已经不必理会、不需要再花力气研究,是否已经用常用的方法"解决"了,又或者仍然是个问题。

如果说,在 1963 年伯顿(Burton)撰写论文时计量革命的方法和技术就已经出现,那么从 20 世纪 60 年代后期的一些文章中可以看出即使在这个早期阶段也出现了令人关注的问题。例如,金(音译,King,1969)就对 20 世纪 60 年代后期地理领域使用的统计分析做了相当有用的总结,包括简单的描述统计、理论分布研究、基于最近邻法和样方法的点模式分析、相关分析、回归分析、残差制图、趋势面分析、主成分分析、因子分析、分类和判别分析。然而,金认识到这一系列统计方法仍然不够,他注意到了一些问题:(a)可塑性面积单元问题;(b)空间自相关问题;(c)模型辨识问题;(d)用哑变量表示区域效应。三十年来,虽然我们在其中一些领域已经取得显著的进步,并且对空间数据和空间数据分析有了更多的认识,但是这些仍是颇具挑战性的领域。本书已经展示了其中一些问题的复杂性。现在,我们简单回顾一些我们在空间分析中看到的主要挑战和机遇。

10.2　目前面临的挑战

10.2.1　可塑性面积单元问题

空间聚合数据分析中,长期以来存在的一个问题是分析结果依赖于数据面积单元的定义

（Gehlke *et al.*，1934）。这个问题被称为可塑性面积单元问题（Openshaw，1984），负责收集数据的机构，经常将用于解决特定问题的数据集聚合到某种分区系统中。美国和英国的人口普查数据就是一个典型的例子（尽管也有微观数据样本，但是它们的应用范围有限，尤其是在空间问题上）。盖尔克和比尔（Gehlke *et al.*，1934）指出将普查数据聚合到更大的面积单元会使相关系数变大，并提出了相关系数是否适合用作空间聚合数据的统计量的问题。尤尔和肯德尔（Yule *et al.*，1950）在分析英格兰各郡小麦和马铃薯产量时遇到了同样的问题。同年，鲁宾逊（Robinson，1950）在比较基于个体观测数据和聚合到县级数据的相关性时，发现了类似的现象。鲁宾逊（Robinson，1956）提出面积加权可以改善计算不同尺度面积单元相关系数的问题。布莱洛克（Blalock，1964）注意到在将美国南方的 150 个县重组为更大的面积单元时，相关系数也增大了。然而，托马斯和安德森（Thomas *et al.*，1965）重新检查了盖尔克和比尔以及尤尔和肯德尔的研究结果，得出结论：在这两个研究中，相关系数的差异都是由随机变化引起的。

奥彭肖和泰勒（Openshaw *et al.*，1979）发现利用不同的方式聚合衣阿华州各县的数据，获得的投票行为与年龄之间的相关系数取值也不同。近来，福瑟林汉姆和翁，（Fotheringham *et al.*，1991）展示了如何对多变量模型在不同尺度下得到的参数估计的稳定性和不稳定性进行可视化。他们证明了有些关系对数据聚合相对稳定，而有些则比较敏感。福瑟林汉姆等（Fotheringham *et al.*，1995）描述了同样的问题，在位置分配模型中，位置决策被证明会受数据分区定义的影响。后两项研究都论证了可塑性面积单元问题包含两个组成部分：

1. 尺度效应：相同的统计分析方法，在不同的空间分辨率下可能得到不同的结果。

2. 分区效应：相同尺度下，不同的区域划分方案，也可能得到不同的结果。

然而，虽然认识到可塑性面积单元问题已经几十年了，但在有效解决这一问题上似乎进展不大。一种解决方案是运用空间非聚合数据，但是前面我们提到过这样的数据很难得到。另一种方案是尽可能减少数据的聚合。得到结果后利用可视化验证其对尺度和分区效应的敏感度。这样，如果某结果在大部分分区系统中都表现出相对稳定性，那么我们更有信心认为最低程度聚合的数据得到的结果是有意义的，而不是由数据组织方式造成的假象。

对于奥彭肖和拉奥（Openshaw *et al.*，1995）来说，答案在于构建某种意义上的"最优"分区系统。我们并不清楚这种结构是否面向数据发布者。如果一个分区系统要用于某些完全不同的目的，那么创建一个适合特定空间模型的"最优"分区系统可能会让人有点无法赞同。同样，如果在数据发布以后再进行重新聚合，那么我们将受限于已拥有的面积单元。如果我们将数据重新聚合到其他面积单元，实际上是在主观制造结果。如果我们为某个回归模型设计了分区系统，然后为了包含另一个变量，又重新分区以达到最优拟合，那么就不知如何将这个模型和另一个进行比较，因为我们只知道 r^2 改变了。

斯蒂尔和霍尔特(Steel *et al.*, 1996),Holt 等(Holt *et al.*, 1996)以及特兰默和斯蒂尔(Tranmer *et al.*, 1998)提出的方法比较有希望。他们提出了解决可塑性面积单元问题的一种模型结构,其中包括一组额外的分组变量。这些分组变量 z 能够在个体层次上测量,并且通过某种方式与聚合层次的过程关联。它们可以用来调整模型聚合层次的方差-协方差矩阵,使其更接近未知的个体层次的方差-协方差矩阵。假设已获得以下数据:

1. N 个个体的群体,$i = 1 \cdots N$,分布在 M 个区域,$j = 1 \cdots M$;

2. 每个个体的感兴趣变量向量用 y_i 表示。将它们聚合到 M 个区域上,y_j 代表聚合后的数据;

3. 矩阵 x 代表每个个体所属的区域。这个矩阵的典型元素为 x_{ij};

4. 第 j 个区域中个体的数量为 N_j;

5. 个体层次上测量的变量向量 z_i 被定义为分组变量。

在聚合层次上,变量的方差—协方差矩阵是 S_{yy},这是我们感兴趣的信息,因为从它可以估计出相关矩阵,回归系数和 y 的主成分。然而,如果我们可以估计分组变量的个体层次的方差—协方差矩阵,那么用下面的公式可获得更佳的聚合层次的方差—协方差矩阵估计:

$$\sum{}_{yy} = S_{yy} + B_{yz}^T (\sum{}_{zz} - S_{zz}) B_{yz} \qquad \text{(式 10.1)}$$

其中,$\sum_{yy}$ 是变量 y 聚合层次的方差-协方差矩阵的新估计;S_{yy} 是从聚合数据中得到的变量 y 聚合层次的方差—协方差矩阵的原始估计;B_{yz} 是聚合层次上 y 关于分组变量 z 的回归系数矩阵;$\sum_{zz}$ 是变量 z 个体层次的方差—协方差矩阵;S_{zz} 是变量 z 聚合层次的方差—协方差矩阵。

问题在于如何找到合适的变量 z 的个体层次的协方差矩阵估计值。某些情况下,可以获得个体层次的数据。例如,霍尔特等(Holt *et al.*, 1996)使用 1991 年英国雷盖特(Reigate)、班斯特德(Banstead)和坦德里奇(Tandridge)(在伦敦南部)中的 371 个区域的人口普查数据,并利用"匿名记录样本"(Dale *et al.*, 1993)数据生成了该区域人口 2% 样本的个体层次记录来估计矩阵 $\sum_{zz}$。这一技术也可应用于美国人口普查数据,可利用公共微观数据样本(PUMS)估计个体层次的方差—协方差矩阵。虽然霍尔特等(Holt *et al.*, 1996)指出这些个体数据不必与分析区域在同一区域,但是这一技术明显依赖于个体层次数据的可得性。如果不能得到合适的个体层次数据,这一技术就没有用处。还需指出的是矩阵 $\sum_{zz}$ 和 B_{yz} 的测量都依赖于个体变量的面积范围的定义,所以也必然存在可塑性面积单元的问题。我们还假设分组变量和聚合变量之间的关系在空间上是恒定的。

金(*King*, 1997)提出了相似的方法,他为选举问题中的生态谬误问题提供了有趣的解决方案。这里,不同空间尺度的数据均可用(选区和行政区),金的解决方案涉及局部回归(见

10.2.2 节），同时利用了选举数据特有的约束条件。局部分析的运用为可塑性面积单元问题提供了一种新的思路。例如，*GWRS* 模型在每个校准点附近设置了模糊区域，形成独立于预定义分区系统的参数曲面。当然，*GWR* 模型仍然受尺度问题困扰，其结果依赖于所使用的带宽，而带宽是衡量空间尺度的一个指标。然而，至少此方法能够在回归框架中校准。

虽然我们从上述研究和局部分析的运用中看到了希望，但在探索空间分析结果相对于数据空间单位定义的敏感性方面，仍有很多工作需要完成。由于可塑性面积单元问题，空间分析结果的广泛适用性将仍然存在不确定性，直到找到通用的解决方案。

239

10.2.2　空间非平稳性

空间关系变化的研究可以说是近些年来计量地理成果最丰富的研究领域。尤其是 *GWR* 模型的空间加权框架，前途似乎十分光明（见第 5 章）。虽然这种技术目前仅被用作回归框架中空间非平稳性分析工具，但很容易被用于其他类型的分析当中。

例如，简单均值计算产生单一的全局统计值，仅能总结分布的中心趋势，忽略了所有的空间效应。假设我们允许均值在地图上变化，通过检查均值的局部变化来探索数据。局部加权平均的一种可能的形式如下：

$$\tilde{x}(z) = \frac{\sum_{i=1}^{n} w_i(z) x_i}{\sum_{i=1}^{n} w_i(z)} \qquad \text{（式 10.2）}$$

其中，$\tilde{x}(z)$ 是向量 z 中的坐标信息对应位置上的局部加权平均值。$w_i(z)$ 是用 GWR 模型的相关方法计算出的观测值权重（见第 5 章）。局部均值是否有直观的解释？这种统计量的应用中又存在些什么问题呢？以房价为例，通俗地讲，有些地区比其他地区价格高。一些地区房价之所以贵，可能是因为相对于其他地区，其面积较大，并且拥有较多便利设施。但是，同时这种房子的需求量也就较大，因此增加了单位建筑面积的成本。制作局部平均价格图可以揭示一些信息，而如果将数据按区域聚合并且计算均值或者中位数，这些信息则可能被隐藏起来。空间均值的一个问题是如何选择空间加权函数的参数（带宽）。第 5 章中基于交叉验证的校准方法在这里并不合适，因为不清楚应该最小化哪个目标函数。然而，利用带有联动滑动条的地图让分析者选择带宽的方法，也许可以为分析地区房屋成本问题的空间尺度选择提供信息。我们要从数据中探索分区系统，而不是给数据强加一个主观的分区系统。

涉及均值的分析不应该忽略空间分布的局部变异。如果在价格相对较低的地区有一些价格异常高的点，则均值会发生偏移。局部异常高值或低值的影响都可能会改变平均值的位置。240 局部加权方差为：

$$\sigma^2(z) = \frac{\sum_{i=1}^{n} w_i(z) \left[x_i - \tilde{x}(z) \right]^2}{\sum_{i=1}^{n} w_i(z)} \qquad (\text{式 } 10.3)$$

其中分子中计算出的偏差与式 10.2 计算出的局部均值是相关的。分析局部方差的变异可以获取地图上的局部分布变异的一些情况。同样,还可以将此统计量的地图与局部均值的地图一起分析。通过扩展,还可得到局部偏度、局部协方差和局部皮尔逊积矩相关系数的公式。

除了经常被地理学家用作回归方法以外,GWR 模型的概念还可以被扩展到多变量统计技术的范畴,主要包括主成分分析(相关的还有因子分析)和判别分析。这些应用都假设模型系数在空间上是不变的,并且任何的空间变异都被视为误差项。然而,如果空间变异是显著的,将其看作误差可能就不合理了。

这些方法都能获得连续的观测权重,因此都可以以 GWR 模型的方式进行地理加权。然而,如果分析者这么做就会得到一组令人却步的结果。对于地理加权主成分,在提取成分的研究区域中的每个位置都会有一组成分载荷和成分得分。这就给解释带来了一个问题,因为某个区域中具有最大局部方差的成分或许不能直接与其他区域具有最大局部方差的成分相比较。当然,我们可以绘制系数图,但对各个成分的解释十分困难。例如,分析者如何处理空间变化的特征值? 主成分分析表示从轴线非正交的空间向轴线正交空间的变换。地理加权主成分如何从几何角度解释? 成分得分能否帮助我们理解地理过程? 我们如何确定带宽的最佳值?

地理加权判别分析更为复杂。典型的,判别分析的输出包括判别函数的系数,基于这些系数的分组成员的预测,以及表示先验和后验分组成员的差异的混淆矩阵。如果我们在这里应用地理加权技术,那么在每个提取出函数的位置都可得到这些输出。那么将这些系数绘制成图是否有意义? 函数可以相互比较吗? 探索特定变量在什么位置会影响或什么位置不影响分组成员,可能会有帮助。分析人员怎么样解释混淆矩阵? 或许,对分组成员的正确预测次数进行频数分析能够揭示哪些预测受空间非平稳性影响较小,哪些受影响较大。这又告诉我们单个观测值的哪些特征信息呢?

10.2.3 其他推断框架(贝叶斯、蒙特卡罗—马尔可夫链)

在经典统计推断中,首先陈述假设并给出显著水平,然后计算统计量并与预想的显著水平对应的值相比较,并且决定接受或者拒绝假设,这是一代又一代的地理学生都会学到的。有时我们并不清楚假设的出处,也不知道显著水平是如何达到的。最后我们检验"针头"假设:知道回归参数在5%的显著水平上与0并没有显著差异,是否有用呢? 问题在于我们没有考虑如下问题："回归系数异于 0 的程度多大？"在日益增多的大型空间数据集中，即使与 0 只有微小的差别（如 0.001），也将被认为是"显著"异于 0 的。

近些年来，统计学有一个显著的趋势，即贝叶斯推断应用的增多（见第 8 章）。出现这种情况的原因有很多。统计学者越来越不满足于统计推断中经典的"显著性检验"方法。同时，蒙特卡罗—马尔可夫链（Monte Carlo Markov Chain, MCMC）技术的发展使得贝叶斯方法适用于很多以前并不适用的情况（见 Gelman *et al.*, 1995）。实质上，当解析方法不适用的时候，MCMC 技术使得多变量概率分布的属性能够通过模拟得到。有时需要的模拟次数非常多（某些情况下超过一百万），但是即使是相当普通的计算机设备，这也不再是问题了。分析人员不再被束缚于统计模型的数学属性上，因为我们不再需要定制"数学上方便的"模型我们可以使用 MCMC 框架。因此，我们可以构建某种程度上更真实的模型，从而得到更有用的结果。

对于计量地理学家来说，这显得尤其重要。因为人们对将贝叶斯 MCMC 方法用于空间统计问题的兴趣越来越浓厚（Besag *et al.*, 1993）。空间统计因为存在很多难以解析的问题而不被看好，MCMC 技术为这一问题提供了有益的革新。

242

10.2.4　几何

也许是因为纸质地图在历史上的盛行，导致我们认为与地球表面过程相关的计算应该利用笛卡尔坐标系在平面上进行。这在小尺度上是可以接受的，但是我们越来越关注全球过程及全球模型，这时就需要考虑地球的球形属性了。将地球作为一个球体来思考是否给我们带来了一些机遇呢？在第 2 章，我们提到过用球形坐标系计算是相当麻烦的，然而，这个情况并没有我们想象的那么复杂（Brannan *et al.*, 1999）。地球表面的点可以认为是三维欧几里得空间中的坐标为 (x, y, z) 的一个点。地球的中心是原点即 $(0, 0, 0)$。如果我们假设地球是正圆形，那么 x 轴的正轴与地球表面的交点，正是格林尼治中央子午线与赤道的交点 $(1, 0, 0)$。y 轴的正轴与地球表面的交点，在东经 90 度的子午线和赤道相交的点 $(0, 1, 0)$ 上。z 轴的正轴与地球表面交于点 $(0, 0, 1)$。点 $(0, 0, 1)$ 是北极，点 $(0, 0, -1)$ 是南极。如果一个平面与地球表面相割，并且通过原点，这个平面和地球表面相交而得到的圆被称为大圆。通过北极的大圆称为子午线。通过点 $(1, 0, 0)$ 的大圆为格林尼治中央子午线。赤道是一个大圆，但其他纬线都不是。

如果我们知道一个点的纬度 θ 和经度 λ，球面坐标就是 $(\cos \lambda \, \sin(\pi/2-\theta), \, \sin \lambda \, \sin(\pi/2-\theta), \, \cos(\pi/2-\theta))$。如果已知两个位置的坐标，比如 (a_1, a_2, a_3) 和 (b_1, b_2, b_3)，那么这两点之间的距离为：

$$d_{12} = R \times \arccos(a_1 b_1 + a_2 b_2 + a_3 b_3) \qquad (式 10.4)$$

其中，R 是地球的半径。勾股定理在球面上也是类似的。如果 ABC 分别代表地球表面上一个三角形的顶点，顶点 C 处的角度为直角，那么三边长度之间的关系是：

$$AB = \arccos(\cos BC + \cos CA) \qquad （式 10.5）$$

　　其中 AB 是连接顶点 A 和 B 的边长，也就是式 10.5 所计算出来的值。对于球面上的任意三角形，假设顶点 C 对应的角度是 γ，那么可以利用余弦定理：

$$AB = \arccos(\cos BC \cos CA + \sin BC \sin CA \cos\gamma) \qquad （式 10.6）$$

　　我们已经习惯于将空间数据处理看作二维欧几里得几何。然而，对于大洲尺度或全球尺度的应用，这就比较困难了。我们可以转变常规做法，将我们的数据存储为球面坐标，并且利用球面方法进行几何操作，然后当我们需要某种二维显示时，可以将结果映射到平面上。这样，我们就可以更深刻地理解全球尺度的地球表面空间过程。斯凯蒂诺（Schettino, 1999）给出了一个有趣的例子，他在球面拓扑中考虑使用多边形相交的方法，并用此模拟了地球表面构造板块的历史运动。

　　有关人们对两地之间距离认知的其他应用中，非欧几里得几何似乎更为合适。感知或认知的距离不太可能遵循基本的欧几里得几何规则，然而，这样的距离却在影响人们的空间行为方面扮演着重要的角色。

10.2.5　基本空间概念：邻近和可达

　　空间分析的几种技术，例如经典的空间自相关测量，它依赖于区域之间的邻近矩阵，其中每个邻近值代表一个区域对另一个区域的影响程度。我们推测由于某种空间过程，区域之间存在"传染"效应，即一个区域的属性值可以对相邻区域的属性值产生影响。问题是对于邻近区域并没有公认的定义，有时邻近度以离散的方式定义，因此如果两个区域拥有一个公共边界，则邻近度是 1，否则为 0。有时，邻近度以连续的方式测度，可能是公共边长度的函数，或者是区域中心之间的反距离函数，又或是更为复杂的函数（Bavaud, 1998）。然而仍然会产生各种问题。假设两个区域的公共边是一条河流，且两个区域几乎没有相交（可能由于没有连接点）。这会改变我们对于邻近性的认识吗？如果没有连接，就不是邻近的吗？如果在 100 千米的边界上有 1 处连接，或者在相同长度的边界上有 50 处连接，二者的邻近度是不同的吗？如果两个区域交于一个点，那么能说他们是相邻的吗？

　　很明显，所有这些测度空间邻近性的方法都有一定的有效性，却没有一个公认的测度方法。只要空间分析技术包含邻近度的测度，就会出现这样一个问题，即空间邻近定义的改变会对分析结果产生显著的影响，因此这使得空间自相关等统计量的计算具有高度的主观性。自相矛盾的是，我们批评那些不使用包含空间自相关量度的技术（诸如空间回归模型等）的做法,因为可能产生不正确的参数估计标准误差,然而我们提供的方案却严重依赖于空间邻近的主观判断。第 7 章提到过,邻近定义的主观性必定会增加我们对参数估计的不确定性,但是这种不确定性却不能以任何统计方法来判断。

另外一个基本空间概念——可达性的定义也存在这个问题。当我们说"这个房子可以通向商店",我们一般都知道它的含义。但是我们如何一致地量度这样一个概念呢? 例如,应用比较普遍的可达性量度方法是汉森(Hansen,1959)提出的势能测量:

$$A_i = \sum_j S_j^\alpha d_{ij}^\beta \qquad (式 10.7)$$

其中 A_i 是场所 i 对于某种活动(例如购物)的可达性,S_j 是购物机会的量度,比如位置 j 可供购物的面积。d_{ij} 代表 i 和 j 之间的距离。参数 α 和 β 分别反映规模和距离在确定可达性中的重要性。问题是一般无法确定这些参数的值,而且它们的变化会对可达度曲面产生显著的影响。例如,β 取负值的绝对值越大,可达度曲面就越粗糙。在应用可达度时,常常假设 α 为 1,β 为 -1,虽然这样产生的曲面看起来比较合理,即不太平滑也不粗糙,但是并没有理由支撑这些特殊值的设置。虽然韦布尔(Weibull,1976;1980),普勒(Pooler,1987)和米勒(Miller,1999)等研究均关注了这一问题,但是仍然需要进一步研究。

10.2.6　时空融合

有一句老话是这么说的,"地理学家研究空间,经济学家研究时间"。然而,人们越来越认识到对于某些过程来说,时间和空间研究都很重要。例如,流行病的建模(Seimiatycki *et al.*,1980)和入室盗窃的模式分析(Brunsdon,1989)。典型的分析方法是检验时空存在相互作用的假设。也就是说,检测事件发生的地点和时间是否相互独立。例如,入室盗窃事件中时空相互作用可能意味着特定街道会在特定时间被盗贼视作盗窃目标。注意时空相互作用不单单反映空间集聚(不管何时,某些地方比其他地方遭受更多盗窃)或者时间集聚(遭窃发生随季节变化)。在流行病学中,时空相互作用的检测显得尤其重要,因为这种相互作用的存在意味着疾病存在某种程度的传染。

最早或许也是最简单的时空相互作用检测是由诺克斯(Knox,1964)提出,继而被曼特尔(Mantel,1967)详述的。然而,两个测试中都存在一个问题,即不得不主观地定义时空邻近度。在诺克斯的实验中,时空邻近度是由二元邻近度指标来确定的。而在曼特尔的实验中,是用一个连续的系数来表示的。近来,迪格尔等(Diggle *et al.*,1993)以及贝利和加特雷尔(Bailey *et al.*,1995)提出了一种检测时空相互作用的 K 函数方法(见第 6 章)。

与纯粹的空间模式一样,功能强大的台式计算机的出现增大了探索和模拟时空模式的机会,而且这一领域具有很大的发展潜力。例如,MCMC 方法可用于研究随机时空过程

(*Knorrheld et al.*,1998),或者实现时空 *K* 函数估计。时空数据研究的另一个被看好的领域是可视化,而且随着更强大的计算能力和图形处理能力的出现,诸如电影制作等技术使得时空过程的直接可视化成为可能(Dorling *et al.*,1992)。

10.3　训练空间思维

10.3.1　计量地理教学

许多大学地理专业的学位课程包括计量方法,介绍描述统计学、简单统计分析和经典(奈曼-皮尔逊)统计检验。许多学生发现进行统计检验既令人费解,问题又多。这样的课程一般从基本的描述性方法开始,然后是基本的概率论与推断,接下来是一系列的经典方法包括相关分析和简单线性回归,另外,或许还外加一些非参数统计。可能还会有后续课程,包括更深入的回归分析、主成分分析和因子分析、判别分析、方差分析以及聚类分析。生态学家可能更希望能包括基于对应分析的方法。在所有这些方法中,我们忽略了空间数据的许多空间特性。详细介绍空间建模和空间统计的课程相对来说还很少。我们是否需要重新思考计量地理教学的方式?我们是否应该早些将空间的角色引入计量课程,并更专注于本书所讲述的空间技术?

关于如何说服同行也涉及相似的问题,他们或者是不太熟悉计量技术,或者是固执于已经过时的遥远时代。现代计量地理对于他们和他们的学生都非常有用。像威尔逊(Wilson,1984)所说:

> 许多针对"计量地理"的批评都指向 20 世纪五六十年代的工作(这些工作很多还在继续教授,仍然在期刊上出现);许多批评人士并不了解 20 世纪 50 年代以来计量地理正稳步发展,取得了巨大的进展。

毫无疑问,许多新方法需要对数学语言有所理解,但并不需要很高的水平。经验表明大学生能够理解 GWR 模型的本质和用处。例如,他们能够领会到空间在统计及其解释中所起的重要作用。

10.3.2　软件

大多数学术计算机中心都提供用于数据分析的一系列标准统计软件,其中很少包括空间数据分析工具。为了普及上面所述的那些纯粹的空间统计方法的应用,安装具有空间分析功能的统计分析软件(SAS)或者统计产品与服务解决方案(SPSS)软件是非常有益的。由于包含空间分析方法的统计软件包随手可得,诸如 GWR 模型等方法的应用将成为一件很普通的事情,并且我们可以不再教授那些不适用的方法。随着空间数据可用性的增强,以及对空间数据与非空间数据具有不同属性的认识的增强,具有空间数据分析能力的统计包的需求量将越来越大。

　　GIS 在这里扮演了很关键的角色。我们还不清楚,在 GIS 软件中集成事先打包好的空间分析方法,是否是一条可行的理想道路(Fotheringham,1999b)。目前 GIS 并没有完全实现主流的空间分析方法,这反映了商业 GIS 重点在于数据处理和管理上,而不是分析上。软件之间的动态链接可能是一种更有希望的方法。然而,不可否认,随着 GIS 的壮大和推广,已经使得对空间数据需要专门技术的认识不断加强。GIS 可能已经成为空间数据的处理器,十年内,高级空间分析功能必将成为 GIS 系统的标准功能。

10.4　小结

　　希望本书能明确传达以下信息:空间数据具有特殊属性,空间数据处理和建模需要专门的技术来支持。非空间学科技术曾被引入到地理学中,并且被用于处理空间数据,但随着对上述　247事实认识的深入,也导致了对非空间学科技术的依赖性变小。人们也渐渐认识到发展能够处理空间数据的特定空间技术的重要性,对空间在不同过程中扮演的角色也产生了更多的兴趣,尤其是更加关注计量地理在我们理解这些过程中所起到的作用。

　　从某种意义上说,计量地理正在经历一场内部革命,因为当我们越来越认识到空间为分析提供了一个独一无二的环境,对发展明确的空间理论也越来越有信心。就像 17 年前莫里尔(Morrill,1984)所说:

　　　　我断言,对于一些人来说(正向着许多不同研究方向前进的人),我们在这么短的时间里(20 年),已经取得了理论和实践的很大进步。而地理理论的建设和检验过程才刚刚开始。

　　本书的主题是:随着空间技术的发展,我们正处于一个计量空间分析重新成为研究热点的时代的开端。在这个时代里,我们不断取得进步,不再有那么多从其他学科移植来的技术,而是在空间过程知识的基础上发展了空间理论;在这个时代里,发展不再受数学或统计学的束缚,而是只与想象力有关。它的挑战在于用全新的方式去思考空间和空间过程。在这个时代成为一名计量地理学家是非常有趣的。

248

参 考 文 献

Aitkin, M. (1996) 'A General Maximum Likelihood Analysis of Overdispersion in Generalized Linear Models', *Statistics and Computing*, 6: 251–62.

Alker, H.S. (1969) 'A Typology of Ecological Fallacies', in M. Dogan and S. Rokkan (eds), *Quantitative Ecological Analysis*. Boston: MIT Press. pp. 64–86.

Alonso, W. (1978) 'A Theory of Movement', in N.M. Hansen (ed.), *Human Settlement Systems*. Cambridge: Ballinger. pp. 197–211.

Ankerst, M., Keim, D. and Kreigel, H.-P. (1996) 'Circle Segments: A Technique for Visually Exploring Large Multidimensional Data Sets', *J.E.E.E. Visualization '96 Proceedings*, Hot Topics Session, San Fancisco, CA.

Anselin, L. (1988) *Spatial Econometrics, Methods and Models*. Dordrecht: Kluwer Academic.

Anselin, L. (1992) *SpaceStat Tutorial: A Workbook for using SpaceStat in the Analysis of Spatial Data*, Technical Software Series S-92-1, National Center for Geographic Information and Analysis, Santa Barbara, CA.

Anselin, L. (1995) 'Local Indicators of Spatial Association – LISA', *Geographical Analysis*, 27: 93–115.

Anselin, L. (1996) 'The Moran Scatterplot as an ESDA Tool to Assess Local Instability in Spatial Association', in M.M. Fischer, H. Scholten and D. Unwin (eds), *Spatial Analytical Perspectives on GIS*. London: Taylor and Francis.

Anselin, L. (1998) 'Exploratory Spatial Data Analysis in a Geocomputational Environment', in P.A. Longley, S.M. Brooks, R. McDonnell and B. Macmillan (eds), *Geocomputation: A Primer*. Chichester: Wiley. pp. 77–94.

Anselin, L. and Bao, S. (1997) 'Exploratory Spatial Data Analysis Linking SpaceStat and ArcView', in M.M. Fischer and A. Getis (eds), *Recent Developments in Spatial Analysis*. Berlin: Springer-Verlag. pp. 35–59.

Anselin, L. and Rey, S.J. (1997) 'Introduction to the Special Issue on Spatial Econometrics', *International Regional Science Review*, 20: 1–8.

Asimov, D. (1985) 'The Grand Tour: A Tool for Viewing Multidimensional Data', *SIAM Journal on Scientific and Statistical Computing*, 6: 128–43.

Aten, B. (1997) 'Does Space Matter? International Comparisons of the Prices of Tradeables and Non-Tradeables', *International Regional Science Review*, 20: 35–52.

Atkins, D.J. and Fotheringham, A.S. (1999) 'Gender Variations in Migration Destination Choice', in P. Boyle and K. Halfacree (eds), *Migration and Gender in the Developed World*. London: Routledge. pp. 54–72.

Bailey, T.C. and Gatrell, A.C. (1995) *Interactive Spatial Data Analysis*. Harlow: Longman.

Bao, S. and Henry, M. (1996) 'Heterogeneity Issues in Local Measurements of Spatial Association', *Geographical Systems*, 3: 1–13.

Barndorff-Nielsen, O., Jensen, J. and Kendall, W.S. (1997) *Networks and Chaos: Statistical and Probabilistic Aspects*. London: Chapman and Hall.

Bartholomew (no date) Bartholomew Digital Map Data, *http://www.geo.ed.ac.uk/~barts_twr/framdig.html*, accessed on 21 March 1999.

Batsell, R.R. (1981) 'A Multiattribute Extension of the Luce Model which Simultaneously Scales Utility and Substitutability', Working Paper, J.H. Jones Graduate School of Administration, Rice University, Texas.

Baxter, R.S. (1976) *Computer and Statistical Techniques for Planners.* London: Methuen.

Bavaud, F. (1998) 'Models for Spatial Weights: A Systematic Look', *Geographical Analysis*, 30: 153–71.

Bayes, T. (1763) 'An Essay Towards Solving a Problem in the Doctrine of Chances', *Philosophical Transactions of the Royal Society*, 330–418.

Berry, D. (1997) 'Teaching Elementary Bayesian Statistics with Real Applications in Science', *The American Statistician*, 51: 241–6.

Berry, J. (1998) 'Unlock the Statistical Keystone', *Geoworld*, 11: 28–9.

Berry, W.D. and Feldman, S. (1985) *Multiple Regression in Practice*, Quantitative Applications in the Social Sciences, 50. London: Sage.

Besag, J. and Green, P. (1993) 'Spatial Statistics and Bayesian Computation', *Journal of the Royal Statistical Society*, B, 55: 25–37.

Besag, J. and Newell, J. (1991) 'The Detection of Clusters in Rare Diseases', *Journal of the Royal Statistical Society*, A, 154: 143–55.

Bettman, J.R. (1979) *An Information Processing Theory of Consumer Choice.* Reading, MA: Addison-Wesley.

Bickel, P. and Freedman, D. (1981) 'Some Asymptotics on the Bootstrap', *Annals of Statistics*, 9: 1196–217.

Billinge, M., Gregory, D. and Martin, R. (eds) (1984) *Recollections of a Revolution.* New York: St. Martin's Press.

Bithell, J. and Stone, R. (1989) 'On Statistical Methods for Analysing the Geographical Distribution of Cancer Cases near Nuclear Installations', *Journal of Epidemiology and Community Health*, 43: 79–85.

Blakemore, M.J. (1984) 'Generalisation and Error in Spatial Data Bases', *Cartographica*, 21: 131–9.

Blalock, H. (1964) *Causal Inferences on Nonexperimental Research.* Chapel Hill, NC: University of North Carolina Press.

Bonham-Carter, G. (1994) *Geographic Information Systems for Geoscientists.* Oxford: Pergamon.

Boots, B. and Getis, A. (1988) *Point Pattern Analysis.* London: Sage.

Bowman, A. and Azzelini, A. (1997) *Applied Smoothing Techniques for Data Analysis.* Oxford: Oxford University Press.

Bowman, A.W. (1984) 'An Alternative Method of Cross-Validation for the Smoothing of Density Estimates', *Biometrika*, 71: 353–60.

Bowyer, A. and Woodwark, J. (1983) *A Programmer's Geometry.* London: Butterworth.

Boyle, P.J., Flowerdew, R. and Shen, J. (1998) 'Analysing Local-Area Migration Using Data from the 1991 Census: The Importance of Housing Growth and Tenure', *Regional Studies*, 32: 113–32.

Bracken, I. and Martin, D. (1989) 'The Generation of Spatial Population Distributions from Census Centroid Data', *Environment and Planning A*, 21: 537–43.

Bradley, W.J. and Schaefer, K.C. (1998) *The Uses and Misuses of Data and Models: The Mathematization of the Human Sciences.* London: Sage.

Brannan, D.A., Esplan, M. and Gray, J.J. (1999) *Geometry.* Cambridge: Cambridge University Press.

Bras, R. and Rodriguez-Iturbe, I. (1985) *Random Functions and Hydrology.* Reading, MA: Addison-Wesley.

Bresenham, J.E. (1965) 'Algorithm for the Computer Control of a Digital Plotter', *IBM Systems Journal*, 4: 25–30.

Broomhead, D. and Lowe, D. (1988) 'Multivariable Functional Interpolation and Adaptive Networks', *Complex Systems*, 2: 321–55.

Brown, L.A. and Goetz, A.R. (1987) 'Development Related Contextual Effects and Individual Attributes in Third World Migration Processes: A Venezuelan Example', *Demography*, 24: 497–516.

Brown, L.A. and Jones III, J.P. (1985) 'Spatial Variation in Migration Processes and Development: A Costa Rican Example of Conventional Modeling Augmented by the Expansion Method', *Demography*, 22: 327–52.

Brown, L.A. and Kodras, J.E. (1987) 'Migration, Human Resources Transfer and Development Contexts: A Logit Analysis of Venezuelan Data', *Geographical Analysis*, 19: 243–63.

Brunsdon, C. (1989) 'Spatial Analysis Techniques Applied to Local Crime Patterns', PhD Thesis, Department of Geography, University of Newcastle.

Brunsdon, C. (1995a) 'Analysis of Univariate Census Data', in S. Openshaw (ed.), *Census Users Handbook*. Cambridge: GeoInformation International. pp. 213–38.

Brunsdon, C. (1995b) 'Estimating Probability Surfaces for Geographical Points Data: An Adaptive Kernel Algorithm', *Computers and Geosciences*, 21: 877–94.

Brunsdon, C. and Charlton, M.E. (1996) 'Developing an Exploratory Spatial Analysis System in XlispStat', in D. Parker (ed.), *Innovations in GIS 3*. London: Taylor and Francis. pp. 135–45.

Brunsdon, C., Fotheringham, A.S. and Charlton, M.E. (1996) 'Geographically Weighted Regression: A Method for Exploring Spatial Nonstationarity', *Geographical Analysis*, 28: 281–98.

Brunsdon, C., Fotheringham, A.S. and Charlton, M.E. (1998a) 'Spatial Non-Stationarity and Autoregressive Models', *Environment and Planning A*, 30: 957–73.

Brunsdon, C., Fotheringham, A.S. and Charlton, M.E. (1998b) 'Geographically Weighted Regression – Modelling Spatial Non-stationarity', *The Statistician*, 47: 431–43.

Brunsdon, C., Fotheringham, A.S. and Charlton, M.E. (1999a) 'Some Notes on Parametric Significance Tests for Geographically Weighted Regression', *Journal of Regional Science*, 39: 497–524.

Brunsdon, C., Aitkin, M., Fotheringham, A.S. and Charlton, M.E. (1999b) 'A Comparison of Random Coefficient Modelling and Geographically Weighted Regression for Spatially Non-Stationary Regression Problems', *Geographical and Environmental Modelling*, 3: 47–62.

Bugayevskiy, L.M. and Synder, J.P. (1995) *Map Projections: A Reference Manual*. London: Taylor and Francis.

Burrough, P.A. (1986) *Principles of Geographical Information Systems for Land Resources Assessment*. Oxford: Oxford University Press.

Burrough, P.A. (1996) 'Natural Objects with Indeterminate Boundaries', in P.A. Burrough and A.U. Frank (eds), *Geographic Objects with Indeterminate Boundaries*. London: Taylor and Francis. pp. 3–28.

Burrough, P.A. and Frank, A.U. (1996) *Geographic Objects with Indeterminate Boundaries*. London: Taylor and Francis.

Burrough, P.A. and McDonnell, R.A. (1998) *Principles of Geographical Information Systems*. Oxford: Oxford University Press.

Burton, I. (1963) 'The Quantitative Revolution and Theoretical Geography', *The Canadian Geographer*, 7: 151–62.

Carey, H.C. (1858) *Principles of Social Science*, Vol. 1. Philadelphia: Lippincott.

Carpenter, G. and Grossberg, S. (1988) 'The ART of Adaptive Pattern Recognition by a Self-organizing Network', *Computer*, 21: 77–88.

Carver, S.J. and Brunsdon, C. (1994) 'Vector to Raster Conversion and Feature Complexity:

An Empirical Study using Simulated Data', *International Journal of Geographical Information Systems*, 8: 261–70.

Casetti, E. (1972) 'Generating Models by the Expansion Method: Applications to Geographic Research', *Geographical Analysis*, 4: 81–91.

Casetti, E. (1982) 'Drift Analysis of Regression Parameters: An Application to the Investigation of Fertility Development Relations', *Modeling and Simulation*, 13: 961–6.

Casetti, E. (1997) 'The Expansion Method, Mathematical Modeling, and Spatial Econometrics', *International Regional Science Review*, 20: 9–32.

Casetti, E. and Jones III, J.P. (1983) 'Regional Shifts in the Manufacturing Productivity Response to Output Growth: Sunbelt versus Snowbelt', *Urban Geography*, 4: 286–301.

Charlton, M.E., Fotheringham, A.S. and Brunsdon, C. (1996) 'The Geography of Relationships: An Investigation of Spatial Non-Stationarity', in J.-P. Bocquet-Appel, D. Courgeau and D. Pumain (eds), *Analyse Spatiale de Données Biodémographiques*. Montrouge: John Libbey Eurotext. pp. 23–47.

Chorley, R.J., Stoddart, D.R., Haggett, P. and Slaymaker, O. (1966) 'Regional and Local Components in the Areal Distribution of Surface Sand Faces in the Breckland, E. England', *Journal of Sedimentary Petrology*, 36: 209–20.

Chrisman, N. (1997) *Exploring Geographic Information Systems*. Chichester: Wiley.

Christaller, W. (1933) *Die Zentralen Orte in Süd-Deutschland*. Jena: Gustav Fischer Verlag.

Clarke, D.E. and Herrin, W.E. (1997) 'Public School Quality and Home Sale Prices: Evidence from a California Housing Market', Paper presented at the 44th Annual Meeting of the America Regional Science Association, Buffalo, NY.

Clarke, K.C. (1997) *Getting Started with Geographic Information Systems*. Englewood Cliffs, NJ: Prentice Hall.

Cleveland, W.S. (1979) 'Robust Locally Weighted Regression and Smoothing Scatterplots', *Journal of the American Statistical Association*, 74: 829–36.

Cleveland, W.S. (1993) *Visualizing Data*. Summit, NJ: Hobart Press.

Cleveland, W.S. and Devlin, S.J. (1988) 'Locally Weighted Regression: An Approach to Regression Analysis by Local Fitting', *Journal of the American Statistical Association*, 83: 596–610.

Cliff, A.D. and Ord, J.K. (1973) *Spatial Autocorrelation*. London: Pion.

Cliff, A.D. and Ord, J.K. (1981) *Spatial Processes: Models and Applications*. London: Pion.

Codd, E.F. (1970) 'A Relational Model of Data for Large Shared Data Banks', *Communications of the Association for Computing Machinery*, 13: 377–87.

Cook, D. and Buja, A. (1997) 'Manual Controls for High Dimensional Data Projections', *Journal of Computational and Graphical Statistics*, 6: 464–80.

Cook, D. and Pocock, S. (1983) 'Multiple Regression in Geographical Mortality Studies, with Allowance for Spatially Correlated Errors', *Biometrics*, 39: 361–71.

Cook, D., Buja, A. and Swayne, D.F. (1993) 'Projection Pursuit Indexes Based on Orthonormal Function Expansions', *Journal of Computational and Graphical Statistics*, 2: 225–50.

Cook, D., Buja, A. Cabrera, J. and Hurley, C. (1995) 'Grand Tour and Projection Pursuit', *Journal of Computational and Graphical Statistics*, 4: 155–72.

Cook, D., Cruz-Neira, C., Kohlmeyer, B.D., Lechner, U., Lewin, N., Nelson, L., Olsen, A., Pierson, L. and Symanzyk, J. (1998) 'Exploring Environmental Data in a Highly Immersive Virtual Reality Environment', *Environmental Monitoring and Assessment*, 51: 44l–50.

Cook, D., Majure, J.J., Symanzik, J. and Cressie, N. (1996) 'Dynamic Graphics in a GIS: Exploring and Analyzing Multivariate Spatial Data using Linked Software', *Computational Statistics*, 11: 467–80.

Cook, D., Symanzik, J., Majure, J.J. and Cressie, N. (1997) 'Dynamic Graphics in a GIS: More Examples using Linked Software', *Computers and Geosciences*, 23: 371–85.

Cooley, W.W. and Lohnes, P.R. (1962) *Multivariate Procedures for the Behavioral Sciences.* New York: Wiley.

Cressie, N. (1984) 'Towards Resistant Geostatistics', in G. Verly, M. David, A.G. Journel and A. Marachel (eds), *Geostatistics for Natural Resources Characterization.* Dordrecht: Reidel, Part 1: 21–44.

Cressie, N. (1993) *Statistics for Spatial Data.* New York: Wiley.

Curtis, A. and Fotheringham, A.S. (1995) 'Large Scale Information Surfaces: An Analysis of City Name Recalls in the United States', *Geoforum*, 26: 65–78.

Dacey, M.F. (1960) 'The Spacing of River Towns', *Annals of the Association of American Geographers*, 50: 59–61.

Dale, A. and Marsh, C. (1993) *The 1991 Census User's Guide.* London: HMSO.

DeGroot, M. (1988) *Probability and Statistics*, 2nd edn. Redwood City, CA: Addison-Wesley.

DeMers, M. (1997) *Fundamentals of Geographic Information Systems.* Chichester: Wiley.

Dempster, A.P., Laird, N.M. and Rubin, D.B. (1977) 'Maximum Likelihood from Incomplete Data via the EM Algorithm', *Journal of the Royal Statistical Society*, Series B, 39: 1–38.

Diaconis, P. and Efron, B. (1983) 'Computer Intensive Methods in Statistics', *Scientific American*, 248: 116–30.

Diaconis, P. and Freedman, D. (1984) 'Asymptotics of Graphical Projection Pursuit', *The Annals of Statistics*, 12: 793–815.

Diggle, P. (1983) *The Statistical Analysis of Point Patterns.* London: Academic Press.

Diggle, P.J., Chetwynd, A.G., Hagqvist, R. and Morris, S. (1993) 'Second-Order Analysis of Space-Time Clustering', Technical Report, Department of Mathematics, University of Lancaster.

Diggle, P., Gatrell, A. and Lovett, A. (1990) 'Modelling the Prevalence of Cancer of the Larynx in Part of Lancashire: A New Methodology for Spatial Epidemiology', in R.W. Thomas (ed.), *Spatial Epidemiology.* London: Pion. pp. 35–47.

Diggle, P., Tawn, J. and Moyeed, A. (1998) 'Model-Based Geostatistics', *Applied Statistics*, 47: 299–350.

Dijkstra, E.W. (1959) 'A Note on Two Problems in Connection with Graphs', *Numerische Mathematik*, 1: 269–71.

Ding, Y. and Fotheringham, A.S. (1992) 'The Integration of Spatial Analysis and GIS', *Computers, Environment and Urban Systems*, 16: 3–19.

Dobson, A. (1990) *An Introduction to Generalized Linear Models.* London: Chapman and Hall.

Dodd, S.C. (1950) 'The Interactance Hypothesis: A Model Fitting Physical Masses and Human Groups', *American Sociological Review*, 15: 245–57.

Doll, R. (1989) 'The Epidemiology of Childhood Leukaemia', *Journal of the Royal Statistical Society*, A, 152: 341–51.

Dorling, D.F.L. (1991) 'The Visualization of Spatial Social Structure'. PhD Thesis, University of Newcastle upon Tyne.

Dorling, D.F.L. (1995) *A New Social Atlas of Britain.* Chichester: Wiley.

Dorling, D.F.L. and Openshaw, S. (1992) 'Using Computer Animation to Visualise Space-Time Patterns', *Environment and Planning B.* 19: 639–50.

Downs, R.M. and Stea, D. (1977) *Maps in Minds: Reflections on Cognitive Mapping.* New York: Harper and Row.

Dowson, R.M. and Wragg, A. (1973) 'Maximum-entropy Distributions having prescribed First and Second Moments', *IEEE Transactions on Information Theory*, IT-19: 689–93.

Draper, N. and Smith, H. (1981) *Applied Regression Analysis.* New York: Wiley.

Duncan, C. (1997) 'Applying Mixed Multivariate Multilevel Models in Geographical Research', in G.P. Westert and R.N. Verhoeff (eds), *Places and People: Multilevel*

Modelling in Geographical Research, Nederlandse Geografische Studies 227, University of Utrecht. pp. 100–17.

Duncan, C., Jones, K. and Moon, G. (1996) 'Health-Related Behaviour in Context: A Multilevel Approach', *Social Science and Medicine*, 42: 817–30.

Efron, B. (1981) 'Nonparametric Standard Errors and Confidence Intervals' (with discussion), *Canadian Journal of Statistics*, 9: 139–72.

Efron, B. (1982) *The Jackknife, the Bootstrap and other Resampling Plans.* Philadelphia: Society for Industrial and Applied Mathematics.

Efron, B. and Gong, G. (1983) 'A Leisurely Look at the Bootstrap, the Jackknife and Cross-validation', *American Statistician*, 37: 36–48.

Efron, B. and Tibshirani, R. (1986) 'Bootstrap Methods for Standard Errors, Confidence Intervals, and other Measures of Statistical Accuracy', *Statistical Science*, l: 54–77.

Ehrenberg, A. (1982) *A Primer in Data Reduction.* Chichester: Wiley.

Eldridge, J.D. and Jones III, J.P. (1991) 'Warped Space: A Geography of Distance Decay', *Professional Geographer*, 43: 500–11.

Fik, T.J. and Mulligan, G.F. (1990) 'Spatial Flows and Competing Central Places: Towards a General Theory of Hierarchical Interaction', *Environment and Planning A*, 22: 527–49.

Fik, T.J., Amey, R.G. and Mulligan, G.F. (1992) 'Labor Migration Amongst Hierarchically Competing and Intervening Origins and Destinations', *Environment and Planning A*, 24: 1271–90.

Fischer, M.M. and Getis, A. (eds) (1997) *Recent Developments in Spatial Analysis.* Berlin: Springer-Verlag.

Fisher, R.A. and Tippett, L.H.C. (1928) 'Limiting Forms of the Frequency Distribution of the Largest or Smallest Number of a Sample'. *Proceedings of the Cambridge Philosophical Society*, 24: 180–90.

Flowerdew, R. (1988) 'Statistical Methods for Areal Interpolation: Predicting Count Data from a Binary Variable', Research Report 16, Northern Regional Research Laboratory, Universities of Lancaster and Newcastle.

Flowerdew, R. and Green, M. (1991) 'Data Integration: Statistical Methods for Transferring Data between Zonal Systems', in I. Masser and M. Blakemore (eds), *Handling Geographic Information.* Harlow: Longman. pp. 38–54.

Foster, S.A. and Gorr, W.L. (1986) 'An Adaptive Filter for Estimating Spatially Varying Parameters: Application to Modeling Police Hours Spent in Response to Calls for Service', *Management Science*, 32: 878–89.

Fotheringham, A.S. (1981) 'Spatial Structure and Distance-Decay Parameters', *Annals of the Association of American Geographers*, 71: 425–36.

Fotheringham, A.S. (1983a) 'Some Theoretical Aspects of Destination Choice and Their Relevance to Production-Constrained Gravity Models', *Environment and Planning A*, 15: 1121–32.

Fotheringham, A.S. (1983b) 'A New Set of Spatial Interaction Models: The Theory of Competing Destinations', *Environment and Planning A*, 15: 15–36.

Fotheringham, A.S. (1984) 'Spatial Flows and Spatial Patterns', *Environment and Planning A*, 16: 529–43.

Fotheringham, A.S. (1986) 'Modelling Hierarchical Destination Choice', *Environment and Planning A*, 18: 401–18.

Fotheringham, A.S. (1988) 'Consumer Store Choice and Choice Set Definition', *Marketing Science*, 7: 299–310.

Fotheringham, A.S. (1989) 'Consumer Store Choice and Retail Competition', in S.K. Reddy and L. Pellegrini (eds), *Retail Marketing Channels: Economic and Marketing Perspectives on Producer-Distributor Relationships.* New York: Routledge. pp. 234–57.

Fotheringham, A.S. (1991a) 'Statistical Modeling of Spatial Choice: An Overview', in

A. Ghosh and C. Ingene (eds), *Spatial Analysis in Marketing: Theory, Methods, and Applications.* Greenwich, CT: JAI Press. pp. 95–118.

Fotheringham, A.S. (1991b) 'Migration and Spatial Structure: The Development of the Competing Destinations Model', in J. Stillwell and P. Congdon (eds), *Migration Models: Macro and Micro Approaches.* London: Bellhaven. pp. 57–72.

Fotheringham, A.S. (1992) 'Exploratory Spatial Data Analysis and GIS', *Environment and Planning A*, 24: 1675–8.

Fotheringham, A.S. (1994) 'On the Future of Spatial Analysis: The Role of GIS', *Environment and Planning A*, Anniversary Issue: 30–4.

Fotheringham, A.S. (1997a) 'Trends in Quantitative Methods I: Stressing the Local', *Progress in Human Geography*, 21: 88–96.

Fotheringham, A.S. (1997b) 'Geographic Information Systems: A New(ish) Technology for Statistical Analysis', in A. Unwin (ed.), *New Techniques and Technologies for Statistics II.* Amsterdam: IOS Press. pp 141–7.

Fotheringham, A.S. (1998) 'Trends in Quantitative Methods II: Stressing the Computational', *Progress in Human Geography*, 22: 283–92.

Fotheringham, A.S. (1999a) 'Geocomputational Analysis', in S. Openshaw, R.J. Abrahart and T.E. Harris (eds), *Geocomputation.* London: Taylor and Francis, at press.

Fotheringham, A.S. (1999b) 'GIS-Based Spatial Modelling: A Step Forwards or a Step Backwards?', in A.S. Fotheringham and M. Wegener (eds), *Spatial Models and GIS: A European Perspective.* London: Taylor and Francis. pp. 21–30.

Fotheringham, A.S. (1999c) 'Trends in Quantitative Methods III: Stressing the Visual', *Progress in Human Geography*, 23: 617–626.

Fotheringham, A.S. and Brunsdon, C. (1999) 'Local Forms of Spatial Analysis' *Geographical Analysis,* 31: 340–358.

Fotheringham, A.S. and Charlton, M.E. (1994) 'GIS and Exploratory Spatial Data Analysis: An Overview of Some Research Issues', *Geographical Systems*, 1: 315–27.

Fotheringham, A.S. and Curtis, A. (1992) 'Encoding Spatial Information: The Evidence for Hierarchical Processing', in A.U. Frank, I. Campari and U. Formentini (eds), *Theories and Methods of Spatio-Temporal Reasoning in Geographic Space*, Lecture Notes in Computer Science. Dortmund: Springer-Verlag. pp. 269–87.

Fotheringham, A.S. and Curtis, A. (1999) 'Regularities in Spatial Information Processing: Implications for Modelling Destination Choice', *Professional Geographer*, 51: 227–39.

Fotheringham, A.S. and Dignan, T. (1984) 'Further Contributions to a General Theory of Movement', *Annals of the Association of American Geographers*, 74: 620–33.

Fotheringham, A.S. and O'Kelly, M.E. (1989) *Spatial Interaction Models: Formulations and Applications.* London: Kluwer Academic.

Fotheringham, A.S. and Pitts, T.C. (1995) 'Directional Variation in Distance-Decay', *Environment and Planning A*, 27: 715–29.

Fotheringham, A.S. and Rogerson, P.A. (1993) 'GIS and Spatial Analytical Problems', *International Journal of Geographic Information Systems*, 7: 3–19.

Fotheringham, A.S. and Rogerson, P.A. (eds) (1994) *Spatial Analysis and GIS.* London: Taylor and Francis.

Fotheringham, A.S. and Trew, R. (1993) 'Chain Image and Store Choice Modeling: The Effects of Income and Race', *Environment and Planning A*, 25: 179–96.

Fotheringham, A.S. and Wong, D. (1991) 'The Modifiable Areal Unit Problem in Multivariate Statistical Analysis', *Environment and Planning A*, 23: 1025–44.

Fotheringham, A.S. and Zhan, F. (1996) 'A Comparison of Three Exploratory Methods for Cluster Detection in Spatial Point Patterns', *Geographical Analysis*, 28: 200–18.

Fotheringham, A.S., Brunsdon, C. and Charlton, M.E. (1999) 'Scale Issues and Geographically Weighted Regression', in N. Tate (ed.), *Scale Issues and GIS*. Chichester: Wiley, at press.

Fotheringham, A.S., Brunsdon, C. and Charlton, M.E. (1998) 'Geographically Weighted Regression: A Natural Evolution of the Expansion Method for Spatial Data Analysis', *Environment and Planning A*, 30: 1905–27.

Fotheringham, A.S., Charlton, M.E. and Brunsdon, C. (1996) 'The Geography of Parameter Space: An Investigation into Spatial Non-Stationarity', *International Journal of Geographical Information Systems*, 10: 605–27.

Fotheringham, A.S., Charlton, M.E. and Brunsdon, C. (1997a) 'Two Techniques for Exploring Non-stationarity in Geographical Data', *Geographical Systems*, 4: 59–82.

Fotheringham, A.S., Charlton, M.E. and Brunsdon, C. (1997b) 'Measuring Spatial Variations in Relationships with Geographically Weighted Regression', in M.M. Fischer and A. Getis (eds), *Recent Developments in Spatial Analysis: Spatial Statistics, Behavioral Modeling and Computational Intelligence*. Berlin: Springer-Verlag. pp. 60–82.

Fotheringham, A.S., Densham, P.J. and Curtis, A. (1995) 'The Zone Definition Problem in Location-allocation Modelling', *Geographical Analysis*, 27: 60–77.

Friedman, J. and Tukey, J. (1974) 'A Projection Pursuit Algorithm for Exploratory Data Analysis', *IEEE Transactions on Computers*, 23: 881–9.

Gardner, M.J. (1989) 'Review of Reported Increases of Childhood Cancer Rates in the Vicinity of Nuclear Installations in the UK', *Journal of the Royal Statistical Society*, A, 152: 307–25.

Gatrell, A.C. (1983) *Distance and Space: A Geographical Perspective*. Oxford: Clarendon Press.

Gatrell, A.C., Bailey, T.C., Diggle, P.J. and Rowlingson, B. (1996) 'Spatial Point Pattern Analysis and its Application in Geographical Epidemiology', *Transactions of the Institute of British Geographers*, 21: 256–74.

Gehlke, C.E. and Biehl, H. (1934) 'Certain Effects of Grouping upon the Size of the Correlation Coefficient in Census Tract Material', *Journal of the American Statistical Association*, Supplement 29: 169–70.

Gelman, A., Carlin, J., Stern, H.S. and Rubin, D.B. (1995) *Bayesian Data Analysis*. London: Chapman and Hall.

Georgescu-Roegen, N. (1971) *The Entropy Law and the Economic Process*. Cambridge, MA: Harvard University Press.

Getis, A. and Ord, J.K. (1992) 'The Analysis of Spatial Association by Use of Distance Statistics', *Geographical Analysis*, 24: 189–206.

Ghosh, A. and Rushton, G. (eds) (1987) *Spatial Analysis and Location-Allocation Models*. New York: Van Nostrand Rheinhold.

Gilbert, E.J. (1958) 'Pioneer Maps of Health and Disease in England', *Geographical Journal*, 124: 172–83.

Gober, P., Glasmeier, A.K., Goodman, J.M., Plane, D.A., Stafford, H.A. and Wood, J.S. (1995) 'Employment Trends in Geography', *The Professional Geographer*, 47: 336–46.

Goddard, J.B. and Kirby, A. (1976) *An Introduction to Factor Analysis*, Concepts and Techniques in Modern Geography, 7. Norwich: Geo Books.

Goldstein, H. (1987) *Multilevel Models in Educational and Social Research*. London: Oxford University Press.

Goldstein, H. (1994) 'Multilevel Cross-Classified Models', *Sociological Methods and Research*, 22: 364–75.

Goodchild, M.F. (1984) 'Geocoding and Geosampling', in G.L. Gaile and C.J. Willmott (eds), *Spatial Statistics and Models*. Dordrecht: Reidel. pp. 33–52.

Goodchild, M.F. (1986) *Spatial Autocorrelation*, Concepts and Techniques in Modern Geography, 47. Norwich: Geo Books.

Goovaerts, P. (1992) 'Factorial Kriging Analysis: A Useful Tool for Exploring the Structure of Multivariate Spatial Soil Information', *Journal of Soil Science*, 43: 597–619.

Goovaerts, P. (1999) 'Geostatistics in Soil Science: State-of-the-Art and Perspectives', *Geoderma*, 89: 1–45.

Gorr, W.L. and Olligschlaeger, A.M. (1994) 'Weighted Spatial Adaptive Filtering: Monte Carlo Studies and Application to Illicit Drug Market Modeling', *Geographical Analysis*, 26: 67–87.

Gould, M, (1996) 'What's so Special about Spatial?', *GIS Europe*, 10: 22.

Gould, P.R. (1970) 'Is Statistix Inferens the Geographical Name for a Wild Goose?', *Economic Geography*, 46: 439–48.

Gould, P.R. (1975) 'Acquiring Spatial Information', *Economic Geography*, 51: 87–99.

Gould, P.R. (1984) 'Statistics and Human Geography: Historical, Philosophical, and Algebraic Reflections', in G.L. Gaile and C.L. Wilmott (eds), *Spatial Statistics and Models*. Dordrecht: Reidel. pp. 17–32.

Gould, P.R. and White, R. (1974) *Mental Maps*. Boston: Allen & Unwin.

Graf, W. (1998) 'Why Physical Geographers Whine so Much', *The Association of American Geographers' Newsletter*, 33 (8): 2.

Graham, E. (1997) 'Philosophies Underlying Human Geography Research', in R. Flowerdew and D. Martin (eds), *Methods in Human Geography: A Guide for Students doing a Research Project*. Harlow: Longman. pp. 6–30.

Graybill, F.A. and Iyer, H.K. (1994) *Regression Analysis: Concepts and Applications*. Belmont, CA: Duxbury.

Greenwood, M.J. and Sweetland, D. (1972) 'The Determinants of Migration between Standard Metropolitan Statistical Areas', *Demography*, 9: 665–81.

Greig, D.M. (1980) *Optimisation*. London: Longman.

Greig-Smith, P. (1964) *Quantitative Plant Ecology*. London: Butterworth.

Griffith, D.A. (1987) *Spatial Autocorrelation: A Primer*. Washington, DC: Association of American Geographers.

Griffith, D.A. (1988) *Advanced Spatial Statistics*. Dordrecht: Kluwer Academic.

Grunsky, E.C. and Agterberg, F.P. (1992) 'Spatial Relationships of Multivariate Data', *Mathematical Geology*, 24: 731–58.

Gurney, K. (1995) *An Introduction to Neural Networks*. London: UCL Press.

Haines-Young, R., Green, D.R. and Cousins, S. (1993) *Landscape Ecology and GIS*. London: Taylor and Francis.

Haining, R.P. (1990) *Spatial Data Analysis in the Social and Environmental Sciences*. Cambridge: Cambridge University Press.

Haining, R.P., Wise, S. and Ma, J.S. (1998) 'Exploratory Spatial Data Analysis in a Geographic Information System Environment', *Journal of the Royal Statistical Society D: The Statistician*, 47: 457–69.

Hall, P. (1988) 'On Symmetric Bootstrap Confidence Intervals', *Journal of the Royal Statistical Society*, B, 50: 35–45.

Hansen, W.G. (1959) 'How Accessibility Shapes Land Use', *Journal of the American Institute of Planners*, 25: 73–6.

Harley, B.J. (1975) *Ordnance Survey Maps: A Descriptive Manual*. Southampton: Ordnance Survey.

Haslett, J., Bradley, R., Craig, P., Unwin, A. and Wills, G. (1991) 'Dynamic Graphics for Exploring Spatial Data with Applications to Locating Global and Local Anomalies', *The American Statistician*, 45: 234–42.

Haslett, J., Wills, G. and Unwin, A. (1990) 'SPIDER, an Interactive Statistical Tool for the Analysis of Spatially Distributed Data', *International Journal of Geographical Information Systems*, 4: 285–96.

Hastie, T. and Tibshirani, R. (1990) *Generalized Additive Models*. London: Chapman and Hall.

Hauser, R.M. (1970) 'Context and Consex: A Cautionary Tale', *American Journal of Sociology,* 75: 645–64.

Haynes, K.E. and Fotheringham, A.S. (1984) *Gravity and Spatial Interaction Models*, Vol. 2, Sage Series in Scientific Geography. Beverly Hills, CA: Sage.

Haynes, K.E. and Fotheringham, A.S. (1990) 'The Impact of Space on the Application of Discrete Choice Models', *Review of Regional Studies*, 20: 39–49.

Hepple, L. (1974) 'The Impact of Stochastic Process Theory upon Spatial Analysis', *Progress in Human Geography*, 6: 89–142.

Hepple, L. (1998) 'Context, Social Construction and Statistics: Regression, Social Science and Human Geography', *Environment and Planning A*, 30: 225–34.

Hertz, J., Krogh, A. and Palmer, J.A. (1991) *Introduction to the Theory of Neural Computation*. Reading, MA: Addison-Wesley.

Heuvelink, G.M.B., Burrough, P.A. and Stein, A. (1989) 'Propagation of Errors in Spatial Modelling with GIS', *International Journal of Geographical Information Systems*, 3: 303–22.

Heywood, I., Cornelius, S. and Carver, S.J. (1998) *An Introduction to Geographical Information Systems*. Harlow: Addison Wesley Longman.

Hinckley, D. (1988) 'Bootstrap Methods', *Journal of the Royal Statistical Society*, B, 50: 321–37.

Hirtle, S.C. and Jonides, J. (1985) 'Evidence of Hierarchies in Cognitive Maps', *Memory and Cognition*, 13: 208–17.

Hoffman, P., Grinstein, G., Marx, K., Grosse, I. and Stanley, E. (1997) 'DNA Visual and Analytic Data Mining', *I.E.E.E. Visualization '97 Proceedings*, 437–41, Phoenix, AZ.

Holt, D., Steel, D.G., Tranmer, M. and Wrigley, N. (1996) 'Aggregation and Ecological Effects in Geographically Based Data', *Geographical Analysis*, 28: 244–61.

Hordijk, L. (1974) 'Spatial Correlation in the Disturbances of a Linear Interregional Model', *Regional and Urban Economics*, 4: 117–40.

Huber, J.J., Payne, W. and Pluto, C. (1982) 'Adding a Symmetrically Dominated Alternative: Violations of Regularity and the Similarity Hypothesis', *Journal of Consumer Research*, 9: 90–8.

Huber, P.J. (1985) 'Projection Pursuit' (with discussion), *The Annals of Statistics*, 13: 435–525.

Huff, D.L. (1959) 'Geographical Aspects of Consumer Behavior', *University of Washington Business Review*, 18: 27–37.

Huff, D.L. (1963) 'A Probabilistic Analysis of Consumer Behavior', *Papers and Proceedings of the Regional Science Association*, 7: 81–90.

Huxhold, W. (1991) *An Introduction to Urban Geographic Information Systems*. Oxford: Oxford University Press.

Ihaka, R. and Gentleman, R. (1996) 'R: A Language for Data Analysis and Graphics', *Journal of Computational and Graphical Statistics*, 5: 299–314.

Inselberg, A. (1985) 'The Plane with Parallel Coordinates', *The Visual Computer*, 1: 69–91.

Inselberg, A. (1988) 'Visual Data Mining with Parallel Co-ordinates', *Computational Statistics*, 13: 47–63.

Isaaks, E. and Srivastava, R. (1988) *An Introduction to Applied Geostatistics*. Oxford: Oxford University Press.

Jaynes, E.T. (1957) 'Information Theory and Statistical Mechanics', *Physical Review*, 106: 620–30.

Johnston, R.J. (1994) 'Spatial Analysis', in R.J. Johnston, D. Gregory and D.M. Smith (eds), *The Dictionary of Human Geography*. Oxford: Blackwell. p. 577.

Johnston, R.J. (1997) 'W(h)ither Spatial Science and Spatial Analysis?', *Futures*, 29: 323–36.

Johnston, R.J., Pattie, C.J. and Allsop, J.G. (1988) *A Nation Dividing?*. London: Longman.

Jones, J.P. and Casetti, E. (1992) *Applications of the Expansion Method*. London: Routledge.

Jones, J.P. and Hanham, R.Q. (1995) 'Contingency, Realism, and the Expansion Method', *Geographical Analysis*, 27: 185–207.

Jones, K. (1991a) 'Specifying and Estimating Multilevel Models for Geographical Research', *Transactions of The Institute of British Geographers*, 16: 148–59.

Jones, K. (1991b) *Multilevel Models for Geographical Research*, Concepts and Techniques in Modern Geography, 54. Norwich: Environmental Publications.

Jones, K. (1997) 'Multilevel Approaches to Modelling Contextuality: From Nuisance to Substance in the Analysis of Voting Behaviour', in G.P. Westert and R.N. Verhoeff (eds), *Places and People: Multilevel Modelling in Geographical Research,* Nederlandse Geografische Studies 227, University of Utrecht. pp. 19–40.

Jones, K. and Bullen, N.J. (1993) 'A Multilevel Analysis of the Variations in Domestic Property Prices: Southern England', *Urban Studies*, 30: 1409–26.

Jones, K., Gould, M.I. and Watt, R. (1996) 'Multiple Contexts as Cross-Classified Models: the Labour Vote in the British General Election of 1992', Mimeo, Department of Geography, University of Portsmouth.

Jones, M. and Sibson, R. (1987) 'What is Projection Pursuit?' (with discussion), *Journal of the Royal Statistical Society*, 150: 1–36.

Jong, de T. and Ottens, H. (1997) 'GIS Functionality for Multi-level Research' in G.P. Westert and R.N. Verhoeff (eds), *Places and People: Multilevel Modelling in Geographical Research*, Nederlandse Geografische Studies 227, University of Utrecht. pp. 44–54.

Kelsall, J.E. and Diggle, P.J. (1995) 'Non-parametric Estimation of Spatial Variation in Relative Risk', *Statistics in Medicine*, 14: 2335–42.

Kendall, S.M. and Ord, J.K. (1973) *Time Series*. Sevenoaks, Kent: Edward Arnold.

Kerhis, E. (1989) *Interfacing Arc/Info and GLIM: A Progress Report*, Research Report 5, NorthWest Regional Research Laboratory, University of Lancaster.

King, G. (1997) *A Solution to the Ecological Inference Problem: Reconstructing Individual Behavior from Aggregate Data*. Princeton, NJ: Princeton University Press.

King, L.J. (1961) 'A Multivariate Analysis of the Spacing of Urban Settlements in the United States', *Annals of the Association of American Geographers*, 51: 222–33.

King, L.J. (1969) *Statistical Analysis in Geography*. Englewood Cliffs, NJ: Prentice Hall.

Knorrheld, L. and Besag, J. (1998) 'Modelling Risk from a Disease in Time and Space', *Statistics in Medicine*, 17: 2045–60.

Knox, E.G. (1964) 'Epidemiology of Childhood Leukaemia in Northumberland and Durham', *British Journal of Preventative and Social Medicine*, 18: 17–24.

Kohonen, T. (1989) *Self Organization and Associative Memory*. Berlin: Springer-Verlag.

Kremenec, A.J. and Esparza, A. (1993) 'Modeling Interaction in a System of Markets', *Geographical Analysis*, 25: 354–68.

Krige, D. (1966) 'Two-dimensional Weighted Moving Average Surfaces for Ore Evaluation', *Journal of South African Institute of Mining and Metallurgy*, 66: 13–38.

Krugman, P. (1996) 'Urban Concentration: The Role of Increasing Returns and Transport Costs', *International Regional Science Review*, 19: 5–30.

Kruskal, J.B. (1969) 'Toward a Practical Method which Helps Uncover the Structure of a Set of Observations by Finding the Linear Transformation which Optimizes a New "Index of Condensation"', in R. Milton and J.A. Nelder (eds), *Statistical Computation*. New York: Academic Press. pp. 427–40.

Laurini, R. and Thompson, D. (1992) *Fundamentals of Spatial Information Systems*. London: Academic Press.

Lee, P.M. (1997) *Bayesian Statistics: An Introduction.* London: Arnold.

Leeuw, J. de (1994) 'Statistics and the Sciences', Unpublished manuscript, UCLA Statistics Program.

Lillesand, T.M. and Kiefer, R.W. (1994) *Remote Sensing and Image Interpretation.* New York: Wiley.

Lindsay, P.H. and Norman, D.A. (1972) *Human Information Processing.* New York: Academic Press.

Linneman, H.V. (1966) *An Econometric Study of International Trade Flows.* Amsterdam: North-Holland.

Lo, L. (1991) 'Substitutability, Spatial Structure, and Spatial Interaction', *Geographical Analysis*, 23: 132–46.

Loh, W.-Y. and Wu, C.F.J. (1987) 'Comment on Efron', *Journal of the American Statistical Association*, 82: 188–90.

Longley, P. and Batty, M. (1996) *Spatial Analysis: Modelling in a GIS Environment.* Cambridge: GeoInformation International.

Longley, P., Brooks, S.M., McDonnell, R. and Macmillan, B. (eds) (1998) *Geocomputation: A Primer.* Chichester: Wiley.

MacEachren, A.M., Brewer, C.A. and Pickle, L.W. (1998) 'Visualizing Georeferenced Data: Representing Reliability of Health Statistics', *Environment and Planning A*, 30: 1547–61.

Maddala, G.S. (1977) *Econometrics.* New York: McGraw-Hill.

Majure, J. and Cressie, N. (1997) 'Dynamic Graphics for Exploring Spatial Dependence in Multivariate Spatial Data', *Geographical Systems*, 4: 131–58.

Maling, D.H. (1993) *Coordinate Systems and Map Projections.* 2nd edn. Oxford: Pergamon.

Mallows, C. (1973) 'Some Comments on C_p', *Technometrics*, 15: 661–7.

Mantel, N. (1967) 'The Detection of Disease Clustering and a Generalised Regression Approach', *Cancer Research*, 27: 209–20.

Mardia, K., Kent, J. and Bibby, J.M. (1979) *Multivariate Analysis.* London: Academic Press.

Marshall, R.J. (1991) 'A Review of Methods for the Statistical Analysis of Spatial Patterns of Disease', *Journal of the Royal Statistical Society*, A, 154: 421–41.

Martin, D. (1996) *Geographic Information Systems: Socio-economic Applications.* London: Routledge.

McCarty, H. (1956) 'Use of Certain Statistical Procedures in Geographical Analysis', *Annals of the Association of American Geographers*, 46: 263.

McCulloch, W. and Pitts, W. (1943) 'A Logical Calculus of Ideas Immanent in Neural Activity', *Bulletin of Mathematical Biophysics*, 5: 115–33.

McFadden, D. (1974) 'Conditional Logit Analysis of Qualitative Choice Behavior', in P. Zarembka (ed.), *Frontiers in Econometrics.* New York: Academic Press. pp. 105–42.

McFadden, D. (1978) 'Modelling the Choice of Residential Location', in A. Karlquist, L. Lundquist, F. Snickars and J.W. Weibull (eds), *Spatial Interaction Theory and Planning Models.* Amsterdam: North-Holland. pp. 75–96.

McFadden, D. (1980) 'Econometric Models for Probabilistic Choice Among Products', *Journal of Business*, 53: 513–29.

McNamara, T.P. (1986) 'Mental Representations of Spatial Relations', *Cognitive Psychology*, 18: 87–121.

McNamara, T.P. (1992) 'Spatial Representation', *Geoforum*, 23: 139–50.

Menzel, H. (1950) 'Comment on Robinson's "Ecological Correlations and the Behaviour of Individuals"', *American Sociological Review*, 15: 674.

Metropolis, N. and Ulam, S. (1949) 'The Monte-Carlo Method', *Journal of the American Statistical Association*, 44: 335–41.

Metropolis, N. Rosenbluth, A., Rosenbluth, A.W. and Teller, A.H. (1949) 'Equation of State Calculations by Fast Computing Machines', *Journal of Chemical Physics*, 21: 1087–92.

Meyer, R.J. (1979) 'Theory of Destination Choice-Set Formation under Informational Constraints', *Transportation Research Record*, 750: 6–12.

Meyer, R.J. and Eagle, T.C. (1982) 'Context-Induced Parameter Instability in a Disaggregate-Stochastic Model of Store Choice', *Journal of Marketing Research*, 19: 62–71.

Miller, H.J. (1999) 'Measuring Space-Time Accessibility Benefits with Transportation Networks: Basic Theory and Computational Procedures', *Geographical Analysis*, 31: 187–212.

Miyares, I.M. and McGlade, M.S. (1994) 'Specialization in "Jobs in Geography" 1980–1993', *The Professional Geographer*, 46: 170–7.

Moellering, H. and Tobler, W.R. (1972) 'Geographical Variances', *Geographical Analysis*, 4: 34–50.

Molho, I. (1995) 'Spatial Autocorrelation in British Unemployment', *Journal of Regional Science*, 35: 641–58.

Mooney, C.Z. and Duvall, R.D. (1993) *Bootstrapping: A Nonparametric Approach to Statistical Inference*. London: Sage.

Morrill, R.L. (1984) 'Recollections of the Quantitative Revolution's Early Years: The University of Washington 1955–65', in M. Billinge, D. Gregory and R. Martin (eds), *Recollections of a Revolution*. New York: St. Martin's Press. pp. 57–72.

Nelder, J. (1971) 'Discussion on Papers by Wynn and Bloomfield, and O'Neill and Wetherill', *Journal of the Royal Statistical Society*, B, 33: 244–6.

Nester, M. (1996) 'An Applied Statistician's Creed', *Applied Statistics*, 45: 401–10.

Newell, A. and Simon, H.A. (1972) *Human Problem Solving*. Englewood Cliffs, NJ: Prentice Hall.

Niedercorn, J.H. and Bechdolt Jr, V.B. (1969) 'Economic Derivation of the "Gravity Law" of Spatial Interaction', *Journal of Regional Science*, 9: 273–82.

Norman, D.A. and Bobrow, D.G. (1975) 'On Data-Limited and Resource-Limited Processes', *Cognitive Psychology*, 7: 44–64.

Odland, J. (1988) *Spatial Autocorrelation*, Scientific Geography Series, 9. Newbury Park, CA: Sage.

O'Loughlin, J., Ward, M.D., Lofdahl, C.L., Cohen, J.S., Brown, D.S., Reilly, D., Gleditsch, K.S. and Shin, M. (1998) 'The Diffusion of Democracy 1946–1994', *Annals of the Association of American Geographers*, 88: 545–74.

O'Neill, R. and Wetherill, G. (1971) 'The Present State of Multiple Comparison Methods', *Journal of the Royal Statistical Society*, B, 33: 218–41.

Openshaw, S. (1984) *The Modifiable Areal Unit Problem*, CATMOG 38. Norwich: GeoAbstracts.

Openshaw, S. (1993) 'Exploratory Space-Time-Attribute Pattern Analysers', in A.S. Fotheringham and P.A. Rogerson (eds), *Spatial Analysis and GIS*. London: Taylor and Francis. pp. 147–63.

Openshaw, S. and Abrahart, R.J. (1996) 'GeoComputation', Abstracted in *Proceedings Geocomputation '96, 1st International Conference on Geocomputation, University of Leeds, 17–19 September*. pp. 665–6.

Openshaw, S. and Openshaw, C. (1997) *Artificial Intelligence in Geography*. Chichester: Wiley.

Openshaw, S. and Rao, L. (1995) 'Algorithms for Re-engineering 1991 Census Geography', *Environment and Planning A*, 27: 425–46.

Openshaw, S. and Taylor, P.J. (1979) 'A Million or so Correlation Coefficients: Three Experiments on the Modifiable Areal Unit Problem', in N. Wrigley (ed.), *Statistical Applications in the Spatial Sciences*. London: Pion. pp. 127–44.

Openshaw, S., Abrahart, R.J. and Harris, T.E. (eds) (1999) *Geocomputation*. London: Taylor and Francis. at press.

Openshaw, S., Brunsdon, C. and Charlton, M.E. (1991a) 'A Spatial Analysis Toolkit for GIS', *Proceedings EGIS '91*. Brussels: EGIS Foundation, 2: 788–96.

Openshaw, S., Charlton, M.E. and Carver, S.J. (1991b) 'Error Propagation: A Monte Carlo Simulation', in I. Masser and M. Blakemore (eds), *Handling Geographic Information*. Harlow: Longman. pp. 78–101.

Openshaw, S., Charlton, M.E., Wymer, C. and Craft, A.W. (1987) 'A Mark I Geographical Analysis Machine for the Automated Analysis of Point Data Sets', *International Journal of Geographical Information Systems*, 1: 359–77.

Openshaw, S., Craft, A. and Charlton, M.E. (1988) 'Searching for Leukaemia Clusters using a Geographical Analysis Machine', *Papers of the Regional Science Association*, 64: 95–106.

Ord, J.K. (1975) 'Estimation Methods for Models of Spatial Interaction', *Journal of the American Statistical Association*, 70: 120–6.

Ord, J.K. and Getis, A. (1995) 'Local Spatial Autocorrelation Statistics: Distributional Issues and an Application', *Geographical Analysis*, 27: 286–306.

Ordnance Survey (no date) ED–LINE, *http://www.ordsvy.gov.uk/products/computer/ed–line/index.htm*, accessed 21 March 1999.

O'Rourke, J. (1998) *Computational Geometry in C*. Cambridge: Cambridge University Press.

Parzen, E. (1962) 'On the Estimation of a Probability Density Function and Model', *Annals of Mathematical Statistics*, 33: 1065–76.

Pellegrini, P.A. and Fotheringham, A.S. (1999) 'Intermetropolitan Migration and Hierarchical Destination Choice: A Disaggregate Analysis from the US PUMS', *Environment and Planning A*, 31: 1093–118.

Peters, A. (1989) *Peters' Atlas of the World*. London: Longman.

Pipkin, J.S. (1978) 'Fuzzy Sets and Spatial Choice', *Annals of the Association of American Geographers*, 68: 196–204.

Pooler, J. (1987) 'Measuring Geographical Accessibility: A Review of Current Approaches and Problems in the Use of Population Potentials', *Geoforum*, 18: 269–89.

Powe, N.A., Garrod, G.D., Brunsdon, C. and Willis, K.G. (1997) 'Using a Geographic Information System to Estimate an Hedonic Price Model of the Benefits of Woodland Access', *Forestry*, 70: 139–49.

Raper, J., Rhind, D. and Shepherd, J. (1992) *Postcodes: The New Geography*. Harlow: Longman.

Rasbash, J. and Woodhouse, G. (1995) *Mln Command Reference Version 1.0*. Multilevel Models Project, Institute of Education, University of London.

Ravenstein, E.G. (1885) 'The Laws of Migration', *Journal of the Royal Statistical Society*, 48: 167–235.

Reed, R. (1993) 'Pruning Algorithms – a survey', *IEEE Transactions on Neural Networks*, 4: 740–7.

Rees, P. (1995) 'Putting the Census on the Researcher's Desk', in S. Openshaw (ed.) *The Census Users' Handbook*. Cambridge: GeoInformation International. pp. 27–81.

Rhind, D., Goodchild, M. and Maguire, D. (1991) *Geographic Information Systems*. London: Longman.

Ripley, B. (1981) *Spatial Statistics*. Chichester: Wiley.

Robinson, A.H. (1956) 'The Necessity of Weighting Values in Correlation Analysis of Areal Data', *Annals of the Association of American Geographers*, 46: 233–6.

Robinson, G., Peterson, J.A. and Anderson, P.A. (1971) 'Trend Surface Analysis of Crime Attitudes in Scotland', *Scottish Geographical Magazine*, 87: 142–6.

Robinson, G.M. (1998) *Methods and Techniques in Human Geography*. Chichester: Wiley.

Robinson, W.R. (1950) 'Ecological Correlation and the Behaviour of Individuals', *American Sociological Review*, 15: 351–7.

Rose, J.K. (1936) 'Corn Yield and Climate in the Corn Belt', *The Geographical Review*, 26: 88–102.

Rowlingson, B. and Diggle, P. (1993) 'Splancs: Spatial Point Pattern Analysis Code in S-Plus', *Computers and Geosciences*, 19: 627–55.

Sampson, P.D. and Guttorp, P. (1992) 'Nonparametric Estimation of Nonstationary Spatial Covariance Structure', *Journal of the American Statistical Association*, 87: 108–19.

Savage, I. (1957) 'Nonparametric Statistics', *Journal of the American Statistical Association*, 52: 331–44.

Sayer, A. (1976) 'A Critique of Urban Modelling', *Progress in Planning*, 6: 187–254.

Sayer, A. (1992) *Method in Social Science*. London: Routledge.

Schettino, A. (1999) 'Polygon Intersections in Spherical Topology: Application to Plate Tectonics', *Computers and Geosciences*, 25: 61–9.

Scott, D. (1992) *Multivariate Density Estimation: Theory, Practice and Visualisation*. New York: Wiley.

Sedgwick, R. (1990) *Algorithms in C*. Reading, MA: Addison-Wesley.

Seimiatycki, J., Brubaker, G. and Geser, A. (1980) 'Space-Time Clustering of Burkitt's Lymphoma in East Africa: Analysis of Recent Data and a New Look at Old Data', *International Journal of Cancer*, 25: 197–203.

Sen, A. and Smith, T.E. (1995) *Gravity Models of Spatial Interaction Behavior*. Berlin: Springer-Verlag.

Shannon, C.F. (1948) 'A Mathematical Theory of Communication', *Bell System Technical Journal*, 27: 379–423 and 623–56.

Silverman, B.W. (1986) *Density Estimation for Statistics and Data Analysis*. London: Chapman and Hall.

Simon, H.A. (1969) *The Science of the Artificial*. Cambridge, MA: MIT Press.

Smit, L. (1997) 'Changing Commuter Distances in the Netherlands: A Macro-Micro Perspective', in G.P. Westert and R.N. Verhoeff (eds), *Places and People: Multilevel Modelling in Geographical Research*, Nederlandse Geografische Studies 227, University of Utrecht. pp. 86–99.

Sokal, R.R., Oden, N.L. and Thomson, B.A. (1998) 'Local Spatial Autocorrelation in a Biological Model', *Geographical Analysis*, 30: 331–54.

Steel, D.G. and Holt, D. (1996) 'Rules for Random Aggregation', *Environment and Planning A*, 28: 957–78.

Stephan, F.F. (1934) 'Sampling Errors and Interpretations of Social Data Ordered in Time and Space', *Journal of the American Statistical Association*, 29: 165–6.

Stevens, A. and Coupe, P. (1978) 'Distortions in Judged Spatial Relations', *Cognitive Psychology*, 10: 422–37.

Stevens, S.S. (1957) 'On the Psychophysical Law', *Psychological Review*, 64: 153–81.

Stevens, S.S. (1975) *Psychophysics: Introduction to its Perceptual, Neural and Social Prospects*. New York: Wiley.

Stone, R.A. (1988) 'Investigations of Excess Environmental Risks around Putative Sources: Statistical Problems and a Proposed Test', *Statistical Methods*, 7: 649–60.

Strahler, A.N. (1952) 'Hypsometric (area-altitude) Analysis of Erosional Topography', *Bulletin of the Geological Society of America*, 63: 1117–42.

Swayne, D., Cook, D. and Buja, A. (1991) 'XGobi: Interactive Dynamic Graphics in the X Window System with a Link to S', *American Statistical Association Proceedings of the Section on Statistical Graphics*, pp. 1–8.

Taylor, P.J. and Johnston, R.J. (1995) 'Geographic Information Systems and Geography', in J. Pickles (ed.), *Ground Truth*. London: Guilford. pp. 51–67.

Terrell, G. (1990) 'The Maximal Smoothing Principal in Density Estimation', *Journal of the American Statistical Association*, 85: 470–7.

Terrell, G. and Scott, D. (1985) 'Oversmoothed Nonparametric Density Estimations', *Journal of the American Statistical Association*, 80: 209–14.

Thill, J.-C. (1992) 'Choice Set Formation for Destination Choice Modelling', *Progress in Human Geography*, 16: 361–82.

Thomas, E.N. and Anderson, D.L. (1965) 'Additional Comments on Weighting Values in Correlation Analysis of Areal Data', *Annals of the Association of American Geographers*, 55: 492–505.

Tiefelsdorf, M. (1998) 'Some Practical Applications of Moran's I's Exact Conditional Distribution', *Papers of the Regional Science Association*, 77: 101–29.

Tiefelsdorf, M. and Boots, B. (1997) 'A Note on the Extremities of Local Moran's I's and their Impact on Global Moran's I', *Geographical Analysis*, 29: 248–57.

Tiefelsdorf, M., Fotheringham, A.S. and Boots, B. (1998) 'Exploratory Identification of Global and Local Heterogeneities in Disease Mapping', Presented at the Association of American Geographers' Annual Meeting, Boston.

Tierney, L. (1990) *LISP-STAT: An Object-oriented Environment for Statistical Computing and Dynamic Graphics.* New York: Wiley.

Tinkler, K.J. (1971) 'Statistical Analysis of Tectonic Patterns in Areal Volcanism: The Bunyaraguru Volcanic Field in Western Uganda', *Mathematical Geology*, 3: 335–55.

Tobler, W.R. (1963) 'Geographic Area and Map Projections', *Geographical Review*, 53: 59–78.

Tobler, W.R. (1967) 'Automated Cartograms', Mimeo.

Tobler, W.R. (1970) 'A Computer Movie Simulating Urban Growth in the Detroit Region', *Economic Geography*, 46: 234–40.

Tobler, W.R. (1973a) 'Choropleth Maps without Class Intervals?', *Geographical Analysis*, 3: 262–5.

Tobler, W.R. (1973b) 'A Continuous Transformation useful for Districting', *Annals of the New York Academy of Sciences*, 219: 215–20.

Tobler, W.R. (1979) 'Smooth Pycnophylactic Interpolation for Geographical Regions', *Journal of the American Statistical Association*, 74: 121–7.

Tobler, W.R. (1991) 'Frame Independent Spatial Analysis', in M. Goodchild and S. Gopal (eds), *The Accuracy of Spatial Databases.* London: Taylor and Francis. pp. 115–22.

Tomlin, C.D. (1990) *Geographic Information Systems and Cartographic Modeling.* Eaglewood Cliffs, NJ: Prentice Hall.

Tranmer, M. and Steel, D.G. (1998) 'Using Census Data to Investigate the Causes of the Ecological Fallacy', *Environment and Planning A*, 30: 817–31.

Tribus, M. (1969) *Rational Descriptions, Decisions and Designs.* New York: Pergamon.

Tufte, E. (1983) *The Visual Display of Quantitative Information.* Cheshire, CT: Graphics Press.

Tukey, J. (1977) *Exploratory Data Analysis.* Reading, MA: Addison-Wesley.

Unwin, A. and Unwin, D. (1998) 'Exploratory Spatial Data Analysis with Local Statistics', *The Statistician*, 47: 415–23.

Unwin, D. (1981) *Introductory Spatial Analysis.* London: Methuen.

Unwin, D. (1996) 'GIS, Spatial Analysis and Spatial Statistics', *Progress in Human Geography*, 20: 540–51.

Venables, W.N. and Ripley, B.D. (1997) *Modern Applied Statistics with S-Plus*, 2nd edn. New York: Springer-Verlag.

Ver Hoef, J.M. and Cressie, N. (1993) 'Multivariable Spatial Prediction', *Mathematical Geology*, 25: 219–40.

Verheij, R.A. (1997) 'Physiotherapy Utilization: Does Place Matter?', in G.P. Westert and

R.N. Verhoeff (eds), *Places and People: Multilevel Modelling in Geographical Research*, Nederlandse Geografische Studies 227, University of Utrecht. pp. 74–85.

Vincent, P. and Gatrell, A. (1991) 'The Spatial Distribution of Radon Gas in Lancashire (UK): A Kriging Study', *Proceedings, Second European Conference on Geographical Information Systems*. Utrecht: EGIS Foundation. pp. 1179–86.

Walker, R. and Calzonetti, F. (1989) 'Searching for New Manufacturing Plant Locations: A Study of Location Decisions in Central Appalachia', *Regional Studies*, 24: 15–30.

Watt, R. (1991) *Understanding Vision*. London: Academic Press.

Webber, M.J. (1975) 'Entropy-Maximising Location Models for Nonindependent Events', *Environment and Planning A*, 7: 99–108.

Webber, M.J. (1977) 'Pedagogy Again: What is Entropy?', *Annals of the Association of American Geographers*, 67: 254–66.

Weber, A. (1909) *Theory of the Location of Industries*. Chicago: University of Chicago Press.

Weibull, J.W. (1976) 'An Axiomatic Approach to the Measurement of Accessibility', *Regional Science and Urban Economics*, 6: 357–79.

Weibull, J.W. (1980) 'On the Numerical Measurement of Accessibility', *Environment and Planning A*, 12: 53–67.

Westert, G.P. and Verhoeff, R.N. (eds) (1997) *Places and People: Multilevel Modelling in Geographical Research*, Nederlandse Geografische Studies 227, University of Utrecht.

White, H. (1988) 'Economic Prediction using Neural Networks: The case of IBM Daily Stock Returns', in *Proceedings of the IEEE International Conference on Neural Networks*, San Diego, Vol. II, pp. 451–9.

Wilson, A.G. (1967) 'Statistical Theory of Spatial Trip Distribution Models', *Transportation Research*, 1: 253–69.

Wilson, A.G. (1974) *Urban and Regional Models in Geography and Planning*. London: Wiley.

Wilson, A.G. (1975) 'Some New Forms of Spatial Interaction Models: A Review', *Transportation Research*, 9: 167–79.

Wilson, A.G. (1984) 'One Man's Quantitative Geography: Frameworks, Evaluations, Uses and Prospects', in M. Billinge, D. Gregory and R. Martin (eds), *Recollections of a Revolution: Geography as a Spatial Science*. New York: St. Martin's Press. pp. 200–26.

Worboys, M. (1995) *GIS: A Computing Perspective*. London: Taylor and Francis.

Xia, F.F. and Fotheringham, A.S. (1993) 'Exploratory Spatial Data Analysis with GIS: The Development of the ESDA Module under Arc/Info', *GIS/LIS '93 Proceedings*, 2: 801–10.

Yule, G.U. and Kendall, M.G. (1950) *An Introduction to Statistics*. New York: Hafner.

Zadeh, L. (1965) 'Fuzzy Sets', *Information and Control*, 8: 338–53.

Zipf, G.K. (1949) *Human Behavior and the Principle of Least Effort*. Reading, MA: Addison-Wesley.

主题词对照表

accessibility discussion of definition
可达性定义的讨论

accessibility role in spatial interaction modelling
可达性在空间相互作用建模中的角色

autoregressive models
自回归模型

bandwidth calibration of
带宽的校准

bandwidth in kernel intensity estimates
核密度估计中的带宽

bandwidth and smoothing
带宽与平滑

Bayes theorem
贝叶斯理论

Bayesian inference
贝叶斯推断

confidence intervals of Moran's *I*

　　莫兰指数的置信区间

contiguity

　　邻接

coordinate systems latitude and longitude

　　经纬度坐标系统

coordinate systems spherical

　　球面坐标系统

cross-area aggregation

　　跨区域聚合

cross-validation and geographically weighted regression

　　交叉验证和地理加权回归

cross-validation and semi-parametric smoothing

　　交叉检验和半参数平滑

data mining

　　数据挖掘

digital elevation model

　　数字高程模型

digitizing

　　数字化

experimental distributions
实验分布

exploratory data analysis definition of
探索性数据分析定义

exploratory data analysis examples of
探索性数据分析实例

exploratory data analysis and GIS
探索性数据分析与地理信息系统

exploratory data analysis pre-modelling and post-modelling
探索性数据分析预建模和后建模

exploratory data analysis and visualization
探索性数据分析与可视化

fields approximation of
场的近似

fields interpolation and
插值和场

fields measurement of
场的测度

first order intensity analysis
一阶强度分析

five number summary description of
五数概括的描述

GIS linking

地理信息系统链接

GIS and local forms of spatial analysis

地理信息系统和局部空间分析

GIS problems with

地理信息系统存在的问题

GIS and quantitative methods

地理信息系统和定量分析方法

GIS and simple types of spatial analysis

地理信息系统和简单空间分析

GIS and spatial data

地理信息系统和空间数据

GPS

全球定位系统

grand tour

总体巡查

hedonic price models

效用估价模型

histograms bin widths

直方图组距

histograms general discussion

    直方图的综合讨论

IIA property

    无关选择独立性假设

independence

    独立性

index of dispersion

    离差指数

informal inference

    非形式推断

interpolation

    插值

K-functions comparison of

    K-函数比较

K-functions general discussion with examples

    K-函数实例的综合讨论

kernel density estimation and bandwidths

    核密度估计和带宽

kernel density estimation comparing kernel densities

    核密度估计法比较核密度

kernel density estimation general concept

    核密度估计法基本概念

modifiable areal unit problem
可塑性面积单元问题

modifiable areal unit problem overview and prospects
可塑性面积单元问题综述与展望

modifiable areal unit problem in point patterns
点模式中的可塑性面积单元问题

Moran scatterplot
莫兰散点图

Moran's I definition and theoretical variance
莫兰指数定义与理论方差

Moran's I an empirical of
莫兰指数实例

268

Moran's I experimental distribution for
莫兰指数实验分布

Moran's I local version of
莫兰指数局部版本

moving average models
滑动平均模型

multilevel modelling
多层次建模

multiple significance testing
多重显著性检验

point pattern analysis second order processes
点模式分析二阶过程

point pattern analysis and visualization
点模式分析与可视化

positivism
实证主义

postcodes
邮政编码

projection pursuit
投影寻踪

projections
投影

proportional symbol plot
比例符号图

quantitative revolution
计量革命

querying
查询

RADVIZ
径向坐标可视化

random dot maps
随机点图

randomness
随机性

raster model
栅格模型

remotely sensed images
遥感影像

scatterplot matrix
散点图矩阵

second order intensity analysis
二阶强度分析

semi-parametric smoothing
半参数平滑

semi-variogram
半方差函数

slicing and dynamic plots
切片与动态图

social physics
社会物理学

space-time models
时空模型

spatial association statistics

　　空间关联统计

spatial autocorrelation definition of

　　空间自相关定义

spatial autocorrelation effects on the distribution of the sample mean

　　空间自相关对样本均值分布的影响

spatial autocorrelation local measure of

　　空间自相关局部测度

spatial autocorrelation and Moran's *I* scatterplot

　　空间自相关与莫兰指数散点图

spatial autocorrelation and spatially autoregressive models

　　空间自相关与空间自回归模型

spatial autocorrelation and statistical inference

　　空间自相关统计推断

spatial autoregressive models

　　空间自回归模型

spatial choice

　　空间选择

spatial cognition

　　空间认知

spatial data sets
　空间数据集

spatial information processing
　空间信息处理

spatial interaction models and discrete choice modelling
　空间相互作用模型和离散选择建模

spatial interaction models local versions of
　空间相互作用模型局部版本

spatial interaction models phases in the development of
　空间相互作用模型发展阶段

spatial interaction models and social physics
　空间相互作用模型与社会物理学

spatial interaction models and spatial information processing
　空间相互作用模型与空间信息处理

spatial interaction models and statistical mechanics
　空间相互作用模型统计力学

spatial moving average models
　空间滑动平均模型

spatial non-stationarity challenges in
　空间非平稳性问题挑战

spatial non-stationarity and local models

空间非平稳性和局部模型

spatial objects

空间对象

spatial regression models

空间回归模型

standard distance

标准距离

statistical inference for spatial data

空间数据的统计推断

statistical mechanics

统计力学

stem and leaf plots

茎叶图

Theissen polygons

泰森多边形

theory

理论

uncertainty

不确定性

unclassed choropleth maps

未分类的分级统计图

图书在版编目(CIP)数据

　　计量地理学：空间数据分析透视 / （爱尔兰）A.斯图尔特·福瑟林汉姆，（爱尔兰）克里斯·布伦斯登，（英）马丁·查尔顿著；王远飞等译. —北京：商务印书馆，2021
　　（当代地理科学译丛）
　　ISBN 978-7-100-19623-9

　　Ⅰ.①计… Ⅱ.①A… ②克… ③马… ④王… Ⅲ.①计量地理学 Ⅳ.①P91

　　中国版本图书馆 CIP 数据核字(2021)第 036581 号

计量地理学

空间数据分析透视

〔爱尔兰〕A.斯图尔特·福瑟林汉姆　〔爱尔兰〕克里斯·布伦斯登　〔英〕马丁·查尔顿　著

王远飞　陈雯　武占云　任小丽　译

商 务 印 书 馆 出 版
(北京王府井大街36号　邮政编码100710)
商 务 印 书 馆 发 行
北 京 中 科 印 刷 有 限 公 司 印 刷
ISBN 978-7-100-19623-9
审图号：GS（2021）3416号

2021年8月第1版　　　开本 787×1092　1/16
2021年8月北京第1次印刷　印张 16

定价：85.00元